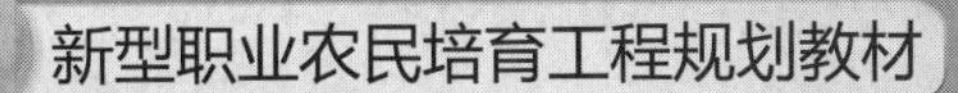

现代园艺生产技术

王志远　管恩桦　王艳莹　主编

中国农业科学技术出版社

图书在版编目（CIP）数据

现代园艺生产技术 / 王志远，管恩桦，王艳莹主编. —北京：中国农业科学技术出版社，2015.7
ISBN 978-7-5116-2165-8

Ⅰ. ①现… Ⅱ. ①王…②管…③王… Ⅲ. ①园艺 Ⅳ. ①S6

中国版本图书馆 CIP 数据核字（2015）第 148478 号

责任编辑　徐　毅　张志花
责任校对　马广洋　李向荣

出 版 者　中国农业科学技术出版社
　　　　　北京市中关村南大街 12 号　邮编：100081
电　　话　(010) 82106636 (编辑室)　(010) 82109702 (发行部)
　　　　　(010) 82109709 (读者服务部)
传　　真　(010) 82106631
网　　址　http://www.castp.cn
经 销 者　各地新华书店
印 刷 者　北京富泰印刷有限责任公司
开　　本　787 mm×1 092 mm　1/16
印　　张　14.5
字　　数　330 千字
版　　次　2015 年 7 月第 1 版　2015 年 7 月第 1 次印刷
定　　价　38.00 元

新型职业农民培育工程规划教材

《现代园艺生产技术》

编　委　会

主　编　王志远　管恩桦　王艳莹

副主编　费永波　尹佳玲　李栋宝　周　蕾　沈凌言

编　者　于慎兴　王桂香　王海龙　李宝庆　李　念
李廷华　刘洪青　张　敏　张敬友　库亭亭
邵永明　谭子辉　魏文杰

序

当前，我国正处于传统农业向现代农业转化的关键时期，大量先进农业科学技术、高效率农业设施装备、现代化经营管理理念越来越多地引入到农业生产的各个领域。农民作为生产力中的劳动者要素，是发展现代农业的主体，是农村经济和社会发展的建设者和受益者。但长期以来，我国实行城乡二元结构模式，农民收入低、素质差、职业幸福感不高。目前，农村村庄空心化，种地农民兼业化、老龄化、女性化趋势日益明显，“关键农时缺人手、现代农业缺人才、农业生产缺人力”问题非常突出。因此，只有加快培育一大批爱农、懂农、务农的新型职业农民，才能从根本上保证农业后继有人，从而为推进现代农业稳定发展、实现农民持续增收打下坚实的基础。

2012 年，中央一号文件首次正式提出大力培育新型职业农民。2013 年 11 月，习总书记在视察山东时指出，农业出路在现代化，农业现代化关键在科技进步。要适时调整农业技术进步路线，加强农业科技人才队伍建设，培养新型职业农民。习总书记的这些重要论断，为加快培育新型职业农民指明了方向。大力培育新型职业农民，已上升为国家战略。

临沂是农业大市，市委、市政府高度重视农业农村工作，全市农业战线同志们兢兢业业，创新工作，临沂农业取得令人振奋的成绩。临沂市是全国粮食生产先进市，先后被授予“中国蔬菜之乡”、“中国大蒜之乡”、“中国牛蒡之乡”、“中国金银花之乡”、“中国桃业第一市”、“山东南菜园”等称号。品牌农业发展创造了“临沂模式”。为了适应经济发展新常态，按照“走在前列”的要求，临沂市委、市政府决定重点抓好现代农业“五大工程”，努力在提高粮食生产能力上挖掘新潜力，在优化农业结构上开辟新途径，在建设新农村上迈出新步伐，稳步实施农业现代化战略。

2014 年临沂市作为全国 14 个地级市之一，被列为全国新型职业农民培育整体推进示范市。市政府专门下发了《关于加强新型职业农民培育工作的意见》，围绕服务全市现代农业“四大板块”发展，按照精准选择培育对象，精细开展教育培训的原则，突出抓好农民田间课堂“六统一”规范化建设和新型职业农民培训示范社区“六个一”标准化建设，实践探索了新型职业农民培育的临沂模式，一批新型职业农民脱颖而出，成为当地农业发展，农民致富的带头人、主力军。

为了加快现代农业新技术的推广应用，推进新型职业农民培育和新型农业经营主体融合发展，临沂市农广校组织部分农业生产一线的技术骨干和农业科研院所、农业高校的专家教授，编写了《新型职业农民培育工程规划教材》丛书，该丛书涉及粮食作物、园艺蔬菜、畜牧养殖、新型农业经营主体规范与提升等相关技术知识，希望这套丛书的出版，能够为提升新型职业农民素质，加快全市现代农业发展和“大美新”临沂建设起到积极的促进作用。

临沂市农业局局长　党委书记

二〇一五年六月

前　言

中国农业有悠悠数千年的发展历史，随着农业生产漫长的发展历程，对于蔬菜、果树、观赏植物等的栽培逐渐形成了一个较为独特的农业分支，这就是园艺业，在现代农业中，它已不只是人们吃的、喝的、玩的物质的生产，它的存在还是改善人们生存环境、提高人们生活质量的物质文明与精神文明结合的一种形式，是人们休闲娱乐、文化素养和精神享受的一部分。经济与文化发达的国家、地区或城镇农村，不只是园艺生产者从事园艺业，任何社会成员也都会参与园艺业，把它当成生活不可或缺的部分，即园艺业是从事果品、蔬菜、花卉、观赏树木的生产和风景园的规划、营建、养护的行业。

园艺业在人类生活中的作用不可或缺，蔬菜和水果的营养价值十分丰富。人类食物包括动物性食品和植物性食品。动物性食品包括肉类、乳类和蛋类等，是人体蛋白质、脂肪和脂溶性维生素的主要来源；植物性食品包括谷物类、水果、蔬菜等。谷物类是人体热能的主要来源，蔬菜和水果是人体维生素、矿物质、纤维素等的主要来源；同时，经常食用水果和蔬菜，对维持人体内生理上的酸碱平衡具有重要作用；另外，水果和蔬菜还具有直接的医疗保健功能，如柿子可养胃止血、解酒毒、降血压、对预防心血管病有一定功效，黄瓜有清热、利尿、解毒、美容及减肥等效果。

园艺植物有美化环境的功能。园艺是农业的诗，是农业的画，诗与画都讲究意境，园艺与环境的协调，就能创造出美的境界。大到绵延成片的果园、菜园、花园，小到庭院、居室或一盆一钵的盆景，无不体现出美与和谐。果树、观赏树木、花草，甚至乡镇的菜田，既是商品生产基地，也是绿化园地。这些覆盖地面的绿色植物，对于改善环境、净化空气、吸毒防污、阻滞烟尘、减弱噪音、调节气候、防风保土、减少疾病等都有不可替代的功能；这在空气污染已成为社会公害的今天，更显得尤为重要。因此，在经济发达之后，社会的进步和文明的程度必然会表现在园艺业的兴旺和发展上。

本书重点介绍了蔬菜、果树、茶叶等园艺植物的优良品种、栽培技术和病虫害防治方面的知识。

目　录

蔬　菜　篇

果　树　篇

蔬 菜 篇

第一章　蔬菜穴盘育苗和日光温室建造技术

第一节　蔬菜穴盘育苗技术

穴盘育苗技术就是用草炭、蛭石、珍珠岩等轻质无土材料作基质，以不同孔穴的穴盘为容器，通过一穴一粒精量播种、覆盖、镇压、浇水等一次成苗的现代化育苗技术。该技术于20世纪80年代中期从美国引进，始称工厂化育苗，现已成为当今蔬菜等园艺作物育苗的主要方式。

一、穴盘育苗的主要优点

穴盘育苗的主要优点：一是播种时一穴一粒，成苗时一穴一株，每株幼苗都有独立的空间，水分、养分互不竞争，苗龄比常规育苗的缩短10～20天，成苗快，无土传病害；二是穴盘育苗多采用自动化（或人工）播种，集中育苗，节省人力物力，降低育苗成本，一般较常规育苗降低30%～50%；三是抗逆性强，幼苗根坨不易散，根系完整，定植不伤根，缓苗快，成活率高；四是重量轻，适合远距离运输，重量仅为常规苗的6%～10%；五是便于机械移栽，实行规范化管理。

二、育苗基础设施

一是土建工程。主要包括连栋温室、日光温室、拱圆大棚、催芽室、库房、办公室等；二是育苗配套设施。包括穴盘、活动式育苗床架、水肥供应系统等；三是供暖和通风设备。应能及时提供育苗所需温度、光照、通气条件；四是供电系统。

在建立育苗场之前，对育苗场的水源、水质、土壤和农业气象条件要进行调查分析，确定是否适合建立育苗场。若水质不合格，应安装净水设备。

三、穴盘准备

育苗穴盘按材质不同可分为聚苯泡沫穴盘和塑料穴盘，其中塑料穴盘应用更为广泛。塑料穴盘一般有黑色、灰色和白色，多数种植者选择使用黑色盘，吸光性好，更有利于种苗根部发育。目前穴盘尺寸一般为54.9厘米×27.8厘米，规格有主要有32穴、50穴、72穴、105穴、128穴等。

1. 培育南瓜实生苗或西葫芦嫁接苗

苗龄28天左右，3叶1心苗时，宜选用50穴的育苗盘；苗龄32天左右，4叶1心苗时，宜选用32穴育苗盘。

2. 培育黄瓜、甜瓜、丝瓜、瓠瓜嫁接苗

夏季苗龄 20 天左右，冬季 25 天左右，1 叶 1 心苗，宜选用 72 穴育苗盘；如培育 3 叶 1 心苗，宜选用 50 穴育苗盘。

3. 辣椒、番茄

培育 4 ~5 叶苗，应使用 105 穴育苗盘；培育 5 ~6 叶苗，应选用 72 穴育苗盘。

4. 茄子、苦瓜嫁接苗

培育 4 ~5 叶苗，宜选用 72 穴育苗盘；培育 5 ~6 叶苗，应使用 50 穴育苗盘。

此外，使用过的穴盘可能会残留一些病原菌、虫卵，所以在使用前一定要进行清洗、消毒。方法是先清除苗盘中的残留基质，用清水冲洗干净（比较顽固的附着物用刷子刷净）、晾干，并用多菌灵 500 倍液浸泡 12 小时或用高锰酸钾 1 000倍液浸泡 30 分钟消毒，还可用甲醛溶液、漂白粉溶液进行消毒。消过毒的穴盘在使用前必须彻底洗净晾干。

四、基质配制

穴盘育苗主要采用轻型基质，如草炭、蛭石、珍珠岩等，对育苗基质的基本要求是无菌、无虫卵、无杂质，有良好的保水性和透气性。

基质的合理配比是培育壮苗的重要环节。在生产上尽可能利用当地的优良基质。如选用 55% ~70% 的优质草炭，20% ~25% 的珍珠岩，5% ~10% 的蛭石，5% ~10% 的陶粒，陶粒主要有提高离子交换的性能，这一比例混合的基质是比较理想的。在实际生产中，用于瓜类作物育苗的基质配比是：夏秋两季育苗时，基质配比一般是草炭：蛭石：珍珠岩 =3：1：1；冬季和早春育苗，则按草炭：珍珠岩：蛭石 =2：1：1，或按草炭：蛭石 =3：1。用于茄果类育苗的基质配比是：夏秋两季育苗时，按草炭：珍珠岩：蛭石 =7：1：2 为宜；冬春两季育苗时，按草炭：珍珠岩：蛭石 =6：3：1 为宜。另外，1 $米^3$ 的基质中再加入磷酸二铵 2 千克、高温膨化的鸡粪 2 千克，或加入氮磷钾（15：15：15）三元复合肥 2 ~2.5 千克。育苗时原则上应用新基质，并在播种前用多菌灵或百菌清消毒。

五、种子处理与播种

1. 种子处理

为了防止出苗不整齐，通常要对种子进行预处理，即精选、温烫浸种、药剂浸（拌）种、搓洗、催芽等。

2. 基质预湿

先将基质拌匀，调节含水量至 55% ~60%，即用手紧握基质，有水印出而不形成水滴即可。堆置 2 ~3 小时，使基质充分吸足水。

3. 装盘

将经过预湿处理的基质装到穴盘中，装盘时应注意不要用力压实，尽量保持原有的物理性状，用刮板从穴盘一方与盘面垂直刮向另一方，使每个穴中都装满基质，而且各个格室清晰可见。

4. 压穴

装好的育苗盘要随机进行压穴，以利播种时将种子播入穴中。压穴可用专门制作的压穴器，也可将装好基质的穴盘垂直码放在一起，最好一盘一压，保证播种深浅一致、出苗整齐。压穴深度一般掌握在：瓜类1.2～1.5厘米，辣甜椒0.6～0.8厘米，番茄、茄子0.4～0.5厘米。

5. 播种

将种子点在压好穴的盘中，在每个孔穴中心点放1粒，种子要平放。

6. 覆盖

播种后覆盖原基质，用刮板从盘的一头刮到另一头，使基质面与盘面相平。

7. 苗床准备

除夏季苗床要求遮阳挡雨外，冬春季育苗都要在避风向阳的大棚内进行。大棚内苗床面要耧平，地面覆盖一层旧薄膜或地膜，在地膜上摆放穴盘。

8. 浇水、盖膜

穴盘摆好后，用带细孔喷头的喷壶喷透水（忌大水浇灌，以免将种子冲出穴盘），然后盖一层地膜，利于保水、出苗整齐。

六、苗期管理

1. 瓜类作物的苗期温湿度管理

（1）砧木苗管理：播种后出苗前温湿度管理，白天保持在26～28℃，夜间保持在14～16℃，基质水分保持在65%～80%。出齐苗后，及时除去“戴帽苗”的种皮。出苗后，白天保持在18～24℃，夜间降至12～15℃，基质含水量55%～65%。夏天温度高，温差小，易徒长，出苗后可根据幼苗长势，喷施25%助壮素水剂500倍液或15%多效唑可湿性粉剂5 000～7 000倍液，嫁接前3～4天禁止使用。

（2）接穗苗管理：出苗前，除苦瓜需要20～24℃的夜温和33℃左右的昼温外，其他瓜类出苗前所需温度为：白天28～30℃，夜间20～24℃。基质含水量65%～75%。5～7天齐苗后，待子叶展平后即可嫁接。

2. 茄果类的苗期温湿度管理

（1）温度管理：番茄、辣甜椒、茄子在出苗期的适宜温度是25～30℃，最佳温度为28℃。

茄子出苗后至2叶1心前，白天控制在20～26℃，夜间15～18℃；3叶1心至成苗，白天控制在20～26℃，夜间不能低于15℃。防止温度过高造成苗子徒长。

番茄和辣甜椒在2叶1心前，白天控制在20～25℃，夜间12～15℃。2叶1心至成苗前，白天控制在20～25℃，夜间15～20℃。

（2）水肥调节：子叶展开前，若基质表面干燥，应轻喷水，使基质水分保持在60%～70%。幼苗真叶生长发育阶段的管理重点是水分，应避免基质忽干忽湿。浇水掌握“干湿交替”原则，即一次浇透，待基质转干时再浇第2次水。浇水一般选在正午前，下午16:00后，若幼苗无萎蔫现象则不必浇水，以降低夜间湿度，减缓茎节伸长。注意阴雨天日照不足且湿度高时不宜浇水；穴盘边缘苗易失水，必要时应进行人工补水。在整个育苗过程中无需再施肥。此外，定植前要限制给水，以幼苗不发生萎蔫、不影响正常发育为宜。还要将种苗置于较低温度下（适当降低3～5℃，维持4～5天）进行炼苗，以增强幼苗抗逆性，提高定植后成活率。

（3）光照管理：在重视温度、水肥管理的同时，必须重视光照管理。

冬季。尽可能早揭晚盖温室覆盖物，争取延长光照时间。要勤擦拭棚膜，保持较高的的透光率。连续阴雨雪天骤然转晴时，切勿把覆盖物全部揭开，以防闪苗，而是采取“揭花帘、喷温水、防闪苗”的保苗救苗措施。

夏季。在光照时间过长，强度过大时，可于中午前后两个半小时内，覆盖遮光率40%～45%的灰色遮阳网。不可用遮光率过高的黑色遮阳网。茄子、辣甜椒是对短日照较敏感作物，夏季育苗往往因日照时间长，致使苗期花芽分化不正常，结果前期畸形花和畸形果率高，严重影响产量。因此，夏季育苗应实行短日照处理，即在每天上午用黑色薄膜遮光4～5小时，连续遮光25～30天，中间不可间断。

（4）使用抑制剂，防止徒长。当第一片真叶接近展开时，为防止幼苗徒长，可使用抑制剂。一般可于早上喷施50%矮壮素1 500～2 000倍液，每平方米喷药液量最好不要超过60毫升。值得注意的是：喷施抑制剂的前一天，对穴盘基质要喷洒透水。

（5）挪苗、补苗。补苗是在缺苗的穴孔上移栽上苗子。挪苗是把出苗不整齐，通过把大小扎不多的苗子移栽在一起，以便分别管理，培育壮苗。

七、嫁接育苗

1. 嫁接育苗的优点

一是克服重茬障碍，减少土传病害发生。二是嫁接蔬菜根系入土深而发达，吸收肥水能力增强，从而增强了植株的抗逆性。三是由于嫁接植株抗逆性增强，植株寿命延长，收获期延长，所以产量大幅度提高，一般可提高产量30%以上。

2. 对砧木要求与常用砧木品种

不论瓜类嫁接，还是茄果类嫁接的砧木，都必须具备优良特性：①高抗土传病害，如枯萎病、黄萎病、青枯病、根腐病、疫病、根结线虫等；②亲和力、共生力强而稳定，嫁接成活率不低于85%；③不改变果实的形状和品质；④不削弱植株的生长势，也不会造成徒长。

嫁接黄瓜、甜瓜、越瓜、丝瓜、瓠瓜的常用砧木：南砧1号F1、越丰F1、仁武F1、勇士F1、壮士F1、共荣F1、永康F1、云南黑籽F1、金马砧龙104 F1、金马强势F1、金马能代F1、金马卧地龙F1等。

嫁接西葫芦、西瓜、冬瓜的常用砧木：云南黑子南瓜、某些日本白籽南瓜，以及新士佐F1、永康F1、共荣F1、台湾壮士F1、仁武F1、金马砧龙101F1、金马砧龙102F1、金马砧龙105F1、金马砧龙107F1等。

嫁接苦瓜常用砧木：绿冠苦瓜F1和王力F1、金马砧龙106、金马神力F1、云南黑籽F1、台湾壮士F1、台湾共荣F1等。

嫁接茄子常用砧木：托鲁巴姆、托托斯加、无刺常青树、黑杂F1、黑茄F1、刺茄F1、红茄F1等。

嫁接辣椒常用砧木：铁木砧F1、神威、PFR－K64、PFR－S64、LS279等。

嫁接甜椒常用砧木：铁木砧F1、士佐绿B、威壮贝尔、神威等。

嫁接番茄的常用砧木：兴津1号F1、斯克番等。

3. 常用的嫁接方法

靠接法、劈接法、插接法。

4. 嫁接苗管理

愈合期管理。嫁接后5～7天是接口愈合期，这一时期必须创造有利于接口愈合温度、湿度和光照条件，以促进接口快速愈合。

（1）温度：不同种类的嫁接苗要求的温度有所不同，如苦瓜白天要求33℃左右，黄瓜、西甜瓜、丝瓜等大多数瓜类作物和辣椒、茄子等茄果类作物白天应保持在25～30℃，夜间18～20℃，以促进伤口愈合，提高成活率。

（2）湿度：愈合期温室内湿度达到95%以上，如湿度不够可用清净水在温室内喷雾补湿，但要注意塑料上的污水不要滴落在伤口上。嫁接后第四天开始小通风换气，7天后进入正常管理。

（3）光照：嫁接后，立即采用遮阳网覆盖，减少光照，在第四天后，应根据嫁接后的伤口愈合情况，慢慢让嫁接苗适应光照。

（4）其他管理措施：嫁接成活后，一是要及时摘除砧木萌芽；二是剔除假成活苗。

第二节　日光温室建造技术

日光温室建造应根据主栽作物、主栽季节和当地气候条件设计合理的墙体厚度；根据跨度、太阳角设计墙体高度；同时，还要充分考虑棚面的承载力、保温性能等。

一、日光温室选址与场地规划

1. 日光温室选址

一是选在地势平坦，土层深厚，富含有机质，土壤肥力较为肥沃、无污染，地下水位不要太高，没有挡光障碍物的田块。二是水源近，用水方便，无污染，上游地区无传染病。三是要避开有强烈季风的地区。

2. 场地规划

日光温室场地规划应从温室面积，特别是温室的长度、温室的方位和前后温室的距离来综合考虑。

（1）温室面积。日光温室长度以60～100米为宜，单位面积造价相对较低，室内热容量较大，温度变化平缓，便于操作管理。

（2）温室方位。日光温室方位坐北朝南，东西延长，其方位以正南向为佳；若因地形限制，采光屋面达不到正南向时，方位角可偏东或偏西，但偏度不宜超过5°。

（3）前后温室间距。为防止前排温室对后排温室遮光，前后温室的间距应按冬至最大遮阴量来计算。因此，前后温室的距离应为前排温室最高点高度的2～2.5倍。

二、日光温室性能的设计

1. 日光温室的承载力计算

日光温室各部位的承载力必须大于可能承受的最大荷载量。

荷载量的大小主要依据当地 20 年一遇的最大风速、最大降雪量（或冬季降水量），以及覆盖材料的重量。由于在日光温室建造时，墙体的承载力一般都大于其可能承受的荷载量。因此，墙体承载力可以不考虑，主要考虑骨架和后屋面的承载力。

承载力主要是按照当地最大风速、最大积雪厚度、草苫重量（雨雪淋湿加倍计算），再加上作物吊蔓荷载、薄膜荷载、人上温室局部荷载等计算，在山东地区日光温室骨架结构的承载力标准，可按平均荷载 70 ~ 80 千克/米^2，局部荷载 100 ~ 120 千克/米^2 设计。

2. 日光温室的保温性能

提高温室的保温性能，降低能耗，是提高温室生产效益的最直接手段。温室的保温比是衡量温室保温性能的一项基本指标。温室保温比是指热阻较小的温室透光材料覆盖面积与热阻较大的温室围护结构覆盖面积同覆盖面积之和的比。保温比越大，说明温室的保温性能越好。

日光温室的保温性能主要取决于墙体、后屋面、前屋面 3 部分的保温性能。

整体保温效果应达到：在最寒冷季节晴天时，室内外最低温度相差 20 ~ 25℃，连续阴天不超过 5 天时，室内外温差不小于 15℃。墙体具承重、隔热、蓄热功能，其热阻值 R 应达到 1.1 米^2 · ℃/瓦以上。若用砖砌墙，可为 24 厘米砖（外墙）+18 厘米珍珠岩（或 5 厘米苯板）+24 厘米或 12 厘米砖（内墙）；若用土或土坯砌墙，墙体厚度为 80 ~ 100 厘米。寿光型日光温室后墙横截面呈梯形，下宽 350 ~ 450 厘米，上宽 100 ~ 150 厘米。

后屋面具承重、隔热、蓄热、防雨雪功能，其热阻值应与墙体相近，应由蓄热材料、隔热材料、防漏材料组成，总体厚度 30 ~ 35 厘米。

前屋面（采光屋面），具采光和保温功能。前屋面散热面积大，须采用热阻值大、重量轻的覆盖材料，并便于管理。不透明覆盖物采用草苫时，重量应达到 4 ~ 5 千克/米^2。采用保温被时，厚度应大于 3 厘米。

3. 日光温室采光面参考角与形状设计

日光温室经济实用的采光屋面（前屋面）参考角的确定，应在有利于增加采光量、节省建造成本、适当增加温室跨度、提高设施利用率的原则下加以确定。

据试验和测算，山东地区日光温室采光屋面参考角以 23° ~ 26° 为宜。纬度高、冬季温度低的地区，采光屋面参考角可适当大些；纬度低，冬季温度高的地区，采光屋面参考角可适当小些。

采光屋面形状采用圆面 ~ 抛物面复合型，或拱圆形。

三、日光温室的建造

1. 墙体建造

一是土墙，土墙可采用板打墙、草泥垛墙、土坯砌墙。墙基部宽 100 厘米，向上逐

渐收缩，至顶端宽80厘米。推土机筑墙，墙体基部宽350～450厘米，顶部宽100～150厘米。在后墙离地面100厘米处留通风窗，规格50厘米×40厘米，窗框用水泥预制件。墙内侧铲平抹灰，墙顶可用水泥预制板封严，以防漏雨坍墙。二是空心砖墙。①墙基。为保证墙体坚固，需开沟砌墙基。墙基深度一般为40～50厘米深，宽100厘米。填入10～15厘米厚的掺有石灰的二合土或石子、水泥的混合砂浆，并夯实。然后用石头（或砖）砌垒。当墙基砌到地面以上时，为了防止土壤水分沿墙体上返，需在墙基上铺两层油毛毡或0.1毫米厚的塑料薄膜。②砌墙。用砖砌空心墙。为使墙体坚固，内、外两侧墙体之间每隔3米砌一砖垛，连接内外墙；也可用预制水泥板连接。砌空心墙时，要随砌墙，随往空心内填充隔热材料。墙体宽度因填充的隔热材料不同而异。两面砖墙内填干土的空心墙，墙体总厚度为80厘米，即内、外侧均为24厘米的砖墙，中间填干土。若两面砖墙中间填充蛭石、珍珠岩等轻质隔热材料，墙体总厚度可为55～60厘米，即外侧墙24厘米墙，内侧墙砌12厘米墙，中间填蛭石或珍珠岩等。③通风口设置，一般北墙砌至100厘米时，开始设置通风口，大小为50×40厘米，每3米一个。当跨度超过9米以上时，北墙应设双层通风窗，即在距地面20厘米处，每3米埋设直径为30厘米的陶瓷管，为进风口；地面上高150厘米处，设50×40厘米的通风窗（又称热风出风口）。

2. 后屋面建造

有后排立柱的日光温室可先建后屋面，后上前屋面骨架。为保证后屋面坚固，后立柱、后横梁、檩条一般采用水泥预制件（或钢材）。后立柱埋深40～50厘米，须立于石头或水泥预制柱基上，上部向北倾斜5～10厘米，防止受力向南倾斜。后横梁置于后立柱顶端，东西延伸。檩条一端压在后横梁上，另一端压在后墙上。将后立柱、横梁、檩条固定牢固。然后可在檩条上东西方向拉6～9根10～12号的冷拔钢丝，两端锚于温室山墙外侧地中。其上铺2层苇箔，抹4～5厘米厚的草泥，再铺20厘米厚的玉米秸捆，用麦秸填缝、找平，上盖一层塑料薄膜，再铺盖5厘米厚的水泥预制板，泥缝。除此之外，后屋面也可不用檩条，全部用一次性壳子板或10厘米厚的预制板，其上覆盖相应的保温材料。

为便于卷放草苫，可再距屋脊60厘米处，用水泥做一小平台。在拉铁丝后，也可先铺一层石棉瓦，上盖一层塑料薄膜，再铺5厘米厚的蛭石，上盖5厘米厚的苯板，之上加盖5厘米厚水泥预制板，外铺1∶3水泥砂浆炉渣灰抹斜坡，上坡下平，厚度5～15厘米，便于人工操作时走动。

3. 骨架

骨架是大棚采光面最主要的承载设备，其设计合理与否，直接决定着温室的使用安全。一般常见的有以下3种。

（1）水泥预件与竹木混合结构。该型结构特点为：立柱、后横梁由钢筋混凝土柱组成；拱杆为竹竿，后坡檩条为圆木棒或水泥预制件。

A. 立柱：分为后立柱、中立柱、前立柱。

后立柱：10厘米×10厘米钢筋混凝土柱。

中立柱：9厘米×9厘米钢筋混凝土柱。

中立柱因温室跨度不同，可由 1 排、2 排或 3 排组成。

前立柱：8 厘米 ×8 厘米钢筋混凝土柱。

B. 后横梁：为 10 厘米 ×10 厘米钢筋混凝土柱。

C. 前纵肋：为直径 6 ~8 厘米圆竹。

D. 后坡檩条：直径 10 ~12 厘米圆木。

E. 主拱杆：直径 9 ~12 厘米圆竹。

F. 副拱杆：直径 5 厘米左右圆竹。

G. 钢丝：东西向拉琴弦：10 ~12 号冷拔钢丝，每 25 ~30 厘米一道；绑拱竿、横杆的为 12 号铁丝。

（2）钢架竹木混合结构。主拱梁、后立柱、后坡檩条由镀锌管或角铁组成，副拱梁由竹竿组成。

A. 主拱梁：由直径 27 毫米国标镀锌管（6 分管）2 ~3 根制成。

B. 副拱梁：直径 2. 5 厘米左右圆竹。

C. 立柱：直径 50 毫米国标镀锌管。

D. 后横梁：50 毫米 ×50 毫米 ×5 角铁或直径 60 毫米国标镀锌管（2 寸管）。

E. 中纵肋、前纵肋（或纵拉杆）直径 21 毫米、27 毫米国标镀锌管或直径 12 毫米圆钢。

F. 后坡檩条：40 毫米 ×40 毫米 ×4 毫米角铁或直径 27 毫米国标镀锌管（6 分管）。

G. 钢丝：东西向拉琴弦 10 ~12 号冷拔钢丝，25 ~30 厘米一根。绑拱杆、横杆用 12 号铁丝。

（3）钢架结构。特点是整个骨架结构为钢材组成，无立柱或仅有一排后立柱，后坡檩条与拱梁连为一体，中纵肋（纵拉杆）3 ~5 根。

A. 主拱梁：直径 27 毫米国标镀锌管 2 ~3 根。

B. 副拱梁：直径 27 毫米国标镀锌管 1 根。

C. 立柱：直径 50 毫米国标镀锌管

D. 后横梁：40 毫米 ×40 毫米 ×4 毫米角铁或直径 34 毫米国标镀锌管。

E. 纵肋：后坡纵肋：直径 21 毫米或 27 毫米国标镀锌管 2 根；中纵肋：直径 21 毫米国标镀锌管；前纵肋：直径 21 毫米国标镀锌管。

4. 外覆盖

分为透明覆盖物和不透明覆盖物。

（1）透明覆盖物：日光温室透明覆盖物主要采用 PVC 膜（厚度 0. 1 毫米），PE 膜（厚度 0. 09 毫米），EVA 膜（厚度 0. 08 毫米）等。薄膜使用 3 个月后，透光率不低于 85%，使用寿命应大于 12 个月；流滴防雾有效期应不少于 6 个月。

（2）不透明覆盖：日光温室不透明保温覆盖材料主要有：草苫、保温被等。

A. 草苫，用稻草或蒲草制作。山东各地以稻草制作的草苫为主。宽度 120 ~150 厘米，重量 4 ~5 千克/米^2，长度依温室跨度而定，紧密不透光。

B. 保温被：由次品棉花、腈纶棉、镀铝膜、防水包装布等多层复合缝制而成。厚度 3 厘米。质轻、蓄热保温性好，防雨雪，使用寿命 5 ~8 年。

四、常见日光温室的结构参数

目前，随着山东地区蔬菜保护地的不断发展，经过广大科技工作人员的多年研究，现已制定出5种日光温室类型。即目前的山东Ⅰ型、Ⅱ型、Ⅲ型、Ⅳ型、Ⅴ型。

1. 山东Ⅰ型（SD~Ⅰ）日光温室（图1-1）

其结构参数为脊高310~320厘米，后跨70~80厘米，前跨620~630厘米，采光屋面参考角度26.2°~27.3°，后墙高210~220厘米，后屋面仰角45°。

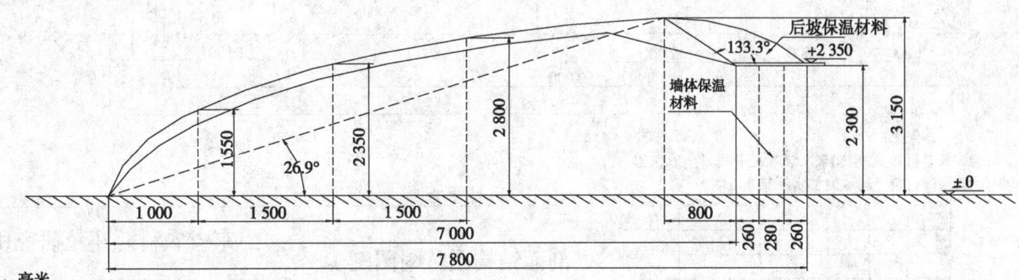

单位：毫米
墙体保温材料：2层50毫米聚苯板中间填充珍珠岩
后坡保温材料：珍珠岩加水泥抹灰

					剖面结构图（附图一）			山东省农科院蔬菜研究所
标记	处数	更改文件号	签字	日期				SD-1型日光温室
设计		标准化			图样标记	重量	比例	
审核							1∶50	RGWS-7-3.2-0.8
工艺		日期	2003-06		共 6 页	第 1 页		

图1-1　山东Ⅰ型日光温室剖面结构

2. 山东Ⅱ型（SD-Ⅱ）日光温室（图1-2）

其结构参数为脊高330~340厘米，后跨90~100厘米，前跨700~710厘米，采光屋面参考角平均角度24.9°~25.9°，后墙高230~240厘米，后屋面仰角45°。

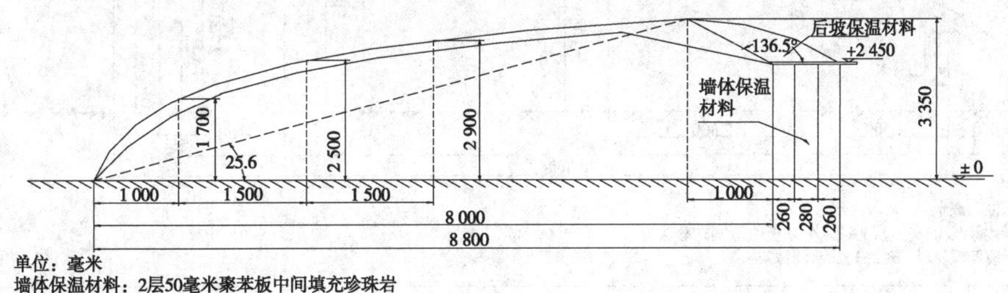

单位：毫米
墙体保温材料：2层50毫米聚苯板中间填充珍珠岩
后坡保温材料：珍珠岩加水泥抹灰

					剖面结构图（附图二）			山东省农科院蔬菜研究所
标记	处数	更改文件号	签字	日期				SD-2型日光温室
设计		标准化			图样标记	重量	比例	
审核							1∶50	
工艺		日期	2003-06		共 6 页	第 2 页		

图1-2　山东Ⅱ型日光温室剖面结构

3. 山东Ⅲ型（SD－Ⅲ）日光温室（图1－3）

其结构参数为脊高360～370厘米，后跨100～110厘米，前跨790～800厘米，采光屋面参考角平均角度24.2°～25.1°，后墙高240～260厘米，后屋面仰角45°～47°。

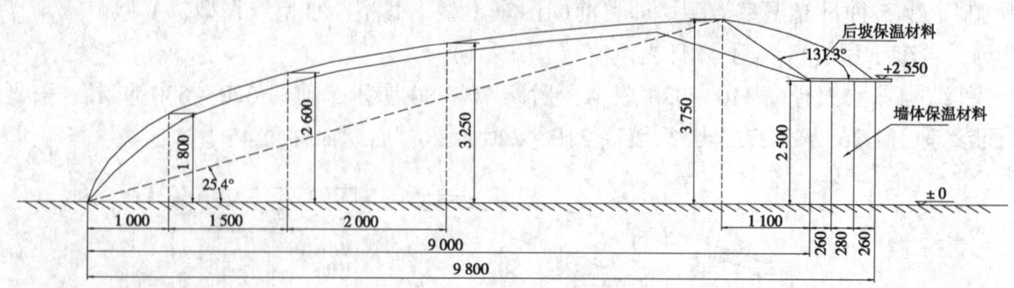

单位：毫米
墙体保温材料：2层50毫米聚苯板中间填充珍珠岩
后坡保温材料：珍珠岩加水泥抹灰

					剖面结构图（附图三）			山东省农科院蔬菜研究所
标记	处数	更改文件号	签字	日期				SD-3型日光温室
设计		标准化			图样标记	重量	比例	
审核							1∶50	RGWS-9-3.7-1.1
工艺		日期	2003-06		共 6 页	第 3 页		

图1－3　山东Ⅲ型日光温室剖面结构

4. 山东Ⅳ型（SD－Ⅳ）日光温室（图1－4）

其结构参数为：脊高380～400厘米，后跨100～120厘米，前跨880～900厘米，采光屋面参考角平均角度22.9°～24.4°，后墙高260～280厘米，后屋面仰角45°～47°。

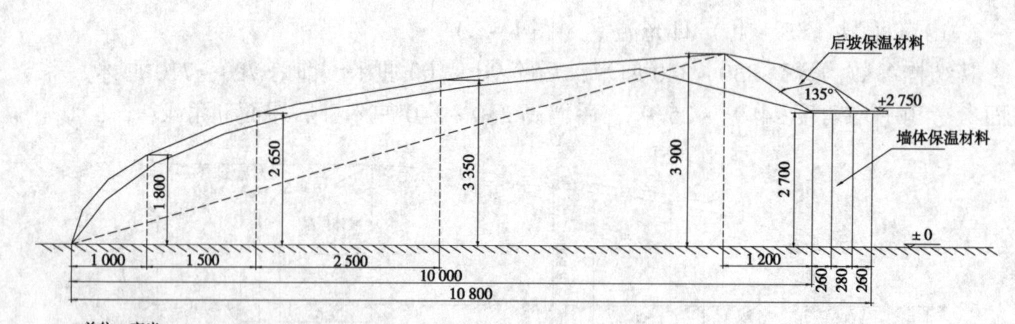

单位：毫米
墙体保温材料：2层50毫米聚苯板中间填充珍珠岩
后坡保温材料：珍珠岩加水泥抹灰

					剖面结构图（附图四）			山东省农科院蔬菜研究所
标记	处数	更改文件号	签字	日期				SD-4型日光温室
设计		标准化			图样标记	重量	比例	
审核							1∶50	RGWS-10-3.9-1.2
工艺		日期	2003-06		共 6 页	第 4 页		

图1－4　山东Ⅳ型日光温室剖面结构

5. 山东Ⅳ型（寿光型）日光温室（图1－5）

其结构参数为脊高420～430厘米（室内地平面算起），后跨80厘米，前跨920厘米，耕作地面下挖30～40厘米，采光屋面参考角平均角度22.4°～23.5°，后墙下宽350～450厘米，上宽100～150厘米。后墙高300～320厘米，后屋面仰角45°～50°。

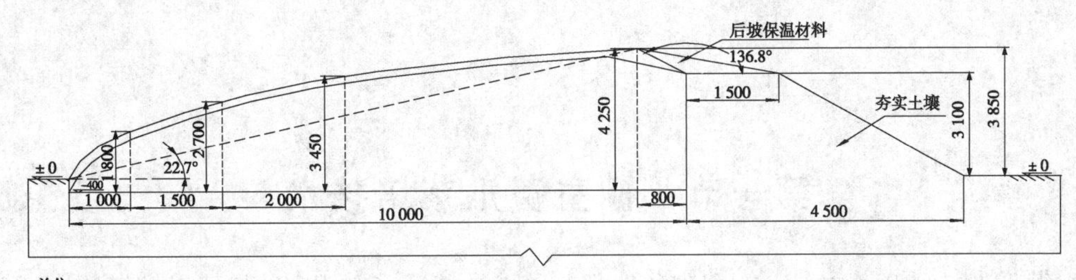

单位：mm
后坡保温材料：珍珠岩加水泥抹灰

					剖面结构图（附图五）			山东省农科院蔬菜研究所
标记	处数	更改文件号	签　字	日期				SD-4型日光温室（寿光型）
设　计		标准化			图样标记	重　量	比　例	
							1∶70	RGWS-10-4.3-0.8
审　核								
工　艺		日　期	2003-06		共　6　页	第　5　页		

图1－5　山东Ⅴ型日光温室剖面结构

6. 山东Ⅴ型（SD～Ⅴ）日光温室（图1－6）

其结构参数为：脊高420～430厘米，后跨120～130厘米，前跨970～980厘米，有立柱，采光屋面参考角平均角度23.2°～23.9°，后墙高290～310厘米，后屋面仰角45°～47°。

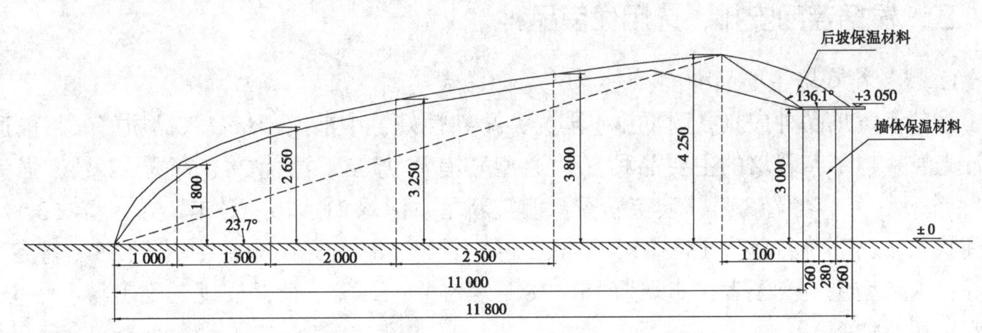

单位：mm
墙体保温材料：2层50mm聚苯板中间填充珍珠岩
后坡保温材料：珍珠岩加水泥抹灰

					剖面结构图（附图六）			山东省农科院蔬菜研究所
标记	处数	更改文件号	签字	日期				SD-5型日光温室
设计		标准化			图样标记	重量	比例	
							1∶60	RGWS-11-4.3-1.3
审核								
工艺		日期	2003-06		共　6　页	第　6　页		

图1－6　山东Ⅴ型日光温室剖面结构图

第二章　棚室瓜类栽培技术

第一节　棚室黄瓜栽培技术

黄瓜是主要蔬菜之一，在我国各地都有种植。黄瓜采用棚室栽培可以较好地控制上市时间，已成为目前主要的栽培方式之一。现就主要栽培技术介绍如下。

一、常见栽培茬口及茬次安排

1. 常见栽培茬口

主要有秋冬茬、越冬茬、冬春茬等。

2. 茬次安排

秋冬茬，8 月上旬播种育苗，9 月中旬移栽定植，11 月上旬开始收获，盛果期在 11 月中旬至翌年 3 月下旬。越冬茬，9 月中旬播种育苗，10 月中下旬定植，12 月中旬开始收获，盛果期在 12 月下旬至翌年 4 月下旬。冬春茬，12 月下旬播种育苗，翌年 2 月上旬移栽，3 月中旬开始收获，盛果期在 3 月下旬至 7 月上旬。

二、根据茬口安排，选用优良品种

1. 越冬茬栽培主要品种

越冬茬黄瓜品种应具备耐低温、弱光，早熟性好，中前期产量高、品质好。目前适合日光温室越冬茬栽培的主要品种（普通型）有津优 35、津优 28、寒秀 12 号、强势 319、金秋 3 号、冬春 3 号、澳宝新秀、澳宝新星、津绿 21－10、冬丰 8 号、富农 3 号、冬棚状元、巴菲特、尊贵 18－01、圣欣 1 号、津旺 88－1、津棚 90、津棚 93、盛冬 3 号等；水果型主要有圣者、布瑞斯 15－18、爱尔兰、贝隆、荷兰安妮、雅美特、小美、尼罗、托斯加等。

2. 冬春茬栽培主要品种

冬春茬黄瓜品种除具备早熟性好、前期产量高外，还应具备苗期耐低温能力强。目前适合我区冬春茬和早春大棚栽培的主要品种（普通型）有津优 22 号、津优 33 号、津优 10 号、博杰 6 号、博杰 10 号、寒秀、寒秀 12 号、绿美 3 号、冬瑞 2 号、万丰 1 号、德瑞特 736B、德瑞特 721B、津绿 21－10、津棚 93、津棚 90、津科 38、世纪春绿、新春 2 号、中研 17、春秋霸主等；水果型主要有莱福 13－18、朵拉、泰利亚、苏珊、亮箭、马哈、津棚 203 等。

3. 秋冬茬栽培主要品种

秋冬茬栽培的黄瓜品种应具备苗期耐热能力强，抗病性好，结瓜期耐低温的中晚熟品种。目前适合山东地区秋冬茬或秋延迟栽培的主要品种有奥林009、盛绿3号、春秋霸主、德瑞特789C、德瑞特721C、奥宝新秀、丰冠1号、丰冠5号、津优11号、津优12号、津旺18号、津棚12号、中农15号、中农16号、中农21号、佛罗里达、秋棚嘉丰、豫艺201、秋棚元冠等；水果型有京研迷尔2号、蔬研4号、布瑞斯15-18、冬青、雅美特、托尼、米K160等。

三、培育壮苗

培育嫁接壮苗，在棚室黄瓜生产上具有特殊重要的意义：一是能避免发生镰刀菌枯萎病等土传病害的发生和危害；二是植株生长势强，耐寒、耐热、抗病等抗逆性和适应性能大大增强；三是嫁接的黄瓜显著增产，可比不嫁接的增产30%。此环节主要应抓住以下几项主要技术环节。

1. 确定棚室黄瓜各茬次的播种育苗时间

一是要了解黄瓜从播种到始收期所需时间（表2-1），始收期到盛产期约需15天，因此，播种期到始收期的天数，再加上15天，便是从播种到盛产期所需的天数。

表2-1　黄瓜从播种到始收期的天数

品种熟性	日光温室育苗			加温温室育苗			电热温床育苗		
	播种至定植	定植至收获	播种至收获	播种至定植	定植至收获	播种至收获	播种至定植	定植至收获	播种至收获
早熟	45	30	75	42	30	72	40	30	70
中熟	48	37	85	45	37	82	43	37	80
晚熟	50	45	95	47	45	92	45	45	90

2. 在播种和定植前，实施一系列消毒灭菌措施

因棚室是常年进行蔬菜栽培的设施园艺，其环境条件易发生病虫为害，病虫基数高。为提高棚室黄瓜栽培的成功率，实现高产稳产高效益，就必须对病虫害防重于治，在播种前和定植前采取一系列的消毒灭菌措施。

（1）种子消毒灭菌。种子消毒灭菌一般采取以下其中的一项措施即可。

A. 72.2%普力克水剂或25%甲霜灵可湿性粉剂800倍液浸种30分钟。

B. 50%多菌灵胶悬剂或可湿性粉剂800倍液浸种20分钟。

C. 40%福尔马林150倍液浸种90分钟。

D. 100万单位链霉素500倍液浸种2小时。

E. 温汤浸种：将种子放入55℃的温水中浸种10~15分钟，并不断搅拌至水温降到30℃后，再浸泡3~4小时，然后将种子反复搓洗后用清水洗净黏液，催芽，可以预防黑星病、炭疽病等病害。将浸泡好的种子用干净的湿布包好，放在28~32℃的条件下催芽1~2天，待70%种子露白时，即可播种。

另外，为防止种子带毒，可采用50℃温水浸种20分钟后，再用10%磷酸三钠1份，对清水9份，浸种20分钟。

（2）肥料灭菌杀虫。对苗床施用的有机肥和定植前施用的有机肥，都要在施用前1～2个月，按每米^{3}施50%的辛硫磷乳油和50%的多菌灵可湿性粉剂各150克，然后高温堆闷，使有机肥充分发酵腐熟。

（3）苗床消毒杀菌。按每平方米苗床施农药5克，将农药与2 000倍的干细土掺拌成药土，播种前撒铺1/3，播种后覆盖2/3。可用以下几种农药：

A. 50%的多菌灵可湿性粉剂。

B. 50%甲基硫菌灵可湿性粉剂。

C. 50%拌种双粉剂。

D. 25%的苗菌敌可湿性粉剂。

E. 40%的地菌一次净。

（4）土壤、大棚消毒灭菌。土壤消毒：黄瓜定植前，结合整地，按每平方米撒施40%敌克松或70%乙膦铝锰锌或40%福美双可湿性粉剂8～10克。大棚消毒：在使用前15天，先用58%的雷多米尔锰锌或70%的百菌清可湿性粉剂800倍液喷洒墙面、地面、立柱等，然后严闭大棚，连续高温闷棚5～7天，具有良好的消毒杀菌效果。

3. 播种

黄瓜嫁接主要是插（劈）接法和靠接法，在适播期内，靠接法砧木（黑籽南瓜等）较黄瓜晚播5～7天；插（劈）接法比黄瓜早播4～5天。种子催芽：黄瓜选用饱满的种子，用30℃水浸泡4小时后催芽。也可用100倍福尔马林溶液浸泡种子10～20分钟，洗净后用清水浸种3～4小时，然后置于28～30℃的条件下催芽，1～2天即可出芽。黑籽南瓜，将种子投入70～80℃热水中，来回倾倒，当水温降至30℃时，搓洗掉种皮上的黏液，再于30℃温水中浸泡10～12小时，捞出沥净水分，在28～30℃条件下催芽，2～3天可出芽。

待70%以上种子“露白”时即可播种。

4. 播种后至嫁接前管理

播种后覆盖地膜。苗出土前床温保持白天25～30℃，夜间16～20℃，地温20～25℃。幼苗出土时，揭去床面地膜。苗出齐后在床内撒施0.3厘米厚半干的细土。幼苗出土后至第1片真叶展开，白天苗床气温24～28℃，夜间15～17℃，地温16～18℃。

5. 嫁接

嫁接场所要温暖、潮湿。嫁接方法为靠接法和插（劈）接法。嫁接前要将竹签、刀片等工具用70%的酒精消毒。

（1）插接法：黄瓜幼苗子叶展开，砧木南瓜幼苗第1片真叶至5分硬币大小时为嫁接适期。操作时，将竹签的先端紧贴砧木一子叶基部的内侧，向另一子叶的下方斜插，插入深度为0.5厘米左右，不可穿破砧木表皮。用刀片从黄瓜子叶下约0.5厘米处入刀，在相对的两侧面切一刀，切面长0.5～0.7厘米，刀口要平滑。接穗削好后，即将竹签从砧木中拔出，并插入接穗，插入的深度以削口与砧木插孔相平为好。

（2）靠接法：黄瓜第1片真叶开始展开，砧木南瓜子叶完全展开为嫁接适期。将砧木苗和接穗苗从育苗盘中仔细挖出，先用刀片切掉南瓜苗两子叶间的生长点，在子叶下方与子叶着生方向垂直的一面上，呈45°角向下斜切一刀，斜割胚轴一半，最多不超过胚轴直径2/3。黄瓜苗在子叶下1.5厘米处，呈45°角向上斜切一刀，深达胚轴直径的1/2至2/3处。将黄瓜与南瓜的切口对准、迅速地插在一起，并用嫁接夹固定。嫁接后的姿势是南瓜子叶抱着接穗黄瓜子叶。二者一上一下重叠在一起。嫁接后将嫁接苗栽入营养钵中。

嫁接时应注意的技术要点：一是苗子起苗后，要用清水冲洗掉根系上的泥土。二是嫁接速度要快，切口不小于幼茎粗的1/2，不大于幼茎粗的2/3，镶嵌要准。三是嫁接好的苗子立即栽植，刀口处不能沾上泥土。四是边嫁接、边栽植、边遮阴。

6. 嫁接后的管理

嫁接成活率的高低，固然与砧木种类、嫁接方法、嫁接技术有关，但与嫁接后的管理技术也有着密切的直接关系。值得注意的是嫁接后的管理技术和育苗期的花芽分化、雌雄花比例、结瓜早晚、前期产量都有着密切的联系。嫁接后的管理技术要点是为嫁接苗创造适宜的温度、湿度、光照和通风条件，加速接口愈合，促进幼苗生长发育。

（1）温度管理：适于黄瓜接口愈合的温度为25℃。如果温度过低，接口愈合慢，影响成活率；如果温度过高，则易导致嫁接苗失水萎蔫。因此，嫁接后一定要控制好苗床温度。一般嫁接后3～5天内，白天温度控制在24～26℃，不超过27℃；夜间温度控制在18～20℃，不低于15℃。3～5天以后开始通风降湿，白天可降至22～24℃，夜间可降至12～15℃。

（2）湿度管理：嫁接苗床的空气湿度较低，接穗易失水萎蔫，会严重影响嫁接苗的成活率。因此，嫁接后3～5天内，苗床的湿度应控制在85%～95%。3～5天以后，逐渐开始通风降湿，使苗床湿度控制在80～85%。

（3）遮阴和光照时间：遮阴的目的是防止高温和保持苗床的湿度。遮阴的方法是在小拱棚的外面覆盖稀疏的草帘，避免阳光直接照射秧苗而引起秧苗凋萎，夜间还起保温作用。一般嫁接后2～3天内，可在早晚揭掉草帘接受散射光，以后要逐渐增加光照时间，1周后不再遮光。但应通过揭放草帘调节光照时间为8～10小时，以短光照促进花芽分化和雌花形成。

（4）通风：嫁接3～5天后，嫁接苗开始生长时，可开始通风。初通风时通风量要小，以后逐渐增大通风量，通风的时间也随之逐渐延长，一般9～10天后可进行大通风。若发现秧苗萎蔫，应及时遮阴喷水，停止通风，避免通风过急或时间过长造成秧苗损害。

（5）接穗断根：在嫁接苗栽植10～11天后，即可给黄瓜断根。用刀片割断黄瓜根部以上的幼茎，并随即拔出黄瓜根。断根5～7天左右，黄瓜接穗长到4～5片真叶时，即可定植。

7. 促进雌花增多的技术措施

（1）黄瓜苗期关系着前中期产量的花芽分化。当第1片真叶展开时，已分化出第12茎节，其中下部9节已分化花芽。当第2片真叶展开时，已分化出第16茎节，其中下部3～5节的花芽已决定性别。当第6片真叶展开时，已分化出第27茎节，其中下部

23 节已分化花芽，14 节已决定花芽性别。当第 10 片真叶展开，决定花芽性别的节位已超过 30 节。因此，黄瓜第 10 片真叶前的苗期所分化形成的雌花，是形成中前期产量的雌花。

（2）短日照和适宜的昼夜温差能促进花芽分化和雌花增多。为了增加雌花数量，在苗期可利用季节短日照和揭盖大棚覆盖物来调节日照时数和温度，使日照时间为 8 ~ 10 小时，昼温 20 ~ 25℃，夜温 13 ~ 15℃，昼夜温差 8 ~ 12℃。尤其是在夜温较低的情况下，具备 8 ~ 12℃的昼夜温差，促进雌花增多的效果会更佳。

（3）苗期的土壤水分适当，可促进雌花增多。据试验分析，土壤湿度在 70% ~ 80%，能促进花芽分化和雌花形成。比土壤湿度 90% 以上时，雌花增加 1 倍，比土壤湿度 40% 以下严重干旱的条件下，雌花数量增加 2 ~ 4 倍。因此，苗床营养土湿度应保持在 80%，定植缓苗后，膜下垄背土壤见干见湿，土壤湿度控制在 70% ~ 80%，有利于花芽分化和雌花增多。

（4）育苗的营养土有适量的氮磷钾速效化肥，能促进苗壮，有利于雌花形成。据试验，充分发酵腐熟的有机肥 4 份，肥沃的田园土 6 份配比成的营养土，每立方加入尿素 480 克、硫酸钾 500 克、过磷酸钙 3 500克，或尿素 300 克、磷酸二铵 1 500克、草木灰 5 000克，均能促进苗壮早发，多形成雌花。

（5）适当增加二氧化碳含量，能抑制雄花形成，相对增加雌花数量。

（6）在苗期，喷施适当浓度的乙烯利，能抑制徒长，促进雌花形成，增加雌花数量。特别在秋延迟黄瓜的苗期，于 2 ~ 4 片真叶，喷施 50 ~ 80 毫克/千克的乙烯利，能显著抑制徒长，促进花芽分化，增加雌花数量。

四、适时定植

1. 整地施肥

黄瓜适于在肥沃的壤土上生长，喜欢腐熟的农家肥，所以重施腐熟农家肥是培根壮蔓的基础。每生产 1 000千克黄瓜果实大约吸收氮 2. 8 ~ 3. 2 千克、磷 0. 8 ~ 1. 3 千克、钾 3. 6 ~ 4. 4 千克、镁 0. 6 ~ 0. 7 千克。苗期对氮、磷、钾的吸收量仅占总吸收量的 1% 左右，从定植到结瓜时吸收的养分除对磷的吸收量较大以外，对氮、钾的吸收量不到总吸收量的 20%，而 50% 的养分是在进入盛果期以后吸收的。黄瓜叶片中氮、磷的含量较高，茎蔓中钾的含量较高。当黄瓜进入结果期以后，约 60% 的氮、50% 的磷、80% 的钾集中在果实中。由于黄瓜需要分期采收，养分随之脱离植株被果实带走，所以需要不断补充营养元素，进行多次追肥。

棚室黄瓜的产瓜期是露地黄瓜的 3 ~ 4 倍，产量也是露地黄瓜的 3 ~ 4 倍，因此，施肥量也应是露地黄瓜的 3 ~ 4 倍。

一般亩施优质农家肥 12 000千克，过磷酸钙 100 千克，深翻 30 厘米，整细耙平，整成 50 厘米宽的管理行，70 厘米的栽植行，起双垄，呈凹字形，垄宽 25 ~ 30 厘米，垄高 15 ~ 20 厘米，并覆盖地膜。

2. 定植时间

秋冬茬于 9 月中旬定植；越冬茬于 10 月中下旬定植；冬春茬于 2 月上旬定植。

3. 定植

当幼苗3～4片真叶时，按株距26～30厘米，亩不少于4 000株；嫁接口不要接触土面；栽后用湿土盖好苗眼，以防膜内热气外溢伤苗，并在凹字形垄沟内膜下浇水印至高垄。并在管理行地面内铺废旧薄膜，隔湿增温。

五、定植后的管理

1. 缓苗期管理

从定植到定植后长出一片新叶为缓苗期，需10天左右。此期管理的主攻方向是：防萎蔫，促伤口愈合，促发新根。

主要管理措施是：在浇足定植水的基础上，掌握高温促新根，遮阳防萎蔫。不浇水、不追肥、3天内不通风降湿。前3天保持较高的温度（地温25℃，白天气温25～32℃，夜间气温25～20℃）和较高的空气湿度（90%～95%）。若遇晴好天气，中午前后盖草苫，防止幼苗萎蔫、凋萎。3天后，若中午前后棚内气温达到38～40℃时，开顶缝通风降温至32℃，以后使棚内最高气温不超过32℃，并逐渐降低夜温，使夜温不高于18℃。

2. 缓苗后至结瓜初期的管理

此期是指定植缓苗后至多数植株的第一朵雌花开放或坐住瓜，一般约需30～35天。此期是棚室黄瓜管理上技术性最强、最重要的时期。

（1）管理主攻方向：既要促进根系发育，又要保持地上部分有一定的生长量，从而形成较强壮的营养体；既要促进花芽分化，增加雌花数量，又要使植株长势不弱，茎叶发达，花蕾发达；既要要求植株旺盛，多数植株开花后能坐住瓜，又要不出现徒长现象。总的来说，就是要做到植株组织充实，积累较多的有机物质，长秧和做瓜齐头并进，并能较强地适应突变天气的变化。

（2）掌握的技术原则：主要是协调好温度、光照和水分的三者关系。

温度：通过覆盖保温和通风降温等措施，使棚内气温控制在白天24～28℃，夜间14～18℃，昼夜温差10～12℃。垄背土壤温度比气温，白天低2℃，夜间高出2℃。

光照：通过调节揭放草苫等不透明覆盖物的早晚，争取每天8～10小时的短日照。平日要勤擦拭棚膜，增加棚膜的透光性；有条件的可张挂反光幕，尽可能增加光照强度。

土壤湿度：在地膜覆盖条件下，减少浇水，使垄土湿度保持在70%～80%，最高不高于85%，最低不低于65%。

（3）不良天气的管理技术：秋冬茬、越冬茬、冬春茬棚室黄瓜的缓苗至坐瓜初期，分别处在11月上旬、12月上旬和3月上旬，此生育阶段若遇到连阴雨雪等不良天气时，要突出加强防寒保温和争取光照时间的管理技术。当寒流和阴雨雪天到来之前，要严闭大棚；墙体厚度达不到标准的，要在墙外用玉米秸秆或废旧草苫防护；降雪时要及时除雪，视天气揭放草苫和通风降湿；不良天气转晴第一天，揭草苫时要根据需要随时喷洒15～20℃的温水或放草苫覆盖，以防闪苗死棵。

另外，此期还要及时引蔓上架。

3. 结瓜期的前、中期管理

越冬茬黄瓜的结瓜期前中期在12月上旬至翌年3月下旬；冬春茬黄瓜在3月上旬至5月下旬；秋冬茬黄瓜在11月上旬至翌年2月下旬。

（1）棚室黄瓜结瓜期前、中期的生育特点：是营养生长与生殖生长齐头并进，叶面积大，果实果实收获量逐渐加大，产量约占总产量的70%，经济效益约占总效益的90%；植株光合作用旺盛，要求光照时间长，光照强度大，温度较高，昼夜温差大，水肥供应及时而充足；随着植株生长和棚内环境条件的变化，病虫害的发生往往有逐渐增多和加重的趋势，要及早防治。

（2）主要管理技术措施：主要是通过温度、湿度、光照调节和水肥供应，协调和平衡营养生长和生殖生长，以达到提高产量，降低病虫为害的目的。

温度管理：通过增光提温、保温、通风降湿等一系列措施，使棚温控制在：

深冬晴天棚内气温：揭草苫前8～10℃，揭草苫后至上午11:00时16～24℃，中午前后20～30℃，下午28～24℃，上半夜20～18℃，下半夜16～14℃，凌晨最低温度10～8℃。

深冬多云天气棚内气温：上午16～22℃，中午前后24～26℃，下午24～20℃，上半夜18～14℃，下半夜14～10℃，凌晨最低温度8℃以上。

深冬连阴雨雪天气棚内气温：上午12～18℃，中午前后20～22℃，下午20～18℃，上半夜18～16℃，下半夜16～12℃，凌晨最低温度8℃以上。

春季正常天气棚内气温：上午18～26℃，中午前后28～32℃，下午28～24℃，上半夜22～18℃，下半夜16～12℃，凌晨最低温度10℃左右。

（3）水肥管理：掌握“前轻、中重、三看、五浇五不浇”的肥水调节技术。

所谓前轻、中重，就是在第一次采收根瓜后，开始随水冲施化肥，以后一般10～15天浇一次水，隔次冲施一遍化肥，每亩（1亩≈667米^2，全书同）次冲施尿素和磷酸二氢钾各5～6千克，或相应的冲施肥。进入采瓜盛期（日亩采摘量50千克以上），一般每7～10天浇水一次，并随水冲施速效化肥，每亩次冲施氮磷钾复合肥10～15千克，并辅助喷施叶面肥料。有条件的可在晴天中午前，追施二氧化碳。

所谓三看、五浇五不浇，是通过看天气预报、看土壤墒情、看植株长势来确定浇水的具体时间，并做到晴天浇水，阴天不浇；晴天上午浇水，下午不浇；浇温水，不浇冷水；浇暗水，不浇明水；浇小水，不大水漫灌。

（4）采收：及时采收嫩瓜，防止和减少连续节间坐瓜而化瓜。

（5）及时防治病虫害，把病虫害消灭于点株发生阶段。

4. 结瓜后期管理

秋冬茬、越冬茬、冬春茬黄瓜的结瓜盛期分别在1月底至3月中上旬、4月中下旬至6月上旬、6月中上旬至7月中上旬。其主攻方向及技术措施：管理主攻方向是防止植株早衰，延长结瓜期，增加后期产量。主要技术措施如下。

（1）温度：上午16～28℃，中午前后28～32℃，下午28～24℃，上半夜22～18℃，下半夜18～14℃。5月中旬以后，实行全日通风降温。

（2）植株调整：一般每株保留20～30片功能叶，且分布要均匀，及时打去老叶、病叶，并适时落蔓。

（3）肥水管理：结瓜后期，植株生长势渐弱，根系吸收能力逐渐降低，在肥水供应上应掌握少食多餐的冲施和叶面喷施补肥的原则，一般每 7～8 天浇水一次，并追施氮钾肥，追施量为中期的 2/3。

（4）加强后期病虫害的防治（略）。

六、棚室黄瓜常见的生理性障碍

1. 化瓜

黄瓜雌花未开放或开放后子房不膨大，迅速萎缩变黄脱落，称为化瓜。棚室中出现的黄瓜化瓜现象是由环境条件、栽培季节及栽培品种等多方面因素引起的。

（1）花芽分化受阻引起的化瓜。育苗期温度经常低于 10℃以下的低温，可能导致花芽分化不正常而化瓜；温度过高，水、肥过大，秧苗徒长时花芽得不到充足的养分，分化受阻易引起化瓜；干旱缺水、光照不足时也会造成花芽分化不良，引起化瓜。防治措施：育苗期内严格控制温度、湿度、光照及肥料，培育壮苗。因苗期低温造成的化瓜可以采用叶面喷 1%磷酸二氢钾 +1%葡萄糖 +1%尿素来补救。

（2）营养生长过旺引起的化瓜。生长期植株的营养生长过旺，抑制了生殖生长，营养集中在茎叶上时，也易发生化瓜，特别是在甩蔓期，过早地追肥浇水，往往使根瓜化瓜而发生徒长。防治措施：推迟追肥和浇水期，控制氮肥的施用，以防止营养生长过旺。已发现植株节间过长，生长细弱，有徒长迹象时可喷 20 毫克/千克的矮壮素，抑制徒长，防止化瓜，促进瓜条生长。

（3）生长期中高温、干旱、缺肥或氮肥过多易造成化瓜。防治措施：降低温度，适时灌水，增施磷钾肥，每亩追施人粪尿 500～700 千克，叶面喷施 0.3%磷酸二氢钾 +0.5%尿素 +1%葡萄糖混合液。

（4）连续低温、阴天引起的化瓜。1%磷酸二氢钾 +1%葡萄糖 +1%尿素叶面喷施（主要在苗期使用）；越冬黄瓜，在结瓜期用 100 毫克/千克赤霉素（即 1 克赤霉素加水 10 千克）喷花，可促进瓜条生长，并防止低温化瓜；在黄瓜开花后 2～3 天用 500～1 000毫克/千克的细胞激动素喷洒小瓜，能加速小瓜生长，防止低温化瓜；在黄瓜 7 叶时，喷 0.2%的硼酸水溶液进行保瓜，防止化瓜脱落。

（5）根瓜采收不及时引起的化瓜。防治措施：适时采摘根瓜。若田间出现由于根瓜采摘晚而造成化瓜时，可采取追施人粪尿和根外喷施磷钾肥的方法来弥补。

（6）病虫为害引起的化瓜。霜霉病、灰霉病、白粉病、炭疽病、角斑病等病害直接侵害叶片而影响光合作用，蚜虫、白粉虱为害也会引起化瓜。防治措施：加强病虫害的防治，喷施一些植物生长调节剂，加强肥水管理，提高黄瓜抗病性，促进健壮生长。

2. 花打顶

黄瓜花打顶又叫花抱头，是棚室黄瓜生产常见的一种生理障碍，通常表现为生长点附近的节间缩短，没有心叶形成而出现花簇，呈花抱头状。花打顶多发生在结果初期，对黄瓜的产量和品质影响很大，通常分为 3 种类型。

（1）发育失调型：前期温度低，且昼夜温差大，植株因营养生长受到抑制而生殖生长过快出现花打顶。

（2）伤根型：棚内高温干旱，尤其是土壤干旱时，由于肥料过多，水分不足而导致烧根，或者土壤过湿，但气温和地温偏低，造成沤根，都容易形成花打顶。

（3）生理性缺肥型：土壤条件不适，根系活动弱，吸肥困难，导致生理性缺肥时也会出现花打顶。

（4）其防治方法如下。

合理调控温度：防止温度过低或过高，及时松土，提高地温，必要时先适量施肥、浇水，再松土提温，以促进根系发育。

合理运用肥水：棚室黄瓜施肥，要掌握少量、多次、施匀，施用有机肥时必须充分腐熟，防止因施肥不当而伤根。适时适量浇水，避免大水漫灌而影响地温，造成沤根。

补救措施：已出现花打顶的植株，应适量摘除雌花，并用磷酸二氢钾300倍液叶面喷施；出现烧根型花打顶时，及时浇水；出现瓜秧生长停滞，龙头紧聚，生长点附近的节间呈短缩状，即靠近生长点的小叶片密集，各叶腋出现小瓜纽，大量雌花生长开放，造成封顶现象时应采取喷施尿素1%加磷酸二氢钾1%或1 200倍的喷施宝，以促其生长。

第二节　日光温室丝瓜栽培技术

丝瓜，又名天罗、绵瓜、布瓜、天络瓜。原产于印度，在东亚地区被广泛种植。为葫芦科攀援草本植物，丝瓜根系强大。茎蔓性，五棱、绿色、主蔓和侧蔓生长都繁茂，茎节具分枝卷须，易生不定根。国内外均有分布和栽培。明代引种到我国，成为人们常吃的蔬菜。近几年来，随着日光温室不断发展和保温措施的不断完善，以及育种业的不断创新，使丝瓜由原来只有夏秋上市，发展到今天的周年供应。利用日光温室高密度反季节栽培丝瓜，能大幅度提高产量，亩产量达5 000千克以上，亩收入在3万~4万元。

一、丝瓜的植物学特性

丝瓜的根系发达，侧根多，分布深广，再生能力较强，茎节上易发生不定根。主根可入土1米以上，但主要分布在30厘米以内的耕层中。吸收能力和抗旱能力都很强。茎为蔓生，生长旺，主蔓长可达5~10米，分枝力极强，但一般只分生一级侧枝（子蔓），主蔓上着生的雌花较少，而且节位较高，主蔓一般从第6节开始着生大量的雄花。侧枝上着生雌花早而多。叶腋间着生卷须，以缠绕他物。生长前期以主蔓结瓜为主，后期以侧蔓结瓜为主。由于其侧枝发生力强，所以密植栽培（特别是保护地栽培）时要注意打杈，留短杈。叶片深绿色，叶脉明显，叶片大，光合作用旺盛。花着生于叶腋，雌雄同株异花。花冠黄色。一般雌花为单生，也有的品种在较低温下出现多个雌花。异花授粉，靠昆虫传粉。丝瓜的花在下午4~5时以后开放，黄昏时开放多。雌花开始着生的节位因不同的品种而不同，一般早熟品种在第10节左右出现第一朵雌花，晚熟品种常在第20节以后出现第1朵雌花。侧蔓上一般在第1~5节开始出现雌花。其坐瓜率与肥水和其他管理密切有关。在肥水充足、管理精细的条件下，坐果多，质量好。丝瓜单性结实性差，在保护地栽培中要注意进行人工授粉。果实一般为圆筒形和长纺锤形，瓜皮绿色，果实的长度因品种而异。果面分为有棱和无棱两类，一般嫩果面上着生有茸毛，果肉白色或淡绿白色。种子着生于丝瓜络内。种皮革质，坚硬，光滑，千粒重100～180克，发芽年限为5年左右。

二、丝瓜对环境条件的要求

掌握丝瓜对温度、光照、水分、气体、土壤养分等的要求及其与生长发育的关系，是安排生长发育季节、获得高产、高效益的重要依据。

1. 对温度的要求

丝瓜属喜高温、耐热力较强的蔬菜，但不耐寒。丝瓜种子在20～25℃发芽正常，在30～35℃时发芽迅速。植株生长发育的适宜温度是白天25～28℃，夜间12～20℃，15℃以下生长缓慢，10℃以下生长受到抑制或基本停止生长，5℃以下常受寒害，－1℃即受冻害或冻死。5℃是丝瓜的临界温度。

2. 对光照的要求

丝瓜对光照时间的长短、光线的强弱、光照的变化都很敏感。光照条件直接影响丝瓜的产量、品质和结瓜的迟早。

丝瓜属短日照植物，长光照发育慢，短光照则发育快，与品种特性也有一定的关系，但总的来说，在短日照条件下能促使提早结果，节位低；而给予长日照，结果期延迟，节位提高。

3. 对水分的要求

丝瓜喜潮湿、耐涝、不耐干旱。要求土壤湿度较高，当土壤相对含水量达65%～85%时最适宜丝瓜生长。丝瓜要求中等偏高的空气湿度，在旺盛生长时期所需的最低空气湿度不能低于55%，适宜湿度为75%～85%，当空气湿度短时期达饱和时仍能正常生长。

4. 对土壤养分的要求

丝瓜根系发达，对土壤的适应性较强，对土壤条件要求不严，但以土层深厚、土质疏松、有机质含量高、肥力强、通气性良好的壤土和沙壤土栽培为最好。

丝瓜生长周期长，需较高的施肥量，特别在开花结瓜盛期，对钾肥、磷肥需求量更高。所以在栽培丝瓜时，要多施有机肥、磷肥和钾肥，氮素化肥不宜过多，以防徒长。进入结瓜盛期，要增加速效钾、氮的化肥供应，促使植株繁茂，增加结瓜数量。

5. 对气体条件的要求

丝瓜进行光合作用最适宜的二氧化碳浓度为0.1%左右，而大气中的二氧化碳浓度为0.03%左右，冬季晴日白天，冬暖塑料大棚因通风时间短，通风换气量小，棚内二氧化碳更显不足。因此，丝瓜于冬暖大棚保护地栽培，在适宜的光照、温度、湿度、水分等条件下，适当增加二氧化碳含量，对提高产量和品质具有很好的作用。

6. 丝瓜的需肥特点

丝瓜生长快、结果多、喜肥。但根系分布浅，吸肥、耐肥力弱。因此，要求土壤疏松肥沃，富含有机质。据测定，每生产1 000千克丝瓜需从土壤中吸取氮1.9～2.7千克、磷0.8～0.9千克、钾3.5～4.0千克。

三、棚室栽培常见品种

1. 夏棠一号

属棱丝瓜，早熟，第1雌花着生部位第12～15节，节节有瓜，果实长棒形，头尾均匀，纵径60厘米，横径5厘米，青绿色；棱10条，墨绿色。皮薄，肉质柔软，味甜。单瓜重量500～600克，该品种适应性强，耐热、耐湿、耐涝。每亩产量2 000～2 500千克。

2. 雅绿一号

早熟、耐热、抗病、优质。生长势强，果实外形美观，长棒形，头尾均匀，纵径60厘米，横径5厘米，青绿色，棱墨绿色。每亩产量3 000千克。

3. 甜里香

属白皮丝瓜，第1雌花着生部位第8～13节，生长势中等，果实圆筒形，花蒂小，纵径20～25厘米，横径5～7厘米，白色，表皮有一层白色茸毛，肉质硬，口感甜，商品性极佳。缺点是坐果率低。

4. 泰国中绿

早熟，泰国引进一代杂交新品种，植株蔓生，叶呈掌形绿色，以主蔓结瓜为主，主蔓第7～8节开始出现雌花间隔一节后，连续有花，瓜长条形，光滑顺直，有光泽，瓜长45～55厘米，肉质嫩香甜，带顶花，耐运输，高产可达20 000千克左右。该品种为泰国农业大学与中国农业大学合作研制的最新品种。比一般丝瓜更粗壮，易种植，结果特多，丰产早生，耐热耐湿。抗病连续结果性强。

5. 美国绿龙

美国引进杂交一代新品种，抗病高产，早熟性好。耐热、耐寒、耐运输。以主蔓接瓜为主，果长38～42厘米，果皮鲜绿，光滑顺直，顶部有鲜花。适合保护地和露天栽培，一般亩栽2 400株左右，亩产可达15 000千克以上。

栽培要点：播种前常温浸种2小时左右，在28～30℃左右催芽，芽嘴露白即可播种。主蔓7～8节开始出现雌花间隔一节后连续有花。中后期加强肥水管理和病虫害的防治。

6. 完美

植株生长势强、茎粗、节间短、叶厚、抗病性强、产量特高，瓜条顺直，嫩绿，长40厘米左右，横径5厘米左右单瓜重400克左右，肉厚腔小，有弹性，耐运输。该品种既耐低温，又耐高温、梅雨，适宜春、夏、秋、冬大棚、拱棚、露地种植。

四、丝瓜的育苗技术

1. 育苗时间

育苗时间的早晚与商品瓜上市时间密切相关。要使丝瓜大量上市期与一年中价格最好的时期相一致，才能获得较好的经济效益。从近几年种植情况看，丝瓜育苗时间多安排在8月下旬至9月上旬，这不仅延长了丝瓜的生长时间，还有效增加了种植效益。

2. 种子处理

越冬丝瓜高密高栽培，每亩用种约0.5千克左右。为防止种子带毒、带菌，提高种子发芽的整齐度，在丝瓜播种前，一定要搞好种子处理。其具体做法是：一是晒种。种子晒种，可促进种子后熟，提高发芽率，一般在浸种前选晴天晒种2~3天。二是种子消毒。一般用10%的磷酸三钠溶液浸种10~15分钟。三是浸种催芽。可用60~70℃的温水浸种10~15分钟，并不断搅拌，当水温下降到30℃时，停止搅拌，继续浸种4~6小时，然后，将种子捞出，搓洗干净后，用干净的湿纱布包好，置于28~30℃的条件下催芽。在催芽过程中，每天至少用温水清洗种子一次，包括包种布。约经过3~4天，种子即可露白。待2/3的种子露白时即可播种。

3. 营养土配制

营养土合理配制，是培育壮苗的基础。一般是取未种过瓜类的田园土6份，充分发酵腐熟的粪肥4份，搓细过筛后，每米^{3}营养土中加入50%的多菌灵可湿性粉剂80~100克，50%的辛硫磷乳油50~60克，三元素复合肥1.5千克后，充分混匀，堆闷3~5天后装钵。

4. 育苗方法

采用拱棚冷床营养钵育苗，播种前覆盖棚膜，安装防虫设施。

5. 播种

播种前浇足底水。浇底水时切忌大水漫灌，一般以小水洇灌，洇透钵中营养土即可。播种，每钵拣发芽的种子每钵1粒，未发芽的种子可每钵1~2粒，播种完成后，覆盖营养土1~1.2厘米。

6. 苗床管理

一是温度管理。播种后至出苗前，一般保持白天温度25~32℃，夜间18~20℃，以促进种子发芽出土。一般需要4~6天，即可出齐苗；幼苗出土后，要适当降低温度，一般白天控制在22~28℃，夜间15℃左右。二是水分管理。在整个育苗期间，一般不需要浇水。若出现干旱，可适当浇水或喷水，切忌大水漫灌。

待苗长至2~3片真叶时，即可定植。

五、丝瓜定植技术

1. 高温闷棚

高温闷棚对减少病虫为害来说，是一项行之有效的方法。其具体做法是：在移栽之前，一般选晴好天气闭棚提温7天左右，此间棚内白天温度可达60~70℃，足可以杀死大部分病菌和害虫。

2. 整地施肥

俗话说得好，庄稼一枝花，全靠肥当家。日光温室丝瓜栽培，一般是结合整地，亩铺施充分腐熟优质圈肥8 000~10 000千克，过磷酸钙100~120千克，硫酸钾40~50千克，深翻30厘米，整平耙细后起垄。起垄标准为：按大行80厘米，小行60厘米起垄，垄高15~20厘米，小行间略呈小沟状。

3. 定植

为提高丝瓜的前期产量，越冬丝瓜多采取密植栽培，定植株距35～40厘米，亩栽2 400～2 700棵。定植时在龙顶开穴浇水，然后将苗放入穴中，待水全部渗下后覆土。栽植深度以盖住苗坨1厘米为宜。定植完成后，覆盖地膜，并及时引苗出膜。

六、定植后的管理技术

1. 缓苗期的管理

定植后1周内密封温室，适当提高温室内温度，温度一般保持在白天30～35℃，夜间不低于12～15℃，以促进缓苗。

2. 结瓜前的管理

此期管理是决定丰产孬好的重要时期，一般多通过对温、水、气、热控制，以达到栽培的目的。

(1) 温度管理。缓苗后，适当降低温室内温度，一般白天棚温保持在25～30℃，高于30℃时放顶风，夜温保持在14～16℃。遇降温天气需临时加温，使夜间棚温不低于8℃。同时，此期要勤划锄，疏松土壤，提高低温，促进根系深扎和茎蔓生长，从而为高产打好基础。

(2) 肥水管理。结瓜前应适当控制肥水，促苗稳长快长。雄花开放时结合浇水施腐熟人粪尿或腐熟饼肥一次。

(3) 整枝吊蔓。待蔓长30厘米以上时，及时吊蔓。同时，结合吊蔓，把卷须、第一朵雌花以下的侧蔓及时去除。如果是及早熟品种，也可把第一朵雌花去掉，保证结瓜节位离开地面40厘米以上。结瓜以前，一般不留侧枝，以免消耗养分。

3. 结果期的管理

结瓜后，丝瓜逐渐进入旺盛生长期，枝叶生长旺盛，瓜膨大迅速，需水需肥量增加，因此，要加强肥水管理，及时整枝和留瓜。

(1) 温度管理。此期已进入寒冷季节，应采取必要的保温措施，提高温室的保温性能。此期棚内温度一般保持在白天25～32℃，夜间温度保持在15～20℃。白天温度超过35℃时，应及时开顶缝放风降温。

(2) 肥水管理。进入结瓜期，一般每隔8～10天浇水一次，保持地面见湿不见干，并做到每三次水冲施两次肥料，每次以每亩冲施人粪尿500～600千克或尿素10～15千克、硫酸钾10千克。深冬季节浇水要根据天气变化灵活掌握，浇水要选晴天上午，以膜下暗灌为主；进入3月下旬以后，随着外界气温的回升，浇水量要逐渐加大，浇水次数也逐渐增多。

(3) 整枝。在棚室密植栽培条件下，其整枝方式与露地栽培大不相同。棚室栽培密度大，吊蔓生长，每株丝瓜同时只留1～2条，采摘一条后才可再留一条。一般主茎不打顶，当侧枝抽出并现雌花，雌花后留一叶打顶。为能保住坐瓜，可用吡效隆蘸花或涂抹瓜柄，也可采用人工授粉。随着茎蔓生长，可不断进行落蔓，就地将蔓盘在基部。瓜蔓一般保持1.5米高，以防顶部接触薄膜被烧伤。对下面的老叶、黄叶、病叶要及时去除。

（4）二氧化碳施肥：二氧化碳施肥对丝瓜具有明显的增产作用，一般亩增产可达20% ~40%。其施肥时间在丝瓜进入结果期以后（深冬期间），以上午9 ~11时为最好。但同时要注意阴雨天不施，温度太低时不施。

（5）光照管理。光照是温室热量的主要来源，也是植物进行光作用的能量源泉。因此，要尽量多采光是提高产量的重要措施，主要包括：采用无滴膜、无滴防雾膜、张挂反光膜，勤擦拭棚膜等，以提高透光率。同时，要做到在天气允许的情况下，尽量早揭晚盖草苫，争取更多的光照时间。

4. 采收

丝瓜纤维化进程比较快，必须要做到及时采收。一般情况下，丝瓜从授粉到采收需7 ~8天；冬季温度低，瓜生长慢，一般需10 ~15天。采收时，瓜皮略有光泽，手握略有紧实感。

第三节　大棚西瓜高产栽培技术

西瓜，属葫芦科，是由原产于非洲的葫芦科野生植物驯化而来。我国是世界上栽培西瓜面积最大的国家，因经西域传来，古称西瓜。西瓜堪称“瓜中之王”，味道甘味多汁，清爽解渴，是盛夏佳果，西瓜除不含脂肪和胆固醇外，含有大量葡萄糖、苹果酸、果糖、精氨酸、番茄素及丰富的维生素C等物质，是一种富有营养、纯净、食用安全的食品。

一、大棚西瓜常见的品种

大棚栽培西瓜应选择早中熟、抗病、抗逆性强、品质优良的品种，同时还要兼顾市场需求。目前。在栽培上常见的品种主要有如下几种。

1. 京欣二号

是“京欣1号”的换代品种。该品种在低温弱光下坐瓜性好，膨瓜快，外观漂亮，整齐，产量高，上市早。全生育期88 ~90天，比“京欣1号”生长势稍强。圆果，绿底条纹稍窄，有蜡粉。瓜瓤红色，果肉脆嫩，口感好，甜度高，含糖量为12%以上。皮薄，耐裂性能比“京欣1号”有较大提高。抗枯萎病，耐炭疽病，单瓜重6 ~8千克。适合全国保护地和露地早熟栽培。

2. 抗病京欣

中熟种，果实发育期32天左右，生长势强健，易坐果，果实圆球形，浅绿皮覆墨绿窄齿条，果皮硬度较强，较耐贮运，果肉深粉红色，中心折光糖12%左右，肉质脆，纤维少，口感好，平均单果重6千克左右。此品种综合抗性好，适全国主要瓜区保护地早熟栽培及露地栽培。

3. 早佳（8424）

为杂交一代早熟西瓜。植株生长稳健，坐果性好。开花至成熟28天左右。果实圆形，单果重5 ~8千克。瓜果绿色底覆盖有青黑色条斑，皮厚0.8 ~1厘米，不耐贮运。果肉粉红色，肉质松脆多汁，中心可溶性固形物含量12%，边缘9%左右，品质佳。耐低温弱光照。一般亩产可达3 000千克。适宜作保护地早熟栽培。

4. 极品全胜大果王

最新选育适宜全国保护地（大拱棚、小拱棚）栽培的高档优良新品种，开花后28天成熟，在低温条件下极易坐果且不易畸形，条带窄无乱纹，外观漂亮，肉色大红，脆甜爽口，含糖14%，品质卓越，果重在9～10千克，大果可达20千克以上，皮薄抗裂，蜡粉浓厚，货架期长达30天，高抗枯萎病、病毒病。

5. 真优美

中早熟品种，易坐果，开花至果实成熟30天左右，单瓜重8千克左右。瓜正圆形，花皮，底色深绿色，黑色条纹，蜡粉多，果肉大红，含糖12度左右，耐贮运。长势健壮，抗病性强，不易裂瓜，不易畸形。特别是本品种具有持续膨果的特性，所以不利环境下也易获得高产。

6. 京阑

国家蔬菜工程技术研究中心选育。早熟黄瓤小型西瓜。果实发育期25天左右，前期低温弱光下生长快，极易坐果，适宜于保护地越冬和早春栽培。可同时坐2～3个果，果实近圆形，单瓜重2千克左右，皮极薄，皮厚3～4毫米。果皮翠绿覆盖细窄条，果瓤黄色鲜艳，酥脆爽口，入口即化，中心可溶性固形物含量12%以上，品质优良。

7. 京秀

国家蔬菜工程技术研究中心选育。小型西瓜，早熟，果实发育期26～28天，全生育期85～90天。果实椭圆形，绿底色，果实周正，平均单果重1.5～2.0千克，一般亩产量2 500～3 000千克。无空心、白筋等；果肉红色，肉质脆嫩，口感好，风味佳；中心可溶性固形物含量13%。与其他同类型的小型西瓜品种相比，果实底色绿，条纹漂亮，外观周正。含糖量高，糖度梯度小，口感脆嫩，少籽。

8. 早春红玉

该品种是由日本引进的杂交一代新品种。该品种耐低温弱光，适于大棚早春设施栽培。极早熟，主蔓5～6节出现第一朵雌花，雌花着生密，开花后在正常温度22～25℃下成熟。果实圆形至高圆形，单瓜重1.5～2千克，果皮深绿色底上带有墨绿色条带，果皮薄约3㎜，不耐贮运。果肉黄色，质细无渣，果肉中心可溶性固型物含量12%以上。每亩产2 000千克左右。

9. 小兰

早熟，植株生长强健，极抗病，坐果习性良好，果实圆球形，皮色翠绿覆清晰美观的黑条斑，无论果型和皮色外观均比台湾小兰更漂亮，皮薄坚韧，果肉晶黄，松脆多汁，含糖12度，单瓜重1.5～2.5千克，适合大棚、温室及南北方露地栽培。

二、培育嫁接壮苗

1. 育苗时间

育苗时间的早晚，应根据大棚的保温条件、前茬作物的腾茬时间等具体确定。一般是：三膜一苫（大棚、小棚、地膜覆盖、草苫）栽培，于1月中上旬开始播种育苗；二膜一苫（大棚、地膜覆盖、草苫）栽培，于1月下旬开始播种育苗；二膜（大棚、地膜覆盖）栽培，于2月中上旬开始播种育苗。

2. 设施育苗

一般采用日光温室加小拱棚，或改良阳畦育苗。

3. 嫁接培育壮苗

西瓜不宜连作，连作易感染枯萎病死苗，同时病害多发，严重影响西瓜的产量和品质；采取西瓜嫁接育苗技术，能有效克服西瓜重茬障碍，提高西瓜的抗性和丰产性。其主要技术如下。

（1）砧木选择：西瓜砧木应选择亲和能力强，抗病、抗逆性好，不影响西瓜风味和品质，有效提高丰产性的砧木种子，目前常选用白瓜（葫芦瓜）作砧木材料。

（2）营养土配制：西瓜嫁接育苗一般采用营养杯护根育苗。其营养土的配制一般是：取3～5年内没有种过瓜类作物的肥沃田园土7份，充分发酵腐熟优质厩肥3份，混合过筛后，每米^{3}混合土中掺入硫酸钾型三元素复合肥1.5千克，90%敌百虫原粉50～60克，55%敌克松可湿性粉剂80～100克。拌匀堆闷7～10天后，装入营养杯。

（3）嫁接方法：目前，嫁接方法主要有靠接、劈接和插接3种方法。但西瓜嫁接多采用插接法。

（4）种子处理：西瓜种子处理一般要比砧木晚处理10～15天。西瓜种、砧木种在浸种前选晴朗天气晒种1～2天，然后进行温汤浸种。温汤浸种具体方法是：将种子放入55℃的温水中浸泡，并不停地搅拌，待水温降至30℃时停止搅拌，浸种8～12小时后，将西瓜种子置于25～30℃条件下进行催芽，砧木种置于28～30℃条件下催芽。催芽期间，应注意每天用温水将种子淘洗一次，防止浆种和烂种现象的发生。

另外，在种子处理过程中还可采取药剂处理。如将浸泡好的种子放入0.1～0.2%的高锰酸钾溶液或150倍的福尔马林的溶液中浸泡10～15分钟，可有效杀灭枯萎病菌；放入10%的磷酸三钠溶液中浸泡10分钟，可有效杀灭种子所带的病毒。但应注意的是经过药剂处理过的种子，须用清水清洗干净后，方可进行催芽。

待70%以上种子露白时，在15～20℃条件下炼芽12小时后，即可拣芽播种。

（5）播种：实行错期播种，接穗（西瓜）要比砧木种晚播7～10天。

砧木种播种：播前，浇足底水，待水全部渗下后，将砧木种子的胚芽朝下，每钵一粒，播种完成后，覆盖配制好的营养土1.5～2厘米。

接穗播种：将已发芽的种子按（1.2～1.5）厘米×（1～1.2）厘米见方，点播于沙箱或沙床内，播完覆盖细湿沙1～1.5厘米。

嫁接前管理：播种后，闭棚提温，促进出苗。白天棚内温度尽量保持在28～30℃，夜间温度15～20℃；70%以上出苗后，适当降低温度，以防子叶节徒长。此时棚温应保持在白天20～25℃，夜间10～15℃。待砧木苗真叶显露，西瓜苗子叶展平时，要及时嫁接。

（6）嫁接：良好的嫁接习惯和嫁接方法，是提高嫁接苗质量和成活率的有效手段。

嫁接前消毒：在嫁接前一天下午，将砧木浇透水，用50%多菌灵800倍液对砧木和接穗及周围环境进行消毒。嫁接当天，先将接穗从沙床中轻轻拔起，将沙子用清水冲洗干净，淋干水分后，用湿布盖好保湿，以备嫁接；嫁接用工具，如刀片、竹签等，须经75%的酒精消毒，清水冲洗干净后使用。

嫁接：先用刀片将砧木真叶切除，然后用与接穗下胚轴粗细相当的竹签，从子叶的正面基部呈45°角斜插向对面子叶的背面基部下0.5～1厘米，注意不要插破表皮，竹签暂不拔出。然后，取接穗在子叶下方0.5厘米处，由叶端向根端，从两面轻轻斜削去西瓜根，刀口与竹签插入深度相当为宜。此时，将竹签从砧木上轻轻拔出，随即把削好的接穗顺着方向将接穗插入砧木孔中，使砧木子叶与接穗子叶呈“十”字形轻轻按一下，使接穗与砧木接触吻合。将嫁接好的营养杯紧凑排列，覆盖地膜，保温。保湿。

(7) 嫁后管理。

愈合期管理：嫁接后2～3天内，闭棚提温，棚内湿度要保持在95%以上；白天温度保持28～30℃，夜间15～18℃，以加快接口愈合；同时要加盖遮阳网或草帘，避免阳光直射苗床而导致嫁苗萎蔫。嫁接后第3～7天，于清晨将膜掀开1～2小时后继续覆盖，使湿度保持在90%～95%，温度白天保持28℃，夜间不低于15℃，超过35℃或低于10℃都会影响成活率，同时，早、晚可见散射光，在嫁接苗不萎蔫的情况下，逐步适当延长见光时间，1周后嫁接苗基本愈合，开始放风，放风口由小到大，逐渐加大通风量，晴天中午光照强，必须用遮阳网遮光，温度白天保持25～28℃，夜间14～15℃，10天后转入正常管理。

愈合后的管理：嫁接苗成活后，适当降低温度，使棚温白天保持在20～25℃，夜间10～15℃；育苗期间，一般不需要浇水和追肥，如发生旱情时，可用喷壶适当补水，切忌大水漫灌。另外，此期还要及时摘除砧木长出的幼芽，以促进接穗的正常生长。待瓜苗长出2叶1心，经5～7天炼苗后，即可移栽。

三、整地施肥

整地施肥是西瓜高产的基础。因此，在整地施肥时，要根据西瓜生长特性来进行。其主要特性是：一是西瓜根系深而广，具有明显的好气性，在通透性良好的沙壤土或壤土中生长；二是西瓜在整个生长发育期中对氮磷钾三要素的吸收比例大约3.28：1：4.33。但不同生育期对三要素的吸收量和吸收比例也不尽不同。幼苗期吸收量仅占一生总吸收量的0.54%，果实生长盛期吸肥量约占一生总吸收量的77.5%。

在生产中，一般亩施优质腐熟圈肥4 000～5 000千克，腐熟饼肥100～150千克，过磷酸钙75～100千克，硫酸钾20～25千克。施肥采取分层施肥法，即把全部圈肥和1/2的磷肥施入丰产沟的底部，填入部分熟土混匀，然后将其余肥料施入丰产沟10厘米左右的土层中。整地时按170厘米左右的行距，挖深40～50厘米、宽50厘米左右的丰产沟。挖沟时要注意生熟土分放，晾晒、风化一段时间后回填。回填一般在定植前7～10天进行，回填完成后，顺丰产沟浇水，造足底墒。

四、定植

大棚西瓜定植应选在寒流刚过的晴朗天气进行。定植时，在垄中央开沟，沟深10～12厘米，沟内浇水，待水渗下2/3时，按株距50厘米左右摆苗，水全部渗下后，抚平垄沟，栽植深度以苗坨表面略低于垄面为宜。栽植完成后，及时盖膜、破膜引苗，亩栽植700~800株。

五、大棚管理技术

1. 温湿度管理

缓苗期管理，大棚西瓜定植时，正值外界气温低的季节，因此，栽植后应以保温为主。西瓜定植后，要进行闭棚提温，草苫早揭晚盖，使白天温度保持在28~30℃，夜间温度不低于14℃，最好保持在15~18℃，以促进缓苗；缓苗至坐瓜前，棚温白天控制在25~28℃，夜间控制在15℃以上；坐果期，白天温度控制在25℃左右；坐果后，棚温提高至30℃，夜间温度保持在15~20℃，棚内空气湿度以50%~60%，以促使果实膨大；果实长到1千克大小时，要逐渐加大昼夜温差，提高果实品质。

2. 整枝留瓜

整枝，采取三蔓紧靠式整枝法。即保留主蔓和两个健壮侧蔓，剪去其余侧蔓。在结瓜前压蔓，尽头重压。留瓜，一般首先选在主蔓的第2朵雌花进行授粉留瓜，若出现主蔓第2个雌花坐瓜不住或瓜胎不正时，应尽快在侧蔓进行选留瓜。幼瓜坐住后，及时淘汰其他雌花，并于瓜前3~5叶时摘心。

3. 授粉

大棚栽培西瓜一般采取人工授粉。具体做法是：雌花开放当天，在上午7~9时，选当天开放的健壮雄花进行授粉；也可采用坐瓜灵等植物生长素处理雌花，达到人工授粉的效果。授粉后及时用纸牌作下标志，为采收做好参考。

4. 肥水管理

大棚西瓜栽培的肥水管理以控制轻施提苗肥，巧施伸蔓肥，开花期控肥水，坐果后大肥大水促果膨大，采收前控肥水为原则。浇水，苗期要适当控制水分，若出现干旱，可浇一次小水，不宜过大；伸蔓后，浇水量适当增加，不可大水漫灌；开花坐果期，控制水肥，促进坐瓜；坐瓜后，待幼瓜长至鸡蛋大小时，要水肥紧促，促进果实膨大；到采收前，停止浇水追肥，提高果品品质。肥水管理，伸蔓期亩施尿素10~20千克，硫酸钾10~15千克；进入膨瓜期，亩施尿素10~15千克，硫酸钾10千克。采收前10天停止浇水施肥，以提高果实含糖量，改善品质。追肥，一般在植株甩龙头时，结合浇伸蔓水，在植株一侧20厘米追施三元素复合肥15~20千克；坐瓜后，幼瓜长至鸡蛋大小时，结合浇膨瓜水，亩追施三元素复合肥25~30千克，并在膨瓜期内喷施叶面肥料2~3次。

六、采收

1. 西瓜成熟度的识别

一是标记法，根据不同的品种说明，计算从开花到成熟的天数来识别，一般情况下，早熟品种从雌花开放到成熟需要28~30天，中熟品种从雌花开放到成熟需要30~35天，迟熟品种则需35~40天。二是目测法，果实成熟后，果皮坚硬光亮，花纹清晰、果实脐部和果蒂部向内收缩、凹陷，果实阴面由白转黄且粗糙，果柄上的绒毛大部分脱落，坐果前后1~2个节卷须枯萎等。三是拍打法，成熟的西瓜用手摸去有光滑感觉；而未成熟的西瓜，用手摸时有发涩感。另外，用手托瓜，敲打或指弹瓜面时，发出砰、砰、砰的低浊音。四是比重法，成熟西瓜与水的比重在常温下是不同的。水的比重是1，而一般成熟瓜的比重为0.9～0.95。将西瓜放入水中观察，若西瓜完全沉没，则表明是生瓜；浮出水面很大，说明瓜的比重小于0.9，西瓜过熟；若浮出水面不大，则表明是熟瓜。

在实际应用中，为了准确无误地判断西瓜是否成熟，应综合考虑各种因素，不能单凭一个因素来断言。另外，采收成熟度还应根据市场情况来确定。如当地供应可采摘九成熟的瓜，于当日下午或次日供应市场；运销外地的可采收八成熟的瓜。

2. 采收

根据以上介绍的方法综合判别后，待瓜达到八成熟后，即可采收。切不可采收过早，降低品质。

第四节　早春大棚薄皮甜瓜高效栽培技术

薄皮甜瓜又叫香瓜，它属于葫芦科、甜瓜属一年生、蔓性草本植物。由于甜瓜汁多、味甜，清凉爽口，是夏季消暑的佳品，非常受广大消费者的喜爱。近几年，薄皮甜瓜的栽培面积得到了迅猛发展，采用的设施栽培方法也比较多，使甜瓜的产量有了大幅度的提升，生产效益也得到了明显提高，一般亩生产效益达到了万元以上。

一、甜瓜的生长习性

要想种好甜瓜，首先就要了解甜瓜生长适宜的环境条件，在栽培中做到有的放矢，采取有针对性的管理措施，才能取得生产的成功，获取较高的生产效益。

1. 对温度要求

甜瓜整个生长发育期最适合温度是25～35℃，在13℃以下时生长停滞，低于7℃会产生冷害；果实膨大期白天适宜温度为30～35℃，夜间最好保持在15～20℃，这样的温度才能有利于糖分积累，生产出优质、高产的甜瓜。

2. 对水分要求

甜瓜是耐旱作物，但对水分要求是很严格的。生长前期需少量水，土壤过湿将严重影响植株的生长；甜瓜伸蔓期要求土壤水分适中，土壤过干会延误生长发育，达不到早熟的目的；在雌花开放到果实膨大期则需要大量的水分供应，此时如果缺水，果实膨大慢、畸形果多。果实成熟前7天，一般不需灌水。原则是宜干不宜湿，才能生产出果大、味甘、色美的优质甜瓜。

3. 对肥料要求

甜瓜对氮磷钾的吸收比例约为30：15：55。甜瓜除需要大量的氮磷钾元素外，还需一定量的钙、镁和微量元素，因此，在加强基肥、追肥的基础上，还要对植株进行叶面喷施一些微量元素肥料，以利于植株的健壮生长，达到高产、抗病的目的。

二、早春大棚常见的保温措施

目前，常见的大棚保温措施主要有：三膜一苫（大棚、小棚、地膜覆盖）栽培；二膜一苫（大棚、地膜覆盖）栽培；二膜保温（大棚、地膜覆盖）栽培。

三、早春大棚品种的选用

早春大棚薄皮甜瓜栽培应选用耐低温、耐弱光、早熟、高产、抗病的甜瓜品种。砧木要选用抗病性强、亲和性好、生长发育快，对产量和品质无大影响的白籽南瓜。目前栽培中常见的品种主要有如下几种。

1. 陕甜一号

是以优良高代甜瓜自交系米 33 为母本、D4－1 为父本配制的一代杂交种，该品种全生育期 70 天左右，果实发育期 25 天，果实长阔梨形，充分成熟时果面白亮有黄晕，果肉纯白，肉质脆爽香甜，可溶性固形物含量 13%～15%，单瓜重 500～650 克，亩产量 3 800千克左右。植株长势旺，抗病性强，适应性广。

2. 陕甜八号

早熟，高产，耐运薄皮甜瓜新品种。长势强壮，高抗病，耐低温，适应性广，子、孙蔓结果，花后 27 天成熟，果型周正美观，外观白亮，有黄晕，含糖 15%～16%，脆甜爽口，外皮韧性强，耐贮、耐运性强，单株结果 7～8 个，果重 600～800 克，亩产量可达 4 800千克左右。

3. 日本甜宝

属早熟品种，开花后 35 天左右成熟，果重 750～1 250克。果实为大苹果形，肉绿肉脆，果面光滑等特点。品质优，香甜可口，口感甜度 18～20 度，入口即觉特脆特甜，较抗枯萎、霜霉，叶斑，白粉等病害，抗旱、耐湿，适应性强，高产稳产，亩产量 3 500～5 000千克，是绿皮、绿肉薄皮甜瓜王牌品种。

4. 拿比甜

花皮超高糖酥脆型特色杂交一代甜瓜新品种。长势强壮，抗枯萎、蔓枯、白粉、霜霉、叶枯等病害，不易死秧；子蔓、孙蔓均易坐果，单株结果 4～9 个，瓜坐稳后 25～28 天上市。冷棚吊蔓栽培单瓜重 350～500 克。露地栽培单瓜重 350～750 克。果实阔梨形至椭圆形（孙蔓瓜比子蔓瓜长且大），果面光滑，熟时果皮深绿色覆浅绿色至黄白色条带，新颖独特。果肉白色，白瓤，可溶性固形物含量 12%～16%，口感香甜，甜度可达 21～26 度，肉质极为脆爽，风味极佳，品质极为优秀。果皮薄，但有韧性，耐摩擦，不打脸，不坏膛，耐贮运，贮后更加香甜。亩产可达 6 000千克。

5. 花姑娘

花皮超高糖酥脆型特色杂交一代甜瓜新品种。植株长势稳健，抗枯萎、蔓枯、白粉、霜霉、叶枯等病害；单瓜重 350～550 克。子蔓、孙蔓均易坐果，单株结果 4～6 个，坐瓜后 28 天左右上市。果实阔梨形至椭圆形，果面光滑，熟时果皮黄白微绿覆绿色条带，鲜艳美观。果肉白色，白瓤，可溶性固形物含量 13%～16%，口感甜度 21 度，肉质酥脆，风味极佳，果皮薄但有韧性，极耐运输。高产地块亩产可达 6 000千克。

6. 金典绿宝

由河北粒尔田种业有限公司最新研制的绿皮、绿肉高糖脆肉甜瓜，植株长势稳健，抗病、抗逆性好，耐低温、耐弱光，不早衰、不死秧。子蔓孙蔓皆可坐果，孙蔓坐果瓜更大、更整齐，瓜坐稳至上市24~28天。单瓜重450~600克左右，连续结果能力强，单株结果6~10个。果皮绿色，果实圆形，果肉碧绿，口感香甜度可达24~27度。外观光亮，无棱沟，无杂瓜，瓜型高贵典雅，耐贮存、耐运输，品质佳，口感酥脆爽甜，市场卖相最好，实为绿瓜一流产品。

四、培育嫁接苗

在实际生产过程当中，为了防止土传病害，克服连作障碍，早春大棚薄皮甜瓜通常采用嫁接栽培。

1. 种子消毒

当前甜瓜种子带病现象较为严重，种子消毒可以对种子表面及内部进行消毒防病，并可促进种子吸水，保证种子发芽快而整齐。目前，甜瓜种子消毒方法主要是温汤浸种和药剂处理等。

(1) 温汤浸种消毒：在浸种容器内盛放入55~60℃的温水，将种子倒入并不断搅拌，待水温降至30℃左右时，停止搅动，浸种4~8小时（浸种时间视种子大小、新旧、饱瘪、种皮薄厚及浸种温度而定），使种子充分吸足水分后，沥干催芽。砧木种子需用温水浸泡24~48小时后进行催芽。

(2) 药剂消毒：是指利用各种药剂直接对种子进行消毒灭菌处理。其主要方法有以下几种。

防治枯萎病、炭疽病：可用100~300倍的福尔马林（甲醛）浸种15~30分钟。

防治病毒病：可将种子用清水浸4小时后，再于10%磷酸三钠溶液中浸20~30分钟后洗净，可起到钝化病毒的作用。

防治炭疽病和白粉病：可用50%多菌灵（或用25%苯莱特）可湿性粉剂500~600倍液，浸种1~2小时后捞出，清水洗净后催芽播种。

防治各种真菌病害和病毒病：可用2%氢氧化钠溶液浸种10~30分钟。

防治霜霉病、炭疽病：可用50%代森铵200~300倍液浸种20~30分钟。

预防立枯病、霜霉病等真菌性病害：可用0.1%甲基托布津浸种1小时，取出再用清水浸种2~3小时。

特别值得注意的是：药剂消毒时，当达到规定的药剂处理时间后，注意用清水淘洗干净，否则可能发生药害，然后在30℃的温水中浸泡3小时左右。浸种时应注意浸种时间不宜过短或过长，过短时种子吸水不足，发芽慢；过长时，种子吸水过多，易裂嘴，影响发芽。一般新种子、饱满种子浸种时间可适当长点，在4个小时左右。陈种子、饱满度差的种子浸种时间可在2~3个小时。另外，种子消毒时，必须严格掌握药剂浓度和处理时间，才能收到良好的效果。

2. 催芽

浸种完成后，捞出种子，沥干水分，用干净湿纱布或毛巾包好，外面再套层塑料袋，置于25～30℃的条件下进行催芽。一般经24小时后即可出芽。

3. 育苗时间

早春大棚甜瓜栽培的育苗时间一般是根据定植时间来确定播种期和嫁接期。一般掌握在：三膜一苫（大棚、小棚、地膜覆盖、草苫）栽培，于1月中上旬开始播种育苗；二膜一苫（大棚、地膜覆盖、草苫）栽培，于1月下旬开始播种育苗；二膜（大棚、地膜覆盖）栽培，于2月中上旬开始播种育苗。

4. 育苗方法

采用营养钵护根嫁接育苗。嫁接方法一般采用插接法。

5. 育苗设施

早春大棚甜瓜栽培育苗时间正处在外界寒冷季节，因此，其育苗设施多采用日光温室加小拱棚冷床育苗。

6. 营养土配制

用未种过瓜类作物的肥沃大田土6份，腐熟过筛的牛马粪4份配制。每米^{3}粪土中加入0.5千克磷酸二铵和0.5千克硫酸钾，再加入防治土传病害的药剂，将化肥农药溶于水中，喷洒入营养土中，一边喷一边拌土，拌匀后堆闷5～7天即可。

7. 播种

接穗（甜瓜）一般播在平底沙盘，行株距保持1.5～2.0厘米左右，播种完成以后覆细沙0.8～1.0厘米，喷水淋湿后，进行保温保湿。

砧木一般播在营养钵中。播种前浇足底水，待水全部渗下后，拣已发芽的种子进行播种，每钵一粒。播种完成后，覆盖营养土1.0～1.5厘米后，刮平保温。

8. 嫁接前管理

播种到出苗前，要进行闭棚提温，促进出苗。一般白天温度保持在30～35℃，夜间20℃以上。出苗至叶子展平，是幼苗下胚轴生长最快，最易徒长的时期，应降低温度。一般白天温度保持在20～25℃，夜间12～13℃为宜。子叶展平、真叶出现以后，幼苗不易徒长，可以将室温再次提高，白天25℃，夜间15℃左右。待砧木以现真叶，接穗两片真叶充分展平后，即可嫁接。

9. 嫁接

嫁接前1天，将砧木苗床浇一次透水。嫁接当天，将接穗拔出，用清水冲洗掉泥沙，晾去水分后，用湿布覆盖，以备嫁接。嫁接时先用刀片切去砧木的生长点，然后用与接穗下胚轴粗度相当的竹签，从子叶的一方，沿45°角插向子叶的另一方，深度0.5～1厘米，然后在接穗靠近子叶0.5～1厘米处斜切两刀后，将接穗插入砧木的孔内即可。嫁接后的苗要马上盖膜保湿。

10. 嫁接后管理

嫁接后的管理，以遮阴、避光、增湿、保温为主。为了使嫁接苗伤口快速的愈合，前3天，白天小拱棚内的温度控制在28～30℃，夜间温度在18～20℃，相对湿度一般保持在95%以上。在控制温湿度的同时，还要注意遮光，不能使嫁接苗萎蔫，嫁接3天后可以适当降低小拱棚内的温度，白天温度可以降到25～28℃，晚上降到16～18℃。水分管理上，还是以土壤见干见湿为原则，既不能浇水过多，也不能过分干燥。如果发现表土已干，幼苗有轻度萎蔫时，可用喷壶进行适当补水，切忌浇大水。待幼苗长出2叶1心时，即可定植。

五、定植

1. 定植前准备

一是定植前，对栽培设施进行维护，完善保温措施，防止在栽培过程中出现意外问题；二是整地施肥。一般亩施施充分腐熟的农家肥3 000～4 000千克，腐熟的豆饼、葵花饼、麻籽饼等饼肥100千克，施磷酸二铵25～35千克，硫酸钾25千克，或硫酸钾型三元复合肥50～80千克。粪肥必须经高温腐熟，否则易诱发枯萎病、蔓枯病、立枯病、潜叶蝇等病虫害。饼肥要喷辛硫磷和多菌灵杀灭病菌和虫卵预防病虫害。没有农家肥或重茬栽培应增施特效的E米菌肥及微肥。撒施粪肥后，耕翻25～30厘米，精耕细耙后起垄。

起垄标准：一般是垄宽100厘米，垄高15～20厘米，每垄1行。

2. 定植

按小行距50～60厘米，大行距140～150厘米，在垄顶开沟浇水，待水渗下2/3后，按株距30～35厘米摆苗，亩需苗2 000～2 300棵。待水全部渗下后，抚平垄面，定植深度以营养土坨略低于垄面为宜。然后覆盖地膜，并及时破膜引苗。

栽植时要注意的是：一是在摆苗时放入一片甜瓜专用缓释农药，主要成分是吡虫啉，含量为5%。通过对根部一次性隐蔽施药，可以有效预防甜瓜在生长期中的蚜虫发生。二是定植时要选择接口愈合良好，生长健壮的嫁接苗，嫁接口要高出垄面2～4厘米。

六、定植后田间管理

1. 温度管理

缓苗期，定植完成后，应以闭棚提温保湿为主，促进缓苗。白天棚温一般保持在27～30℃，夜间不低于20℃；缓苗后要通风降温，白天棚温保持在25～30℃，夜间12～18℃；结瓜前，白天温度要保持在28～30℃，不超过36℃不放风，夜温不低于17～18℃；结瓜后仍然保持较高温度，白天在25～32℃；夜间15～18℃，夜间最低温度不低于10℃，如夜温过低，则瓜长不大；但温度不能太高，要早通风，保持一定的昼夜温差。

2. 整枝吊蔓

一般是实行双蔓整枝，即当幼苗长至3～4片真叶时，及时进行摘心，促进侧蔓早发。侧蔓长出10～15厘米时，选留两条健壮侧蔓（子蔓）。当侧蔓长至40～50厘米时，及时吊蔓。吊蔓一般采用尼龙绳或塑料绳，随着植株的生长，要适时的将茎蔓缠好。吊蔓时，要使秧蔓分布均匀。以后，随着子蔓的生长，下部开始出现孙蔓，这时要打掉下部的3～5个孙蔓，以促进植株的生长，为高产打下丰产的架子。以后再出现孙蔓，即可留瓜，瓜后留1～2叶摘心。

3. 追肥浇水

保护地栽培定植时，外界气温较低，所以不宜多浇水或浇大水。定植缓苗后，可视土壤墒情及长势浇缓苗水。多在定植后 5 ~7 天，选晴天浇缓苗水。甜瓜比黄瓜等蔬菜抗旱，浇水不可太勤。在坐瓜前应不旱不浇水，也不追肥，特别是在花期不能浇水。坐瓜后适时浇水，应保持地面湿润，万不可用干旱来防病控苗。当幼瓜长到鸡蛋大小时及时浇催瓜水，每次浇水都是顺垄沟浇，以缓慢渗入垄内。追肥一般进行两次，分别是在浇第一茬催瓜水和结二茬瓜时进行。每次亩追施磷酸二铵 10 千克，硝酸钾 10 千克。膨瓜期间，一般要每 7 ~10 天喷 1 次叶面肥，以提高产量，改善品质。叶面肥多采用植物动力 2003 喷洒。

4. 人工授粉

人工辅助授粉可以控制坐瓜节位，提高坐瓜率，减少畸形瓜，提高产量，保证品质。通常情况下，在早上露水干后或下午 4 点授粉，效果最好。常用的辅助药剂是氯吡脲（有效成分含量为 0.1%），它是一种植物细胞分裂素，具有促进细胞分裂、分化和扩大的作用，对促进坐瓜和瓜胎的生长比较好。在预留节位雌花开花当天或前 1 ~2 天，用氯吡脲可溶液剂 100 倍液对着瓜胎逐个儿的喷施，喷的时候一定要均匀，且不能重复过量喷施。氯吡脲使用的浓度与环境温度有关，有时候使用不当容易产生畸形瓜、裂果、瓜苦等副作用。

七、采收

尽量采收成熟瓜，不采生瓜。应看瓜的颜色、花纹、楞沟以及嗅脐部有无香味等进行确定。采收时应带果柄和一段茎蔓剪下，轻拿轻放，贴上商标，装箱出售。

第三章　棚室茄果类高产优质栽培技术

第一节　棚室番茄高产优质栽培技术

番茄是喜温湿、怕高温的一年生茄科草本植物，根系分布广而深，入土深度可达1米以上。当移植定植以后，主根被切断，侧根发育好，其主要根群分在20~30厘米的耕作层内。茎多为半直立，侧枝发芽能力强，在茎节上易发生不定根。根系在定植前生长缓慢，定植后逐渐加快，始花期发育旺盛，以后随着结果数目的增加，根或茎的生长速度减慢。一般在幼苗长出2~3片真叶时，开始分化第1个花序，是具有较高经济价值的蔬菜之一。番茄根据花序着生的位置及主轴生长的特性，分为有限生长型（自封顶）和无限生长型两大类。目前，棚室番茄栽培的主要品种基本属无限生长型。

一、番茄生理对环境条件的要求

番茄为一年生草本茄科植物，种子在11~40℃范围内均能发芽，最适宜温度为25~30℃。生长发育的最适宜温度为白天20~25℃，夜间15~17℃，30℃以上就会妨碍坐果，植株徒长，并容易诱发生理缺素症及病毒病，10℃以下生长发育缓慢，5℃时茎叶停止生长。适宜地温为20~23℃。

二、棚室番茄常见的栽培茬口

近年来，随着蔬菜栽培设施的不断完善和发展，番茄栽培基本上实现了周年上市供应，从而丰富了城乡居民的菜篮子，增加了广大菜农的经济收入。目前在鲁南地区，番茄栽培主要有以下4种栽培茬口安排。

1. 秋延迟（秋冬茬）

7月中上旬播种育苗，8月下旬至9月上旬移栽定植，11月中上旬进入采收初盛产期。

2. 越冬茬

8月下旬至9月上旬播种育苗，10月中上旬移栽定植，翌年1月中上旬进入初盛产期。

3. 冬春茬（早春茬）

12月上旬播种育苗，2月上旬移栽定植，4月下旬进入初盛产期。

4. 越夏茬（伏茬）

4月上旬播种育苗，5月中上旬移栽定植，7月中下旬进入初盛产期。

三、目前常见品种介绍

1. 欧钻 F1

欧洲优秀硬肉粉果品种。早熟，果实发育快，不易畸形，着色快而均匀。植株无限生长型，生长势强，连续坐果性好，不易落花落果，叶中等、节间较短。抗病性强，高抗病毒病、叶霉病、灰霉病等。耐低温、弱光、耐热、耐湿。果实高圆，外形周正，果脐较小，肉厚硬，货架期长、耐贮运。皮色靓丽，商品性好。单果重 300 克左右，大果可达 800 克。丰产性好，亩产 15 000千克以上。

适应性广，全国各地均可栽培，保护地栽培建议亩栽 2 200株左右。露地种植亩栽 3 500株左右。施足基肥，果实膨大后多追复合肥，加强管理，及早防治病虫害。

2. 凯特二号

荷兰进口，无限生长型，植株长势强健，早熟，单果重 280～300 克，硬度大，耐贮运，果实粉红靓丽，高圆形，果实大小均匀，及耐低温弱光，连续坐果能力特强，产量高，高抗 TY 病毒，抗叶霉病、叶斑病等多种病害，抗线虫病，无青皮，无青肩，不裂果，不空心。

适宜越冬一大茬、秋延迟、越冬和早春保护地栽培。

3. 美利达

高档粉果番茄品种，杂交一代，无限生长型，植株长势旺盛，连续坐果力强，果实高圆形，果色粉红靓丽有光泽，单果重 250～300 克，硬度高，耐贮运，具备进口大红番茄的植株长势和果实硬度，不青肩，亩产可达 10 000千克以上，适合边贸出口。

4. KT3003

荷兰引进，无限生长型，早熟，粉红硬果，耐贮运，植株长势旺盛，连续坐果能力强，果实高圆形，颜色深粉红色，色泽亮丽，转色一致，果面光滑，大果型，大小均匀，单果重 280 克左右，产量高，抗 TY 病毒，抗线虫、叶霉病、灰斑病，综合抗性强，适应性广。

适合早春、秋延迟保护地种植。

5. 粉罗兰

荷兰进口，无限生长型，植株长势旺盛，早熟性好。大果型，果实呈高圆形，果实粉红靓丽色，单果重 250～300 克。该品种连续坐果能力强，产量极高，亩产可达 1 万千克以上。果实硬度高，果脐小，精品果率高，耐贮运，适合走边贸及内销。该品种高抗 TY 病毒，耐叶霉叶斑等多种病害，抗根结线虫，抗病性强。该品种耐寒性极强，在低温弱光等恶劣条件下仍能正常膨果，无裂果无空心。

适合保护地越冬、早春、秋延迟栽培。

6. 凯萨

荷兰进口，无限生长型番茄新品种，早熟品种，高抗 TY 病毒、抗褪绿病毒，单果重 300 克左右，果实粉红靓丽，色泽鲜艳，果圆形，果实大小均匀，硬度大、耐贮运。植株长势强健，耐低温弱光，连续坐果能力强，产量高。抗叶霉灰霉，耐叶斑病、抗根结线虫，抗早晚疫、青枯病，无青皮无青肩，不裂果不空心。

适宜秋延迟，越冬和早春栽培种植。

7. 蒂娜

荷兰进口，无限生长型番茄新品种，植株长势强健，早熟品种。单果重280克左右，硬度极高，耐贮运，是精品果的首选品种。果实粉红靓丽，色泽鲜艳，果圆形，果实大小均匀，耐低温弱光，连续坐果能力强、产量高，高抗TY病毒、抗叶霉灰霉、耐叶斑病等多种病害，高抗根结线虫，抗早晚疫、青枯病，无青皮无青肩，不裂果不空心。

适宜秋延迟，越冬和早春栽培种植。

8. 萨盾

荷兰进口，一代杂交种，无限生长型硬粉番茄新品种，中早熟，植株生长旺盛，粉红色，果实大小均匀，硬度高，不空穗，单果重300~350克，圆球形，无绿果肩，货架期长，高抗叶霉灰霉，耐根结线虫、黄萎病、枯萎病，抗死棵。该品种与市场同类产品比，表现出其特抗TY病毒，果实商品率高、适应范围广等优势，被众多菜农所热衷，是十分难得的好品种。

9. 欧诺（改良型）

荷兰进口，高档粉果番茄新品种，无限生长型，高抗TY病毒，抗褪绿病毒，植株长势旺盛，极耐热，在高温、高湿环境中坐果率高，在越夏种植中不裂果不空心。连续坐果力强，果实圆形，果色粉红靓丽，单果重250~300克。高抗叶霉灰霉，灰叶斑，抗根结线虫，无青皮、无青肩，硬度高，耐贮运，产量高。

适合早春，越夏，秋延栽培种植。

突出特性：高抗TY病毒，在高温下抗性依然能达到100%；高抗褪绿病毒（黄头）；极耐热，在高温高湿下坐果率高，室外温度达到40℃左右依然能正常地坐果，连续坐果能力非常强；极耐裂，在高温和阳光直晒，雨水浇淋下不会出现裂果和顶部皴皮。

10. 粉丽尔

荷兰进口，杂交一代粉果番茄新品种，无限生长型，早熟品种。特硬、耐压、耐贮运，货架时间长，大果类型。植株长势旺盛，果实圆形，颜色粉红艳丽，无绿肩。单果重300克左右，产量极高。商品性特优，口感风味极佳。抗逆性强，耐低温弱光性好。抗叶霉病、灰霉病、枯萎病、青枯病、早晚疫病。

适宜越冬、早春、秋延种植，越夏种植不裂果，坐果率高。

11. 富克斯

荷兰进口，杂交一代粉果番茄新品种，无限生长型，早熟品种，比一般品种早一周左右上市。特硬、耐压、耐贮运，货架时间长，大果类型，单果重300克左右，产量极高。植株长势旺盛、叶量适中。果实高圆形，颜色粉红艳丽，无绿肩。商品性特优，口感风味极佳。抗逆性强，耐弱光性好，高抗叶霉病、灰霉病、枯萎病、耐根结线虫，抗死棵。

适合越冬、早春、秋延栽培种植。

12. 荷粉

从荷兰引进，无限生长型、特早熟，比其他品种早熟 15 天左右，抗病性强，果色粉红，大小均匀，坐果集中，多心室，皮厚，果实紧硬，耐低温、耐热性强，坐果率高，平均单果重 300～350 克，亩产 15 000千克左右，该品种高抗根结线虫病，叶霉病、枯黄萎病和花叶病毒病。具有果大、果硬、肉厚、抗病耐贮运等特点。高抗番茄花叶病毒和黄瓜花叶病毒（cmV），抗叶霉病、枯萎病、灰霉病、高抗根结线虫、早晚疫病发病率低，没有发现筋腐病。植株生长势强，叶片较小，叶量较稀，光合率高，果实膨大快，低温寡照情况下坐果良好。

适合日光温室、春、秋大棚和春提中小棚栽培。

13. 瑞莱 F1

无限生长型，一代杂交，早熟，长势中等，节间短，大果高圆形，萼片美观，果形光滑圆整，大小均匀，成熟果粉红色，无绿肩，硬度高，口感佳，单果重 250～300 克，高抗叶霉病，抗病能力强，耐低温、弱光，不早衰。

适合秋延迟、早春保护地栽培，夏秋茬露地栽培。

14. 富兰克

杂交一代，无限生长型，植株长势旺盛，萼片美观，果形圆正，略高圆形，果色粉红亮丽，硬度高，单果重 260 克左右，耐根结线虫、叶霉，耐低温能力强，正常管理条件下亩产可达 10 000千克以上。

适合秋延、越冬、早春保护地栽培及夏秋露地栽培。

15. 维尼 F1

无限生长型，一代杂交，中早熟，生长势强，果实圆形，成熟果粉红色，靓丽有光泽，果形光滑圆整，单果重 240 克左右，高硬度，耐贮运。商品性佳，耐低温，抗病性好，耐叶霉病，抗逆性强，连续坐果能力强。

适合早春、秋延以及部分地区越夏保护地露地栽培。

16. 荷宝

来自荷兰，粉果、特硬、多心室、硬度大，耐压、耐贮运，货架时间长，大果类型。长势旺盛、叶量适中、光合率高、果实高圆、颜色粉红艳丽、无绿肩、固物含量高。单果重 400 克左右，最大果可达 800 克，亩产可高达 15 000～20 000千克。商品性特优，口感风味极佳。抗逆抗病性强，耐低温弱光性好。

适合越冬温室、早春露地、秋延大棚栽培。

17. 荷兰硬粉

荷兰杂交一代粉色硬果番茄新品种，无限生长型，早属性突出，叶量适中，果实膨大速度快，抗病性强，成熟果粉红色，果实高圆形，硬度极好，单果重 250～300 克，大果可达 400 克，口感极佳，商品性好，耐贮运，适应性广。

18. 欧斯帝

来自荷兰，高抗 TY 病毒，无限生长型，中早熟，果实深粉红色，商品性超群。硬度极高，硬度与欧洲红果相当，在粉果中罕见，极耐贮运，表现优于普罗旺斯，欧盾。本品长势较强，比普通番茄早熟 10 天左右，叶量中等，果实为深度粉红色，果形圆正均匀，单果重220～280克，畸形果极少，连续坐果能力极强，一般单穗可坐6～10个果，亩产量可达15 000千克左右，单株连续10穗以上果不早衰。高抗TY病毒病，枯萎病，叶霉病及早晚疫病，对线虫病有较高抗性。

19. 粉佳人

荷兰进口，千禧类型，无限生长，早熟樱桃番茄新品种，植株长势旺盛，高抗TY病毒，果椭圆形，果粉红色，单果重20克左右，连续坐果能力强，萼片美观，糖度高，糖度能达10度左右。耐贮运，产量高，不易裂果，抗病能力强。高抗叶霉灰霉，青枯病和早晚疫病，适应能力强，陆地和保护地均可种植。

20. 粉天使

荷兰进口，千禧类型，早熟樱桃番茄品种，果椭圆形，粉红色，颜色粉红靓丽，萼片美观，坐果能力强。单果重20克左右，糖度高达9.6%，口感风味极佳，不裂果，产量高，耐裂性强。抗叶霉灰霉，青枯病和早晚疫病，抗死棵，适应能力强，保护地陆地均可种植。

21. 千惠

荷兰进口，无限生长型红果樱桃番茄新品种。植株生长旺盛，开花坐果能力强，产量极高。早熟，果实椭圆形，果实成熟后转大红色，颜色鲜红靓丽，单果重20～25克，口感好，萼片美观，果肉厚，耐裂，抗逆性强，不易裂果，果皮光泽度好。保护地和露地均可种植。

22. 红珍珠

荷兰进口，无限生长型樱桃番茄新品种，早熟，高抗TY病毒。植株生长势强，坐果能力强，单穗可结果50个以上，果实椭圆形，大红色，光泽度好，硬度高，适合长途运输。单果重20克左右，口感风味浓郁，品质好，萼片美观，果肉厚，耐裂，抗逆性强，保护地和露地均可种植。

23. 紫千禧

荷兰进口，千禧类型，无限生长型紫黑色樱桃番茄品种。植株生长旺盛，开花坐果能力强，产量极高。早熟，果实椭圆形，果实成熟后转紫黑色，并带有绿色条纹，单果重20～25克，口感好，萼片美观，果肉厚，耐裂，抗逆性强，不易裂果，果皮光泽度好。保护地和露地均可种植。

24. 粉水晶

荷兰进口，无限生长型，粉红色樱桃番茄新品种，高抗TY病毒，植株长势旺盛，果实圆形，硬度高，耐贮运，抗裂性好，单果重20克左右，萼片伸展，花序多，丰产性好，产量特别高。适合早春，秋延和越冬栽培种植。

25. 紫玲珑

荷兰进口，无限生长，中早熟紫黑色樱桃番茄品种，植株长势强健，耐低温弱光，连续坐果能力强，产量高。耐叶斑病、抗根结线虫，不裂果不空心。果实圆形，成熟果呈紫色，单果重25～30克，外观美丽，口味沙甜，抗病性强，易栽培，保护地陆地均可种植。

26. 红罗曼

荷兰进口，无限生长型，果实卵圆形，亮红色，单果重 120 ~ 150 克，高抗 TY 病毒，果实硬度高，耐贮运，单穗结果 8 ~ 12 个，适宜秋延迟、早春和越冬栽培。

27. 黄罗曼

荷兰进口，无限生长型黄色罗曼番茄新品种，果实卵圆形，亮黄色，单果重 120 ~ 150 克，高抗 TY 病毒，果实硬度高，耐贮运，单穗结果 8 ~ 12 个，适宜秋延迟、早春和越冬栽培。

四、培育壮苗

苗床设置与育苗营养土的配制要根据茬口不同和育苗的季节不一样有所区别。冬春季育苗苗床设置的关键应围绕提高苗床温度、减少热量损失、增加光照等方面进行。可根据实际情况采用电热阳畦苗床、加温温室、不加温温室内拱小棚电热苗床等设置；夏秋季育苗正处于高温、多雨和病虫害多发期，苗床设置措施应围绕遮阴、降温、避雨、避蚜及避强光进行。

育苗肥是培育壮苗、减少番茄畸形果、增强抗病性和获得高产的基础。培育壮苗不仅需要肥沃疏松的床土，而且还需要土壤中有丰富的速效氮、磷、钾和其他养分，pH 值在 6.0 ~ 7.0。番茄育苗营养土是由土壤与肥料人工配制而成。土壤应采用近 3 年未种过茄科作物及烟草的田园土，最好是葱蒜地或麦田地里的表土。肥料选择优质的有机肥为主。将田园土和腐熟有机肥分别破碎并过筛，然后按 1：1 的比例混合均匀成营养土。一般栽培一亩（约等于 667 平方米）番茄约需 11.7 $米^2$ 苗床，需施入 0.4 $米^3$ 营养土。

1. 种子处理

番茄播种前进行种子处理可以有效地预防减少苗期病害及疫病、茎基腐、枯萎、溃疡、病毒病等种传或土传病害发生。同时，缩短出苗期，根好苗壮，提高幼苗质量。其主要方法如下。

先将种子放在干净的容器内，再缓缓加入 52 ~ 55℃ 温水，边倒边搅拌，使种子均匀受热，持续 15 分钟，水温自然降至 30℃ 时停止搅拌，再继续泡 4 ~ 6 小时，使种子充分吸胀水分。然后将种子捞出来再放入 10% 磷酸三钠溶液中浸 20 ~ 25 分钟，捞出种子后立即用清水冲洗干净药物，便可催芽。常用催芽方法是将浸过种子装进潮湿布袋中，放入灯泡加温的小缸内，或用湿麻布包好，放置温暖处，保持 25 ~ 30℃，低于 10℃ 或高于 35℃ 均不利于发芽。为了给种子发芽提供良好的水分和氧气环境，促使出芽整齐，需每天用 20 ~ 30℃ 的温水淘洗种子一次，待大部分种子露白后，便可播种。

2. 播种

冬春季育苗播种应在晴天上午进行，以便苗床吸收更多的太阳能。若遇阴雨天气不能播种，应将种子放在 10 ~ 12℃ 处摊开，上盖湿布，待天气转晴后再播种。播种前，苗床要浇足底水，通常以集中浇水后苗床表面积水深 5 厘米左右为宜。待水渗完后，将待播的种子均匀撒播在苗床上，然后覆盖过筛细培养土 0.5 ~ 1.0 厘米，用一窄薄板或竹竿将床面刮平，使覆土均匀。

3. 苗床管理

播完应立即覆膜，提高床温，使床温全天保持在25～30℃。为了能保证这一时期的床温，一般采用晴天草帘早揭早盖，阴雪天看是否出苗，可不揭或短时间揭草帘；晴天可根据床温白天不加温，晚上加温，阴雪天可全天加温。

当种芽顶土时，降低床温，使夜温保持在12～15℃，白天应使苗床多见光，即使是阴雪天气，也要揭帘见光。这时，若发现有“戴帽”出苗现象，应在晴天中午覆“脱帽土”0.3～0.5厘米。

苗齐后至2片真叶期，既要防止幼苗徒长，又要促使幼苗健壮生长发育。通常的做法是苗出齐后，要立即通风，降低温度。白天当床温升到22℃时应开始通风，下午当床温下降至22℃时要关闭通风口。通风的原则是，背向通风，由小到大，严禁中午床温过高（35℃以上）进行大通风。若通风不及时造成床温过高，可采用回帘遮光降温，再通风的办法。

幼苗开始顶心时，应适当提高床温，晴天20～25℃，阴天18～20℃，夜间10～14℃，促进第1片真叶伸展。当幼苗生长到两片真叶时，要加大通风量，降低床温，使床温白天保持15～21℃，夜间6～10℃。同时，叶面喷施一次“海状元818”植物卫士800～1 000倍液。草帘要早揭晚盖，锻炼幼苗。

幼苗长到3片真叶时，应及时分苗。分苗后将分苗床四周封严，草帘要晚揭早盖，使床温保持在30℃左右。缓苗后，新叶开始生长，要逐渐加大通风量，草帘要早揭晚盖，使床温白天保持在23～25℃，夜间10～14℃。定植前7～10天，应加大通风量，减少苗床保温材料，逐渐降低夜温，使最低温度可达7～8℃，以适应定植后的环境。

夏秋季育苗应特别注重避蚜、避雨和遮阴降温等措施。通常的做法是在通风、排水良好的田块挖好平畦苗床，摆好营养钵（钵内的营养土配比按上述方法进行配制），绕足底水，待水渗完后，每钵播5～6粒种，分散点播。苗床上搭拱棚，顶部用塑料薄膜防雨，拱棚四周围绕银灰薄膜条，以避蚜、通风。为了减少强光对幼苗的影响，应采用草帘或遮阳网等覆盖物搭荫棚。

出苗后，应及时间苗、覆土。幼苗2叶1心时，每钵可定苗1～2株。苗床管理的重点：一是减少浇水促进根系发育。通常2叶前不浇水，2叶后选晴天早晚浇水1～2次。二是防雨、降温。通常在晴天上午10时左右盖上荫棚，下午4～5时揭除，阴天不盖，雨天还应盖好塑料薄膜。随着幼苗长大，高温过去应逐渐缩短荫棚覆盖时间，直到移栽前一周完全不盖。三是定期喷施“海状元818”植物卫士800～1 000倍液，通常在幼苗2叶1心定苗后开始喷施，每隔10左右一次，喷施时最好是下午，避开高温进行。

4. 壮苗标准

番茄的壮苗标准是根深、叶茂、茎粗。一般冬季育苗70～80天；春季50～60天；夏、秋季育苗30天左右。壮苗株高15～20厘米，茎粗在0.5～0.8厘米，节间短；叶片7～9片，叶色深绿，叶片肥厚；第1花穗已现大蕾；根系发达，侧根数量多；花芽肥大，分化早，数量多。植株无病虫害，无机械损伤。

五、定植前准备

1. 做好茬口安排

番茄忌连作，轮作茬口以葱、蒜、韭和豆科作物最好，十字花科、叶菜类次之，需要在定植前15天左右拉秧倒茬，清除前茬残枝枯叶。

2. 施基肥

据有关资料介绍，在保护地条件下，番茄对氮、磷、钾、钙、镁的需求量要大于露地种植条件。据研究测定，保护地种植每生产1 000千克西红柿，需氮（N）3.86千克，磷（P_2O_5）1.15千克，钾（K_2O）4.44千克。氮、磷、钾比例为1∶0.35∶1.8。施肥倍率应为：氮1.5倍，磷2.5倍，钾0.8倍。每亩撒施经过充分发酵腐熟灭菌的有机肥10 000千克，复合肥40千克，磷酸二铵20千克，硫酸钾30千克，硫酸钙20千克，中微量元素肥料25千克，各种肥料混拌均匀撒施后耕翻。

整地起垄，结合深翻30厘米，使肥料与土搅拌均匀。耙细整平后起垄。一般采用大垄高台，膜下暗灌方式种植，做宽80厘米，高10～15厘米的大垄，垄距40厘米，起垄后浇透底水。

3. 棚室消毒

结合整地，每平方米撒施40%敌克松或50%乙膦铝锰锌可湿性粉剂8～10克，进行土壤杀菌消毒；定植前2天，选用百菌清或异丙威烟剂熏棚12小时，放风排烟无味后定植。也可于定植前7～10天，选择连续3～5个晴天，严闭大棚，进行高温消毒灭菌。

六、定植

1. 定植时间

越冬茬，10月中上旬移栽定植；冬春茬（早春茬）；2月上旬移栽定植；越夏茬（伏茬），5月中上旬移栽定植。

2. 定植密度确定原则

在定植密度上应掌握，早熟品种比晚熟品种要密；自封顶类型比无限生长型的要密；单秆整枝比双秆整枝的要密；土壤相对瘠薄比土壤相对肥沃的要密。一般有两种定植密度：一是大行距70厘米，小行距50厘米，株距30～40厘米，亩定植约3 000～3 500棵；二是大行距75厘米，小行距45厘米，株距45～55厘米，亩定植2 100～2 400棵。

3. 定植

定植前对秧苗采用恶霉灵+恩益碧沾根处理可预防茎基腐病。一般采用坐水稳苗，扶垄栽苗定植。具体做法是：按株行距平地开沟、浇水，待水渗下2/3时，按株距栽苗，苗坨顶面略高出地面。带栽植完成后，按需要进行覆土起垄。

七、定植后的管理

1. 缓苗期管理

定植后的7天之内，管理的重点是改善土壤透气条件，减少叶面蒸腾，调节好温度，尤其是地温，促进幼苗扎根生长。

（1）冬春茬、早春茬：定植后当晚应立即覆盖草苫，4～5 天内通常不通风，白天及时揭苫，增加棚内光照，提高棚温，促进缓苗。若遇低温，可采用临时加温措施。白天气温一般控制在 25～30℃，夜温 15～17℃，中午不超过 32℃。

（2）秋延后茬、越夏茬：定植后，外界环境条件能满足秧苗正常的生长发育。此时不必扣棚，使棚内外温度基本相同。

（3）越冬茬：定植后，外界气温较低，以保温为主，密闭不放风，尽量提高棚温，白天 25～30℃，夜间 10～18℃。

2. 缓苗后至第 1 穗果膨大的管理

此期是番茄由营养生长逐渐过渡到营养生长和生殖生长并重的时期，也是番茄对养分吸收越来越多的时期。其管理主攻方向是：蹲苗，防徒长，协调营养生长和生殖生长平衡关系。

（1）温湿度：主要是通过草苫揭放、通风放气等措施来调节棚内的温湿度，白天一般保持在 20～25℃，夜间 12～15℃；空气湿度白天 50%～60%，最大不超过 75%，夜间空气湿度 80%～85%。

（2）浇水追肥：自缓苗后至第 1 穗果如核桃大小前，一般不宜浇水和追肥，只有在幼苗生长缓慢、肥效不足时，才可轻追一次速效化肥，一般亩追施尿素 6～8 千克；另外，在第 1 穗花序开花坐果时，如出现干旱，可浇一次小水。待第 1 穗果长至核桃大小时，要结合浇水及时追施膨果肥，一般亩追施三元素复合肥 15～20 千克。

（3）化控技术：坐果前，如发现植株有徒长现象，要及时进行化控。一般用 25% 助壮素 1 500～2 000倍液，或用 15% 多效唑 700～1 000倍液进行喷洒植株顶部。

（4）防落花落果：一是用 2，4－D（2，4－二氯苯氧乙酸）药液涂抹花柄。其使用浓度为：棚温 15℃以上时，使用浓度为 10 毫克/千克；棚温 15℃以下时，使用浓度为 15 毫克/千克。二是用防落素（对氯苯氧乙酸）喷花。其使用浓度为：棚温 15℃以上时，使用浓度为 30 毫克/千克；棚温 15℃以下时，使用浓度为 50 毫克/千克。

（5）整枝打杈：株高 50 厘米左右时，要及时吊绳绑蔓，采用单秆整枝方法。

3. 结果期管理

从第 1 穗果核桃大小至最后一穗果成熟，为结果期。此阶段的主要特点是：一是越冬茬和秋冬茬都处在外界气温低的时期；冬春茬、越夏茬都处在外界气温较高和高温的阶段。二是番茄的生殖生长占主导地位，养分消耗大，需要大量的营养供应结果。因此，在管理上必须根据外界气候条件和植株的生长发育特点，采取相应的温度、光照、湿度等管理措施。

（1）温度：白天控制在 20～30℃（以 23～27℃为最适宜），夜温 12～18℃（以 14～18℃为最适宜）。增温的主要措施：一是适时揭放草苫，争取更多的光照时间；二是夜间草苫上加盖薄膜；三是放顶风，不放溜地风，减少通风时间；四是浇温水，不浇冷水。降温的主要措施：一是加大通风量；二是覆盖遮阳网。

（2）湿度：一是浇水时做到“五浇五不浇”。即晴天浇水，阴天不浇；晴天上午浇水，下午不浇；浇温水，不浇冷水；浇暗水，不浇明水；浇小水，不大水漫灌。二是浇水后要注意通风排湿。三是对越夏茬和冬春茬番茄，在大雨来临之前，要封棚避雨。

（3）光照：对秋冬茬、越冬茬番茄，要尽可能延长光照时间，也可张挂反光膜；对越夏茬、冬春茬番茄，要适当遮光，技术去除老叶，改善通风透光条件。

（4）追肥：一是每采收一层果，结合浇水追施一次速效化学肥料，一般亩追施三元素复合肥 10～15 千克，或相应的冲施肥。二是为防止植株早衰，提高植株的抗病能力和果品品质，一般每 10 天左右，喷施一次叶面肥料。

（5）整枝疏果：要及时抹杈、绑蔓，当幼果长至蚕豆大小时，及时进行疏果，大果型一般每穗果留 2～3 个，中果型品种一般每穗果留 4～6 个，小果型品种每穗果留 7～9 个，樱桃番茄留 20～40 个。疏果时要注意消毒，不能吸烟，以防传毒。

第二节　棚室辣（甜）椒生产技术

辣（甜）椒为茄科辣椒属，为一年生或多年生植物，原产于中美洲和南美洲热带地区。我国自明代引入，现南北各地均有大面积栽培。依照产品的鲜与干，辣椒果实分为菜椒和干椒两类，棚室栽培的辣椒为菜椒。菜椒按辣味轻重，又分为辣椒、半辣椒和甜椒。

一、辣椒对环境条件的要求

1. 对温度的要求

辣椒种子发芽的最适宜温度为 25～30℃，最低温度 15℃，低于 12℃或高于 35℃都不能发芽。植株生长适温为 20～30℃，低于 15℃，个体生长发育停止，长期低于 5℃，植株就会死亡，适宜的昼夜温差为 10℃。辣椒在不同的生长发育阶段，对温度的需求也有所不同，一般在生长发育的前期要求较高的温度，到生长发育后期要求温度较低。如在开花坐果期，要求白天温度 26～28℃，夜间 16～18℃，而到果实膨大期，则要求适当降低温度，加大昼夜温差，才有利于果实的膨大生长。

2. 对湿度的要求

辣椒根系不够发达，吸水力弱，不耐旱，也不耐涝。土壤干旱时，叶片少，发棵慢，果实僵小。在整个生育期中，要求空气湿度较小，苗期如水分过多，幼苗会徒长，形成高脚苗，甚至染上幼苗猝倒病等。开花结果期若水分过多，空气太湿，则授粉受精不良，果小，易发生病害。辣椒不耐涝，积水一昼夜会受涝灾，植株萎蔫，甚至死亡，因此，宜采用深沟高畦栽培。

3. 对光照的要求

辣椒对日照时数的要求不严，在长短日照下均能正常开花结果，最适日照时数 8～10 小时。育苗床中光照不足，易引起幼苗徒长，生长纤弱，抗逆性差。若定植后光照不足，植株不健壮，易感病，开花不良，影响结果和产量。

辣椒要求中等强度光照，光照不足，会引起落花落果，光照过强则易诱发病毒病和果实日灼病。

4. 对土壤营养的要求

辣椒对土壤的要求不严格，在砂壤土、黏壤土或壤土上种植均能生长，但以土层深厚，肥沃疏松，排水良好的砂壤土为最好。盐碱地栽培辣椒，其根系发育差，易感病毒病，最适 pH 值为5.5～6.8。

辣椒耐肥力较强，幼苗期需要有充足的氮肥，开花结果期需较多的磷、钾肥，使根群发达，提高抗病力。其对氮磷钾三要素的需求比例大体为1：0.5：3，且需求量较大。

二、棚室栽培的主要模式

1. 秋延迟栽培

7月中下旬播种育苗，9月中上旬定植，11月上旬开始采收。

2. 越冬茬栽培

8月上中旬播种育苗，10月中上旬定植，翌年1月上旬开始收获。

3. 早春栽培

12月下旬至1月上旬播种育苗，3月下旬定植，5月中旬开始收获。

三、目前常见的栽培品种

1. 雷姿

该品种为无限生长，早熟，丰产，抗病性强，植株健壮，易坐果，且连续坐果能力强，果实膨大速度快，成熟果可长达35厘米，径粗5厘米，单果重150克，口味微辣，果肉厚，硬度好，耐贮运，果皮淡黄微绿，成熟果为红色。外形美观，表面光滑，商品性好，是餐桌上调味调色的佳品。

适合于秋冬和早春季节保护地栽培。

2. 蒂王

该品种是由日本引进三系杂交而成的一代优质品种，无限生长，长势旺盛，连续坐果能力强。果成熟为黄绿色，光滑亮泽好，辣味浓，肉质厚，果长32厘米左右，最长能达到41厘米，果径4.5～5厘米。商品性极佳，高抗病毒病、疫病等多种土传播病害，耐低温。

适合秋延、早春及越冬保护地栽培。

3. 康大601

郑州市蔬菜研究所、郑州郑研种苗科技有限公司培育。中早熟，分枝节位在第9节左右，果实粗长牛角形，果长20～26厘米，果粗4～5厘米，肉厚0.45厘米，单果重140～160克，大果可达280克。果色翠绿，有光泽，有广阔的市场前景。产量高，中后期的增产潜力很强，前后期果实一致性好，连续坐果能力强，抗病性强。

适合春秋大棚、中棚、小棚栽培，春露地和日光温室栽培。

4. 贵族尖椒

早熟大果型辣椒品种，一般8片叶开始分枝坐果，较日本长剑早熟一星期左右，坐果后果实膨大速度快，成熟快，可提前采收，早上市。果皮黄绿色，果长26～36厘米，最长可达40厘米，粗5~6厘米，平均单果重120~150克，皮厚光亮，外观美，辣味浓，商品性好。连续坐果能力特强，每株可同时坐果40~50个不封顶，节短不宜徒长，亩植2 000~2 500株，亩产可达10 000千克以上。抗高温耐低温，高抗病毒病。

适合各种大小拱棚和越冬茬种植。

5. 迪康（DEKAY）-辣椒种子

该品种为荷兰吉尔斯特种子集团原装进口、三系杂交，大果型长尖椒，早熟，无限生长型，植株长势旺盛，节间短，连续坐果能力极强，膨果速度快，果实为浅黄绿色，果型顺直，光滑亮泽，肉质厚，果筋基本为三根，中辣、果长33厘米左右，最长可达40厘米，果径4.5~5.5厘米，单果重200克左右，抗逆性好，耐热且抗低温，高抗病毒病、疫病等多种土传病害。

6. 极限39-79

从日本引进，较早熟，极耐低温。果实粗羊角大果型，过长28~36厘米，单果重120~160克。商品果颜色淡绿，光泽明亮。低温状态下能正常开花坐果。抗连续阴雨天气，连续坐果不偏枝。辣味适中，生理成熟红果，硬度好，颜色深红明亮，果肩无裂纹。亩产量可达15 000千克。

适合冬暖大棚越冬一大茬栽培。

7. 公牛尖椒

从日本引进的三系杂交种。该品种在抗病性、丰产性、优质性等综合性能上都具有一定的优势。其突出特点是：一是果大。果长30~35厘米，肩部横径4~5厘米，平均单果重150~180克，大者可达200克。二是较早熟，高产优质。三是耐热、耐低温和抗病性能强。亩产量可达15 000千克以上。

适合冬暖塑料大棚及拱园大棚保护地栽培。

8. 天一椒王

日本最新引进特大尖椒，是目前市场上最优秀的尖椒品种，早熟、抗病、丰产，植株无限生长，低温下连续坐果能力极强，中后期果型与前期保持不变，果实生长速度快，单果重150~210克，果长30~35厘米，最长可达42厘米，果径5~5.5厘米，果实浅黄绿色，果肉厚，耐贮运，产量极高，抗病易栽培，高抗病毒病、疫病及多种土传病害引起的生理性病害。

适合日光温室秋延后及越冬一大茬栽培。

9. 金川298

一代杂交，早熟、高抗病毒病、疫病、花叶病等病毒，无限生长，植株高大，健壮旺盛，连续坐果能力强，果实生长速度快，单果重130~180克，果长28~38厘米，果径4.5~5厘米，果皮浅黄绿色，光滑有亮泽，肉质厚，辣味适中，商品性好。耐寒、耐热、适合于保护地，小拱棚，秋延后栽培。

10. 贝奇

由日本引进的三系杂交种，黄绿皮羊角椒。中早熟，植株生长旺盛，连续坐果能力强，果实膨大快，果肉厚，果长28~35厘米，果径4~5厘米，单果重120~200克。果味微辣香口，商品性佳，抗逆性、抗病性强，易栽培。一般亩产可达15 000千克以上。

适合日光温室周年栽培和拱棚保护地秋延迟、早春茬栽培。

11. 中寿12号

寿光泽农种业集团育成的中早熟、微辣、粗羊角形辣椒品种。植株生长势强，分枝较直立，株型紧凑。果长30厘米左右，单果重100～150克。肉质厚，商品嫩果淡黄绿色，果面光滑亮泽，果味微辣，耐贮运，商品性好。

适于温室、拱棚保护地栽培。

12. 世纪红

杂交一代，属无限生长型，早熟品种，植株生长健壮，节间较短，果实4或3心室，10厘米×9厘米方形甜椒，平均单果重200克以上，大果可达900克，果肉厚，高温下易坐果，连续坐果能力强，成熟时果实由绿转鲜红色，果皮光滑，无纹痕，转色快，抗烟草花叶病毒，耐辣椒中型斑驳病毒。正常管理情况下，每亩栽培1 800～2 000株，拱棚种植每亩可产绿果8 000千克或红果4 000千克，冬暖棚每亩产绿果12 500千克以上，红果7 500千克以上。

适合早春、越夏、秋延迟、越冬保护地栽培。

13. 福特

方果型杂交种，植株长势强健；果实成熟后由绿色转黄色，商品性佳；大果型，单果重210～230克，标准果大小9厘米×9厘米；整齐度好，坐果率较高，丰产性好。

适合温室、大拱棚生产。

14. 阿波罗

特性：方果型杂交种，植株长势中等；果实成熟后由绿色转亮红色；单果重180～200克，标准果大小8厘米×8厘米；坐果率高，丰产民生好，品质佳，适合出口。

15. 维纳斯

方型果杂交种，植株生长旺盛；中型果，果肉厚，四心室率高；标准果大小8.8厘米×8.8厘米，单果重200～220克；果实成熟后由绿色转亮黄色，颜色漂亮；品质好，商品性极佳，抗病性强，产量高，耐储运；抗热性好。

适于大棚越夏及温室早秋栽培。

16. 玛丽莲

中早熟，红色方椒品种，以彩绿椒为主；植株生长势中等，节间较短，果实方正，果长8.5厘米，果茎8厘米，平均单果重180克左右，果皮光滑，果肉厚，味微甜，硬度好，果实成熟后转亮红；抗疫病和病毒，适应性广。

适宜延秋、早春保护地及露地栽培。

17. 美梦

高档黄色甜椒新品种，植株生长中等，果实方正且均匀，平均果长8.5厘米，宽8.5厘米，平均单果重200克；坐果能力强，商品率高，果肉厚，味微甜，成熟时由绿色转亮黄，硬度好，货架期长，耐运输；抗病性强，适应性强，适应性广，耐寒且耐热。

适宜越冬及早春栽培。

四、培育壮苗

1. 育苗设施

秋延迟辣椒育苗正处于高温、多雨季节，应在地势高燥、通风、灌排水条件较好的地块设置遮阳、防雨苗床；越冬茬辣椒育苗正处于外界温度逐渐转凉的季节，应在背风、向阳的地方设置苗床，以便以后扎风障或架设拱棚进行保护；早春茬辣椒育苗正处于寒冷季节，应选用日光温室或改良阳畦进行育苗。

2. 育苗土配制与消毒

育苗土一般采用3年内没有种过茄科作物的6份大田土加4份充分腐熟的圈肥，经捣细过筛后配制而成。然后，按每米^{3}育苗土加三元素复合肥1～1.5千克、50%多菌灵可湿性粉剂80克，80%敌百虫60克，充分混匀，盖膜堆闷10～15天后，装入育苗钵或铺于育苗床内，浇透底水，以备播种。

未配制育苗土，直接利用苗床的，除使用相应肥料外，消毒一般采用1：（60～80）倍的福尔马林药液，按每平方米1～2千克的量均匀浇泼在床土上，然后覆膜5～7天，揭开薄膜让福尔马林气味散尽后，方可播种。

3. 种子处理

将种子放入55℃温水中浸泡10分钟，并不断搅拌，待水温降至30℃，捞出后用0.1%的高锰酸钾溶液再浸泡10分钟，然后用清水洗净，浸泡6～8小时，捞出、稍凉后，用干净的湿纱布包好，放在25～30℃的条件下催芽，一般经3～5天后种子露白时即可播种。也可用10%磷酸三钠溶液浸种15分钟，起到钝化病毒作用。在催芽过程中，每天至少要用30℃的温水淘洗种子一次，以防烂种。

4. 播种

床土整平以后，浇足底水，待水渗下后，播种。播种一般采用撒播，撒种要均匀，每平方米苗床播种18～22克（以干种计算），撒完覆土0.8～1厘米，覆土后盖地膜保墒，保持高温、高湿的环境。使用营养钵育苗的，每钵需播种2～3粒种子。

5. 苗床管理

科学合理的苗床管理，是培育壮苗的有力保证。其主攻方向是通过科学调控温、水、气、热，使其能够满足辣椒的生长发育，从而培育出适合栽培需要的壮苗。

（1）播种至出苗前的管理。播种后，应适当提高温度，以促进出苗，此时，地温须控制在20℃左右，白天气温控制在28～30℃，夜间18～20℃。待70%～80%的辣椒种子出齐后，及时揭掉薄膜等保湿设备。

（2）出苗后至分苗前的管理。当幼苗出齐、子叶展平后，为防止幼苗徒长，应适当降低温度，白天控制在25～27℃，夜间15～18℃，以保证子叶肥大、叶柄长短适中、生长健壮。分苗前3～4天，加强通风，白天温度控制在25℃左右，夜温15℃左右，对幼苗进行低温锻炼，以利分苗。

（3）分苗。待幼苗长至2～3片真叶，要及时分苗。分苗前1～2天要浇“起苗水”，以利于起苗，防止散坨，减少伤根。栽苗时，拣选大小基本一致幼苗每钵栽1株。栽苗不要过深，起码应把叶子露在外面，栽后浇水，水量一般不宜过大。早春茬辣椒分苗时温度低，要特别注意在晴天上午进行，下午4时前结束。炎夏季节分苗，要注意在阴天或傍晚时进行。光照过强时，还要适度遮阴，减少植株萎蔫，以利缓苗。

（4）分苗后的管理。温度：分苗后1周内，应适当提高温度，促进缓苗。此时地温控制在18～20℃，白天气温控制在25～30℃。1周后，幼苗新叶开始生长时，适当通风降温，白天气温25～27℃；夜间气温17～18℃。以防幼苗徒长。白天气温25～27℃；夜间气温15～18℃。湿度控制：分苗后在新根长出前不要浇水，新叶开始生长后可根据幼苗长势，土壤墒情，适当浇小水，浇水后要注意通风排湿。3～4片叶时，为防止幼苗生长，可喷洒60毫克/千克的助壮素或300～500倍的克早寒增长剂。

（5）炼苗。移苗前5～7天开始降温炼苗，使温度逐渐降到白天18～20℃，夜间13～15℃。移植前一天轻浇一次水，以利起苗。

6. 壮苗标准

辣椒苗龄在70～100天，株高18～20厘米，茎粗0.4厘米以上，叶片10～12真叶，叶色浓绿，90%以上的秧苗已现蕾，根系发育良好，无锈根，无病虫害和机械损伤。

五、棚室辣椒定植

1. 棚室消毒

根据栽培季节和实际情况，采取相应的消毒方法。

越冬茬、早春茬栽培的棚室可在定植前一周，每亩用硫黄粉1 000克加锯末混合，拌匀后分放在棚室内各点，暗火点燃后密闭温室熏蒸12小时。或用45%百菌清烟雾剂每亩用药1 000克熏蒸温室，熏蒸后仍密闭温室7～10天消毒灭菌，定植前1～2天打开通风口通风。

秋延迟茬栽培的棚室可用福尔马林300～500倍液对温室内的墙体骨架及各部位和角落实行喷洒消毒，喷洒7天后打开通风口通风，15天后即可定植。

2. 整地施肥

辣椒为吸肥量较多的蔬菜类型，每生产1 000千克果实约需要氮5.19千克、五氧化二磷1.07千克、氧化钾6.46千克。同时，辣椒在不同的生育期，所吸收的氮、磷、钾等营养物质的数量也有所不同。从出苗到现蕾、初花期、盛花期和成熟期吸肥量分别占总需肥量的5%、11%、34%和50%。从初花至盛花结果是辣椒营养生长和生殖生长旺盛时期，也是吸收养分和氮素最多的时期。盛花至成熟期，植株的营养生长较弱，这时对磷、钾的需要量最多。在成熟果采收后，为了及时促进枝叶生长发育，这时又需较大数量的氮素肥。一般结合整地，需亩铺施充分发酵腐熟的优质厩肥10 000千克，三元素复合肥50～75千克，中微量元素肥料15～20千克，深翻25～30厘米，整平耙细后起垄。起垄标准为：垄宽110厘米，每垄定植2行，小行距40～45厘米，大行距65～70厘米，小行距间略呈小沟，垄高15～20厘米。

3. 定植

垄上开沟，施入腐熟饼肥，一般亩施400～500千克，并与土充分混匀后，按株距25～30厘米进行栽苗，浇水，一般亩定植4 000～5 000棵。待水全部渗下后，封掩盖膜，并及时将苗引出膜外。

大架栽培，株距40~50厘米，亩栽植2 500株左右。

六、定植后管理

1. 温光管理

棚室辣（甜）椒定植后的缓苗期，需要有较高的温度，特别是地温，以促进幼苗生根，加快缓苗。因此，在管理措施上应闭棚提温，使棚内温度保持在白天26~30℃，夜温16~18℃，凌晨最低温度不低于15℃。秋延迟茬、越冬茬辣椒的缓苗期，外界温度尚高，白天棚内保持较高的适宜温度不成问题，但应注意在定植前上好棚膜，备好草苫等覆盖物，以备保温或遮阴降温。当夜间温度降至15℃时，要及早上好草苫，适时覆盖保温。早春茬辣椒的缓苗期正值外界温度较低的季节，基本上掌握闭棚提温，适当早揭早盖草苫，增温保温，使棚内温度保持在白天26~30℃，夜温16~18℃，昼夜温差10~12℃的适宜范围内。缓苗后，适当降低温度，当白天温度超过32℃时，就要开顶缝放风降温，降至26℃时，关闭风口进行保温，使棚内夜温不低于15℃。

待辣椒进入开花结果期，要争光调温，促株壮，促进开花坐果，加速果实膨大。此期以保持棚温白天22~27℃，夜温15~17℃，昼夜温差10℃为宜。

2. 肥水管理

辣椒定植时，浇足定植水后，缓苗期基本不用浇水。此期若出现干旱现象，可于小沟膜下浇小水，使棚内土壤湿度保持见干见湿，以控制和降低空气湿度，提高棚温，促进根系发育，植株健壮。开花坐果后，辣椒对肥水需求量大增，此时应结合浇水进行第1次追肥，一般亩追施磷酸二铵15~20千克或相应的高氮高钾冲施肥；待对椒采收后，进行第二次追肥，一般亩追施尿素20千克，过磷酸钙、硫酸钾各7~10千克，以后追肥应掌握每采收一层果实，就随水追肥一次，结果盛期，还要进行叶面喷施叶面肥。浇水可依据墒情，及时进行浇水，但要注意阴雨天、寒冷季节的下午不能浇水。

3. 保花保果

棚室辣（甜）椒由于环境特殊，易造成落花落果，降低产量。其保花保果的主要措施除防止高温、低温、高湿等环境障碍外，目前常采用的有效方法就是使用坐果灵、防落素、2，4－D等激素进行处理（表）。

表　激素使用说明

名称	气温℃	使用浓度（毫克/千克）	配制及使用
防落素	低于15	30	每毫升加清水0.375千克喷花
	高于15	20	每毫升加清水0.5千克喷花
坐果灵	低于15	30	每毫升加清水0.85千克喷花
	高于15	20	每毫升加清水1.25千克喷花
2，4－D	低于15	30	每支加清水1千克喷花
	高于15	20	每支加清水1.5千克喷花

4. 整枝疏叶

门椒以下侧枝长至 4～5 厘米时，及时抹除；到结果中后期，下部果实采收完毕后，及时摘除老叶、病叶、黄叶和无效枝条，以利通风透光，减轻病虫害的发生为害。

大架栽培可采取 2～3 干整枝，门椒以下侧枝及时抹除，随果实采收，摘除下部叶片。

5. 适时采收

除门椒要适时早收外，一般于开花后 30～35 天，果实长足，果肉变厚，果皮变硬有光泽，果色变深时为最佳采收时间。这时果实重量大，耐贮运，有利于提高产量。

第三节　保护地茄子栽培技术

茄子是喜温作物，较耐高温，原产于东南亚、印度，在我国种植已有 1 000多年的历史，是人们喜食的主要蔬菜品种之一。近些年来，随着保护地蔬菜生产的发展，茄子生产已由原来的夏秋生产转为全年生产，是周年上市的主要蔬菜品种。

一、对环境条件的要求

1. 温度

茄子喜高温，种子发芽适温为 25～30℃，幼苗期发育适温白天为 25～30℃，夜间 15～20℃，15℃以下生长缓慢，并引起落花。低于 10℃时新陈代谢失调。

2. 光照

茄子对光照时间、强度要求都较高。在日照长、强度高的条件下，茄子生长发育旺盛，花芽质量好，果实产量高，着色佳。

3. 水分

门茄形成以前需水量少，茄子迅速生长以后需水多一些，对茄收获前后需水量最大，要充分满足水分需要。茄子喜水又怕水，土壤潮湿通气不良时，易引起沤根，空气湿度大容易发生病害。

4. 土壤

适于在富含有机质、保水保肥能力强的土壤中栽培。茄子对氮肥的要求较高，缺氮时延迟花芽分化，花数明显减少，尤其在开花盛期，如果氮不足，短柱花变多，植株发育也不好。在氮肥水平低的条件下，磷肥效果不太显著，后期对钾的吸收急剧增加。

二、常见的栽培模式

1. 早春栽培

11 月下旬至 12 月上旬播种育苗，3 月中上旬定植，4 月中上旬开始收获。

2. 秋延迟栽培

7 月中上旬播种育苗，8 月中下旬定植，9 月中旬开始收获。

3. 越冬栽培

8 月中上旬播种育苗，10 月上旬定植，12 月上旬开始采收。

三、目前适合保护地栽培的主要品种

1. 尼罗

该品种植株开展大，株型直立，门茄着生节位低，一般在8~9节。花萼小，叶片小，无刺，无限生长型，生长势中等，坐果率极高，连续结实能力极强。早熟，丰产性好，采收期长。果实长形，平均果长28~35厘米，直径5~7厘米，单果重250~300克。果实紫黑色，在弱光条件下着色良好。质地光滑油亮，绿把，绿萼，比重大，味道鲜美。货架寿命长，商业价值高，亩产16 000千克以上。耐低温性较强，在低温多湿条件下依然生长良好，正常结果，几乎没有畸形果，商品性佳。抗病性强，对低温多湿条件下发生的多种病害有较强的抗性，适应范围广。

适用于冬季温室和早春保护地栽培，也适合割茬换头再生栽培。

2. 超级长茄王

中晚熟品种，长势旺盛，9~10节着生第一花蕾，平均果长35~45厘米，横径8~10厘米，平均单果重400克左右，最大可达500克以上。植株茎秆粗壮，叶片肥大，果实耐贮运，果色黑亮持久。可剪枝再生能力特强，周年栽培，亩产可达25 000千克。

适宜露地、小拱棚、秋延迟、大棚栽培。

3. 京茄2号

中晚熟品种，长势旺盛，9~10节着生第一花蕾，平均果长35~45厘米左右，横径8~10厘米，平均单果重400克左右，最大可达500克以上，植株茎秆粗壮，叶片肥大，果实耐运输，果色黑亮持久，可剪枝再生能力特强，周年栽培，亩产可达25 000千克。

适宜露地、小拱棚、秋延迟、大棚栽培。

4. 长茄903

该品种植株开展度大，花萼小，叶片中等大小，无刺，早熟，丰产性好，生长速度快，采收期长。果实长棒形，果长30厘米左右，直径6~8厘米，单果重400~450克。果实紫黑色，质地光滑油亮，绿把、绿萼，比重大，味道鲜美。货架寿命长，低温弱光下坐果稳定，极具高产品质，畸形果少，商品性极佳。周年栽培亩产20 000千克以上。

适宜越冬、秋延和早春大棚种植。

5. 长茄牧歌

该品种为荷兰引进的早熟杂交一代，无限生长型，株壮中高，长势旺盛均衡，开展度大，绿萼，绿把，无刺，果色紫黑亮，果型整齐，比重大，味道鲜美，丰产性好，采收期长，平均果长28~42厘米，单果重400~480克。

适于早春，秋延迟保护地种植。

6. 贝利

该品种为荷兰进口的早熟杂交一代新品种，无限生长型，植株长势旺盛均衡，开展度大，绿萼，绿把，无刺，果色紫黑亮，果型整齐，硬度极佳，货架期长，丰产性好，采收期长，平均果长28~42厘米，单果重420~480克，适应不同气候，耐激素，高抗烟草花叶病毒。商品性极佳。

适合秋冬温室和早春保护地种植。

7. 黑又亮

是从日本引进的早熟品种，生长势强，第6片真叶显花蕾，每隔1~2片叶生1个花序，茎及叶脉紫黑色，果实扁圆形，果脐部收口紧，果皮紫黑色，有光泽，商品性极好，果肉白嫩细腻，口感好，耐贮运，平均果重800克左右，耐低温、弱光，每亩产量可达20 000千克。

适于冬暖大棚保护地越冬长茬生产。

8. 亚布力

为无限生长型中早熟杂交一代品种，株壮中高，长势旺盛均衡，开展度大，绿萼、绿把，无刺，果色紫黑亮，果型整齐，比重大，味道鲜美，连续坐果能力强，丰产性好，采收期长，平均果长30~38厘米，单果重380~420克。适应不同气候，耐激素，货架期长，抗烟草花叶病毒。

9. 黑宝

引自荷兰，无限生长型绿萼长茄，早熟品种。植株旺盛，开展度大，叶片中等，花萼小，无刺，生长速度快，连续结果力强，果实长形，长25~35厘米，直径6~8厘米，单果重400~450克，果实深紫黑色，果面光滑油亮，绿萼、绿把，果实硬，比重大，味道鲜美。货架寿命长，商业价值高。周年栽培亩产18 000千克以上。

栽培要点：播种盘或者苗床育苗，4~5片真叶时定植，定植密度每平方米2.5~3株，双秆整枝，适宜较肥沃的土壤种植，要施足底肥，多施农家肥和磷、钾肥，并注意及时浇高钾肥和浇水。

10. 超亮紫峰

一代杂交中熟紫黑圆茄品种。果皮黑紫油亮，光可照人，果皮不易褪色，市场商品性极好；肉厚籽少，果肉浅绿，肉质细嫩，切开后不变色，口感舒适；果型巨大，平均单果重2千克，最大单果重可达千克以上；生长势强，植株高1.5米，开展度70~80厘米。始花8~9节，耐贮运，抗病性强。

适合早春露地和秋延后栽培。

11. 常用的嫁接砧木

托托斯加、托鲁巴姆、金马托巴姆、金马阿纳姆、无刺常青树等。

四、育苗技术

培育适龄壮苗，是实现高产高效的重要环节。其壮苗标准为：苗龄期80~90天，株高16~20厘米，主茎7~9片真叶，平均节间长2厘米左右，茎基粗0.6~0.8厘米，门茄现蕾，叶色浓绿，根系发达，无病虫为害。

1. 种子处理

种子处理是防止种子带菌、带毒，提高种子发芽整齐度，其处理方法：一是晒种。一般在浸种前，选晴好天气，晒种1~2天。二是种子消毒。一般可用0.1%的高锰酸钾药液浸种10~15分钟，或用有效成分0.1%的多菌灵溶液浸种30分钟。三是温汤浸种。将种子放入55℃的温水中浸泡10分钟，并不断搅拌，直至降到30℃，浸种10~12

小时，然后搓洗种子，把黏液除掉。浸种完毕后，将种子从水中捞出，摊晾10~20分钟，使种子表面水分散失后，用洁净的湿布包好，于27~30℃下催芽。催芽期间，每天用30℃左右的温水淘洗1~2次，稍晾后继续催芽。若采用16小时30℃和8小时20℃变温催芽，整齐度明显会提高。

2. 育苗设施

根据季节不同，选用大棚、阳畦、温床等设施育苗。夏秋季育苗应配有防虫、遮阳设施，创造适合秧苗生长发育的环境条件。

3. 育苗营养土的配制

营养土是培育壮苗的重要基础。营养土必须具有较好的保水性能和良好透气性，含有幼苗生长发育所需要的各种营养元素。一般取3年内未种过茄科作物的无病虫肥沃田园土6份，腐熟农家肥4份，配制而成，土、粪都要经过过筛，调配均匀。另外，每米^{3}加入腐熟鸡粪8~10千克，过磷酸钙1千克，草木灰5~6千克，或三元素复合肥1.5~2.0千克。

为防止苗期病虫害发生，营养土须经过药剂处理。一般是每米^{3}营养土加50%的多菌灵可湿性粉剂60~80克，50%辛硫磷或80%敌百虫50~60克，充分混匀后，堆闷5~7天。

4. 播种

播种之前浇足底水，冬季、早春季节要选晴好天气播种，夏季，最好在傍晚前播种。

茄子播种一般采用撒播。播种要均匀，每平方米播种3~4克（营养钵育苗，每钵1~2粒），播种后覆盖营养土0.8~1.0厘米。覆土后，每平方米苗床再用绿亨一号可湿性粉剂2克，拌干细土均匀撒于床面，以防猝倒病发生，然后，覆盖地膜保湿。

5. 苗期管理

播种后，保持白天25~30℃，夜间16~20℃，一般5~6天可齐苗。出苗后揭掉地膜。齐苗后，适当降低温度，防止幼苗徒长，一般白天超过25℃开始通风，夜温15℃。当两片子叶展开之后，进行间苗。间苗时要注意间掉病苗、弱苗、杂苗，间苗间距以2.5厘米见方为宜。当幼苗长出2~3片真叶时，白天温度降至23~25℃，并适当加大通风量，以备分苗。此期若遇阴雨雪天，雪后要及时揭苫采光；连阴天骤晴，应放花苫，以防因植物蒸腾骤增而导致幼苗萎蔫。

分苗一般在3叶期进行。分苗目的是为了扩大单株营养面积，改善苗子的通风透光条件，促进苗子健壮，为培育壮苗创造条件。一般做法是：分苗前一天要浇"起苗水"，便于起苗、减少伤根，加速分苗后的缓苗。起苗时要尽量少伤根，一次起苗不能太多，要随起随栽，注意遮阴，避免秧苗失水大多。同时，结合起苗要进行一次选苗，把根少、缺枝叶、受病虫为害的苗以及老化苗、徒长苗淘汰掉。幼苗栽入分苗床时，株行距以10厘米×10厘米为宜。要求浅栽，子叶露出地面，栽后灌水，水不宜太大。最好是采用营养钵进行分苗，以利于保护根系。冬季分苗时应选晴天上午10点至下午3点前进行，以提高温度，有利缓苗。

分苗后的管理。温度管理：分苗后要立即采取保温、增温措施，保持白天28~

30℃，夜间16～20℃。白天温度过高时，可适当遮阴降温。待幼苗心叶开始生长时，应逐渐加大通风量，适当降低温度，尤其是夜温。一般白天控制在25～30℃，夜间15～18℃。水分管理：以满足秧苗对水分的需要为原则，既不要浇水过多，也不要过分控制水分。通过观察秧苗长势和表土水分情况酌情处理。当表土已干，中午秧苗有轻度萎蔫时，应选晴天上午适当浇水。在秧苗正常生长的情况下以保持畦面见干见湿为原则。施肥管理：如果床土有机肥充足，秧苗生长正常，一般不需追肥。如发现苗子颜色淡绿，秧苗细弱，可用温水将磷酸二氢钾和尿素按1∶1比例溶解后配成0.5%的溶液用喷壶喷洒，随后用清水再喷洒一遍，以防烧伤叶片。

炼苗：早春育苗白天15～20℃，夜间10～5℃。夏秋育苗逐渐撤去遮阳网，适当控制水分。

五、定植

1. 整地施肥

茄子属喜肥作物，生育期长，采摘期长，产量高，养分吸收量大，适宜富含有机质，土层深厚，保水保肥能力强，通气排水良好的土壤。茄子的需肥规律大体上与西红柿相似，但对氮素肥料要求较高，尤其是在中后期，缺氮可导致开花少，产量下降。一般来说，每生产1 000千克茄子需氮（N）3.2千克，五氧化二磷（P_2O_5）0.94千克，氧化钾（K_2O）4.5千克。一般亩撒施腐熟农家肥10 000千克（腐熟鸡粪减半）。三元素复合肥50～60千克，硫酸钾30～40千克，深翻25～30厘米，整平耙细，然后按栽培模式进行起垄，起垄高度为15～20厘米。一般早熟品种，株型矮小，垄宽60厘米，株距30厘米，亩栽约4 000株；中晚熟品种，株型高大，垄宽70～80厘米，株距33厘米，亩栽2 500～3 000株。

2. 提温闷棚消毒

定植前10～15天，结合闭棚提温，每米^{3}温室，用硫黄粉4克，80%敌敌畏0.1克和锯末8克，混匀后点燃，密封温室24小时，然后开口放风。

3. 定植

定植应选在晴天进行，在垄上开穴、浇水，待水渗下一半时，将苗放入穴中，水全部渗下后，封堰。定植深度以盖住苗坨1～2厘米为宜。定植完成后，立即覆盖地膜，引苗出膜，用土封住苗孔。

六、定植后的管理

1. 缓苗期管理

越冬茬和早春茬，茄子定植后，正值外界较寒冷季节，温度低是影响缓苗的重要因素。因此，管理重点是提高棚温。一般是定植后7～10天不通风或少通风，白天气温保持在28～30℃，夜间15～18℃，以利提高地温，促进缓苗；秋延迟茄子定植后，外界自然温度可以满足缓苗的需要。但此间，晴天中午温度往往过高，土壤蒸发和植株蒸腾量大，往往会造成茄子萎蔫，所以定植后要适当浇水，晴天中午适当遮阴降温。缓苗以后，白天气温以25～28℃为宜，夜间15℃以上，土温保持15～20℃。

2. 结果前期管理

定植缓苗后，到门茄采收，大约需要35天，此期为结果前期。此期的主攻方向是：促进植株稳健生长，搭好丰产架子，提高坐果率，防止落花落果。

（1）温度。加强棚温管理，使棚温白天保持在26～30℃，超过32℃，要通风降温。夜间加强保温，使棚温保持在16～20℃，最低不低于12℃。如果白天持续高于35℃或低于17℃，就会引起落花或出现畸形果。

（2）整枝。一般早熟品种多采用三秆整枝；中晚熟品种采用双秆整枝，一次分枝以下抽生的侧枝要及时打掉，以提高其通风透光条件。

（3）肥水。在肥水管理上，门茄“瞪眼”之前，应尽量不浇水，多中耕划锄，如遇干旱，可浇小水。切忌大水漫灌，造成植株徒长，导致落花。门茄“瞪眼”后，要加强肥水管理，开始追肥浇水。一般结合浇水，亩追施尿素10～15千克，硫酸钾10千克。

（4）生长调节剂的使用。影响坐果率的因素很多，除花器构造缺陷和短花柱之外，持续高温高湿和低温、阴雨，都可引起落花。为防止落花落果，除要有针对性地加强管理外，使用植物生长调节剂是提高坐果率行之有效的方法。目前使用最多的生长调节剂是2，4－D，使用浓度为20～30毫克/千克。在此范围内，气温高时浓度可适当降低，反之可适当提高。处理方法是：涂抹果柄或蘸花。

3. 盛果期的管理

门茄采收之后，茄子即转入盛果期，也是提高茄子产量的关键时期。此期茄子生长量大，结果数量增加，不仅要求有充足的肥水供应，又要有良好的光照条件和适宜的温度。

（1）温度。越冬茬和早春茬，随着盛果期的到来，外界气温有所回升，但还是很低，且寒流反复出现。因此，温度管理显得十分重要。一般白天棚温保持在25～30℃，夜间15～20℃，昼夜温差保持在10℃左右。白天如超过32℃，就要开顶缝放风降温。浇水后，除注意排湿外，应闭棚提温，以气温提地温。到盛果后期，外界气温升高，应注意高温危害。

（2）光照。光照是棚室热量的重要来源，也是光合作用的动力源泉，因此，改善光照条件，是夺取高产的重要措施。主要做法：一是勤擦拭棚膜；二是使用无滴膜、棚膜防水剂；三是采取膜下灌水，灌水后及时排湿，降低棚室湿度；四是在阴雨天，可考虑人工补光。

（3）肥水。盛果期是茄子一生中需肥水最多的时期，必须加强和保证肥水供应，才能夺得高产。进入盛果期以后，一般每8～10天浇水一次，并做到结合浇水进行追肥，肥料以三元素复合肥、磷酸二铵、尿素、硫酸钾等为主，也可追施冲施肥料。除此之外，要结合喷药，每10～15天喷施一次叶面肥，如茄果类专用天达2116等。

（4）植株调整。为改善通风透光条件，要及时摘除植株下部的变黄老叶，门茄以下如有侧枝出现要及时抹除，适当疏除空枝和弱小植株。

七、采收

茄子采收过早会影响产量，采收过晚会造成品质下降，还会影响后面果实的生长发育，同样会降低产量。适宜的采收期要看“茄眼”，即萼片与果实相接处的浅色环带。环带明显，则表明果实还正处在生长中，环带狭窄或已不明显，说明果实生长已转慢，应及时采收。

第四章　葱、姜、蒜类栽培技术

第一节　大葱栽培技术

一、育苗

1. 土壤与茬口的选择

大葱育苗畦，要选地势平坦，地力肥沃，灌排方便，耕作层深厚的黏质土壤的地块，茬口应选择3年内没有种过大小葱、洋葱、大蒜、韭菜的茬口或与粮食作物轮作地，如谷子、玉米茬口。

2. 播种时间

根据对产品不同要求四季都可播种。丰产栽培大葱最佳播种期是秋播（以旬平均气温稳定在16.5～17℃为宜，正是10月上旬）。全国南北方的气候条件不同，播种时间也有差异，最佳时间确定来自越冬前苗子的大小，大了容易通过春化来年春季抽薹，小了不能安全越冬。冬前苗的标准是长到2叶1心。春播在清明节前后。

3. 整理苗床

苗床应选择土地平坦、肥沃、靠近水源、排水方便的地块。整畦前要将育苗地浅耕细耙，使上松下实。亩施复合肥50千克做基肥，同时亩施呋喃丹2.5千克，多菌灵粉剂0.5千克，灭杀地下害虫和病菌（很重要）。畦长20～25米，内宽1米，畦埂30厘米，畦埂踩实后用铁耙在畦内反复耧平，无坷垃。

4. 播种

播种前先从畦内取出盖土，然后畦内灌足水（灌水量一定要大），待水渗完之后，将种子拌沙土，在畦内撒两遍（撒均匀），最后盖覆土，覆土厚度1.5～2厘米，盖土要均匀，育苗田亩用种量1.3千克，可移栽3～5亩大葱，下种后第二天早上，用铁耙把畦面进行浅耧一遍，防止盖土不匀。

二、苗期管理

（1）秋播7天后出苗，春播8～12天出苗，子叶未伸直前控制浇水，以免板结淤苗，期间遇雨，地板结时可用铁耙轻浅划破地皮。浇第一水时要等子叶伸直时方可。除草（不能用除草剂），苗长至2厘米左右，大约伸直时，要及时用药，防止菌类疾病，一般每隔5天喷药一次（主要用治疗死根烂苗、病毒及灰霉病的药），待苗长至5厘米以上后，根据地力可适时用尿素提苗。

（2）冬前主要抓好培育壮苗，其标准：株高8～10厘米，真叶达到2叶1心，叶片绿而健壮，基部直径不超过0.3厘米。期间根据土壤墒情可浇1～3次水，冻前浇封冻水，覆盖一层土杂肥草木灰或细圈肥，其厚度以不见地面露出叶鞘为宜。

（3）秋播苗立春后，葱苗根、心、叶开始萌动，将畦面普耧一遍清除杂物，以防压苗，达到保湿、增温、早生长。3月上旬浇返青水，但不宜过早，以免低温影响葱苗早生长，可结合浇水每亩冲施尿素10千克催苗。3月下旬至4月上旬，苗高30厘米左右，进行间苗1～2次，疏密补稀保持苗距3～5厘米。4月下旬至5月初苗高50厘米左右，是葱苗盛长期，要做好肥水管理，可分期适施尿素、二氨、复合肥等，少则2次，多则3次，每次10～15千克，并结合喷药施复合微肥2～3次。并要及时用药，防止菌类疾病，特别注意防治葱蛆、葱蓟马和潜叶蝇。在移栽前15天停止浇水，进行蹲苗，以利稳健生长。

三、移栽定植

（1）选择地势高，排水好，土壤肥沃的地块，南北向最好，施足底肥，底肥可亩施农家肥5 000千克，磷肥100千克，尿素10千克，钾肥15千克，或二氨30千克，或复合肥50千克，然后耕翻晒土，以消灭病源、杂草，提高肥力，最后按沟距80厘米，沟深、宽各25厘米左右开沟。

（2）适期早栽，一般在6月中旬至7月上旬，起苗前应在前两天浇水一次，起苗要深刨根，或成把提，抖落土，平放，淘汰伤残苗和病害苗，按苗子大小、高矮、粗细分成三级，在苗足情况下，一般不用三级苗。要做到随起苗随分级，随移栽，使葱苗移栽时保持新鲜状态。移栽株距以3～4厘米为宜。

（3）定植方法

①干栽法：开沟后把葱苗按一定株距顺次排列在沟壁一侧，葱叶平靠沟壁，随后再用锄培土。培土深以不埋心叶为宜，栽后踩实。或用铲按一定距离栽植，然后踩实。栽后要随浇一遍水。

②水栽法：把选好的苗在背垄上一米一把，均匀摆好，沟中先浇水，水下渗后，每隔8～10米有一人蹲在垄背上扦插。扦插时用剥了皮的树枝做成插秧棒，顶端呈“V”形叉，多用左手拿苗，右手拿插秧棒，用叉顶住葱苗须根，趁沟底土壤湿软，将葱苗直插下去。不同等级的苗要在不同地块或分片定植，不可高矮并列，参差不齐，以便管理。

四、定植后管理

移栽后正值炎热季节，高温多雨，一般不浇水，阴雨连绵会导致烂根和死苗，要注意及时排水。如遇高温干旱，要浇水降温，促进生长。随着葱白不断伸长应及时培土、追肥，培土最后垄高70～80厘米，培土时不能埋心叶。追肥与培土同时进行，第1次应从立秋开始，亩施农家肥5 000千克，尿素10～15千克，施后浇水。第2次追肥处暑进行，亩施尿素15～20千克，饼肥50千克。第3次追肥在白露，这时葱白进入膨大盛期，肥水管理是关键，可顺沟施人粪尿1 000千克，尿素15千克，磷肥50千克，钾肥

5～10 千克，最后浇水，第 4 次追肥在秋分进行，亩施尿素 10～15 千克，培土浇水。白露前后要喷施复合微肥，一般 5～7 天喷施一次，连喷 2～3 次，增产效果明显。

五、收获与贮藏

立冬前后，葱已长足可收刨，收刨后以 15 千克一捆，放在冷凉通风地方，5～6 捆为一行，行间留 50 厘米通道，如遇高温天气，要解捆晾晒，贮存中怕热，不怕冷，要防雨水。

六、主要病虫害防治技术

大葱紫斑病：病斑多发生在叶、外层叶鞘上，为梭形或椭圆形，呈淡褐色，后变紫色，有同心轮纹并稍凹陷。可用 70% 代森锰锌可湿性粉剂 500 倍液，或 75% 百菌清可湿性粉剂 500～600 倍液，每 5～7 天喷 1 次，连喷 2～3 次。

大葱霜霉病：此病一般从叶尖开始，出现长圆形淡绿色病斑，潮湿时斑上生白色及淡柴油色绒霉。可用 65% 代森锌可湿性粉 400～500 倍液，或 75% 百菌清可湿粉 500～600 倍液，每 7～10 天喷 1 次，连喷 2～3 次。

大葱锈病：病部多在叶上，呈菱形或椭圆形凸起病斑，病斑表皮破裂后，散发出橙红色粉状物。可用 15% 的粉锈宁可湿性粉 1 500～1 700倍液，或 70% 代森锌可湿性粉 400～500 倍液，每 7～10 天 1 次，连喷 2～3 次。

大葱蓟马虫与潜叶蝇：此两种虫为害大葱最重。可用 50% 乐果乳油 800～1 000倍药液，或 50% 辛硫磷乳油 800～1 000倍液，每 7～8 天喷洒一次。连喷 2～3 次可清除危害。

第二节　生姜高产栽培技术

生姜是姜科多年生草本植物，在生产上多作一年生栽培。其产品是人们常用的调味佳品，又是健胃祛风的中药材，产品既可内销，又可出口创汇。其栽培生产成本低，产量高，效益好，被广大农民朋友所接受。

一、生姜特性

生姜喜温暖湿润的气候，不耐寒，怕强光，既不耐旱，又不耐涝，忌连作。

1. 对温度的要求

生姜起源于热带森林地区，形成了喜温而不耐寒的特性。种姜在 16℃ 以上开始发芽，但发芽极慢。在 22～25℃ 的条件下，有利于壮芽培育。在 28℃ 以上高温条件下，发芽虽快，但幼芽往往细弱而不够肥壮。茎叶生长适温 20～28℃，15℃ 以下停止生长，遇霜即枯死。

2. 对光照的要求

生姜为喜光耐阴作物，怕强光直射。不同的生长时期对光照要求不同，发芽时要求黑暗；幼苗时期要求中强光，但不耐强光，因而生产上常采取遮阴措施造成花阴状，以利幼苗生长；盛长期因群体大，植株自身互相遮阴，故要求较强光照。

生姜对日照长短要求不严格，在长短日照下均可形成根茎，但以自然光照条件下根茎产量高，日照过长或过短对产量均有影响。

3. 对水分的要求

生姜为浅根性作物，根系不发达，不能充分利用土壤深层的水分，吸收力较弱，而叶片的保护组织亦不发达，水分蒸发快，因而不耐干旱。一般幼苗期生长量少，需水少，盛长期则需大量水分。生姜不耐干旱，也不耐涝。在干旱条件下虽可存活，但生长不良，产量大减，且根茎纤维增多，品质变劣。同样，如果土壤积水，轻则使发芽出苗变慢，根系发育不良，重则引发姜瘟病，引起减产、绝产。

4. 对土壤养分的要求

生姜适于土层深厚，疏松肥沃，富含有机质，通气良好的肥沃壤土。对土壤酸碱度的适应性较强，在 pH 值 4 ~ 9 的范围内，对幼苗生长无大影响。在茎叶旺盛生长期则以 pH 值 5 ~ 7 最为适宜，盐碱、涝洼地不适宜生姜栽培。

生姜为喜肥耐肥作物。但生姜根系不甚发达，能够伸入到土壤深层的吸收根很少，因而吸肥能力较弱，对养分要求比较严格。生姜的全生育期对氮、磷、钾的吸收以钾最多，磷最少。在旺盛生长期吸肥量最大，此时应加强肥水管理，防止植株脱肥早衰。

二、品种选用

生姜栽培应选用肉质细嫩，外形美观，辛香味浓，品质佳的耐贮运品种。目前生产上常见的主要品种有如下几种。

1. 莱芜大姜

是山东省莱芜市地方品种，也是山东省著名特产，是我国北方主栽培品种之一。该品种植株高大，生长势强，一般株高 90 厘米左右，在高肥水条件下，植株高达 100 厘米以上。叶片大而肥厚，叶长 20 ~ 25 厘米，宽 2. 2 ~ 3 厘米，叶色深绿。茎秆粗壮，分枝较少，一般每株可分生 10 ~ 12 个分枝，多者可达 20 个以上，属于疏苗型。

2. 莱芜片姜

又名莱芜小姜，山东省莱芜市地方品种，为山东省名优特产蔬菜之一。该品种生长势较强，一般株高 80 ~ 90 厘米，生长旺盛时可达 100 厘米以上。叶绿色，披针状，功能叶一般长 18 ~ 22 厘米，宽 2 ~ 2. 5 厘米。分枝性强，属于密苗型，通常每株具有 15 个分枝，生长旺盛的植株，可分生 30 个以上。根茎黄皮、黄肉，姜球数较多，排列紧密，节间短而密，姜球上部鳞片呈淡红色。根茎肉质细嫩，辣味较强，辛香味浓，纤维少，含水量低，品质优良，耐贮，耐运，丰产性好。一般单株根茎重 500 克左右，重者可达 1 000 克以上。

三、精选种姜，培育壮芽

1. 选姜

适期播种前 30 天左右，从窖内取出种姜，用清水冲洗掉姜块上的泥土，选用姜块肥大、丰满、皮色光亮、肉质新鲜不干缩、不腐烂、未受冻、质地硬、无病虫的健康姜块作种。严格淘汰姜块瘦弱干瘪、肉质变褐及发软的姜块。

2. 晒困姜

将精选好的姜种放在阳光充足的地上晾晒，晚上收进屋内，连晒 2 ~ 3 天。待姜皮发白发亮时，在 20 ~ 25℃的条件下晒困姜 2 ~ 3 天，以加速发芽。在晒困姜过程中，注意剔除病症不明显的姜块，确保姜种质量。

3. 催芽

对经过精选、晒困后的姜种，用姜瘟散、生姜宝、绿霸等农药 200 倍液进行浸种 10 分钟，捞出晾干后进行催芽，催芽温度掌握在 20 ~ 25℃，并掌握前高后低，待姜芽生长至 0.5 ~ 1 厘米时，结束催芽。

4. 壮芽标准

芽长 0.5 ~ 1 厘米，粗 0.7 ~ 1 厘米，幼芽黄色鲜亮，顶部钝圆，芽身粗壮，基部有根突。

5. 掰姜种

把经过催芽的姜种，按发芽情况，掰成单块种约 75 克左右的种块。每个种块只保留顶端健壮的一个芽尖。如果顶端没有芽尖，侧芽也可，但其余的必须全部剥去。

四、整地施肥

种植生姜宜选择土质肥沃，水浇条件好，没有种过大姜的地块，切忌连作。栽培田要在冬耕的基础上，春季及早进行精细整地，使土壤达到无明暗坷垃，上松下实。在施肥方面，一般结合整地，亩施优质腐熟圈肥 5 000 ~ 10 000千克作基肥。用腐熟豆饼 100 千克，三元复合肥 50 千克，硫酸钾 25 ~ 20 千克，锌肥 2 千克，硼肥 1 千克作种肥。

五、播种

1. 播种时间

待当地地温稳定在 16℃以上时，即可播种。地膜栽培可比常规播种提早 20 ~ 30 天。在临沂市，常规栽培一般在 4 月底至 5 月上旬播种。

2. 播种

大姜播种，按 55 ~ 65 厘米行距开沟浇水，待水渗下后，按株距 18 ~ 20 厘米摆放姜种，亩保苗 5 500 ~ 6 700株。小姜播种，按行距 50 ~ 55 厘米开沟浇水，待水渗下后，按株距 16 ~ 18 厘米摆放姜种，亩保苗 7 000 ~ 7 600株。播种完成后，覆土 4 ~ 5 厘米，并覆盖地膜。出苗后，沿沟割破地膜进行引苗。

六、田间管理

1. 适时遮阴，促进生长

生姜出苗达 50% 时，及时进行姜田遮阴，促进姜苗健壮生长。其遮阴方法主要有如下几种。

(1) 遮阳网遮阴：采用遮阳网遮阴，其遮阴均匀一致，不破坏地膜的完整，便于田间管理，姜苗生长势旺，具体方式是将遮阳网成幅立式拉于生姜行间，用竹、木固定，形似习惯姜草方式，幅宽80～100厘米，可选择遮光率为40%遮阳网。

(2) 插姜草遮阴：大多姜农习惯插姜草遮阴，一般是在行的南侧插玉米秸秆等，时遮阴程度达到60%左右，遮阴高度为60～70厘米。增加了姜田病虫基数，且插姜草费工、费时，成本偏高。

2. 化学除草

播种后至整个苗期，可用除草剂1号1千克，或48%拉索乳油及72%都尔乳油100～250毫升等，采用定向喷雾法或毒土法进行除草。

3. 追肥浇水

追肥应本着“轻施促苗肥，重施分枝肥，补施秋肥”的原则进行。一般于6月上中旬结合浇水，亩顺水冲施尿素25千克，以促进姜苗生长。7月上中旬揭去地膜，亩追施用三元复合肥50千克。9月上旬可根据姜苗长势，适量追施钾肥和氮肥，一般亩追施硫酸钾20～30千克，尿素10～15千克，并对地上部进行叶面追肥，每7～10天喷一次，连喷3～4次，以促进姜块膨大。浇水，为保证生姜顺利出苗，在播种前浇透底水的基础上，一般在出苗前不再进行浇水。待生姜有70%的出苗后，依据天气、土壤质地及土壤水分状况灵活掌握浇水时间和浇水量。第一水若较得过晚，姜苗会受旱，芽头易干枯。夏季浇水以早晚为好，不要在中午浇水。同时，要注意雨后及时排水。立秋前后，生姜进入旺盛生长期需水量增多，此期一般每4～5天浇一水，始终保持土壤的湿润状态。收获前3～4天停止浇水。

4. 培土

培土应根据生姜生长情况而定，一般于立秋前后进行第1次培土，然后，结合浇水、追肥，分别进行第2次、第3次培土，以确保生姜不露出土面，促进姜块迅速生长。

5. 延时收获，提高产量

当秋末气温在8～18℃时，秋高气爽，光照充足，昼夜温差大，正是形成产量的关键时期，适当延长生长期，可有效提高产量。据试验，霜降后，每晚收一天，亩增产大姜30～60千克。一般于10月中下旬，初霜来临之前，进行扣棚保温，延迟收获。

七、收获贮藏期

1. 采收

露地栽培一般在10月中下旬，初霜到来之前收获。扣棚延迟栽培可于11月下旬收获。

2. 贮藏

生姜贮藏多采用窖藏，一般窖深5～7米，挖2～3个贮姜洞，窖内温度保持11～13℃，空气相对湿度保持在90%以上。生姜入窖前，应彻底清扫姜洞及窖底，进行药剂杀菌灭虫。

第三节　秋播大蒜地膜覆盖栽培技术

大蒜原产于西亚和中亚，至今已有两千多年的历史。大蒜又叫蒜头、胡蒜，是半年生草本植物。大蒜不仅是人们日常生活中不可缺少的调料，而且还具有杀菌和抗癌的功效，因此，深受广大消费者的喜爱。

大蒜采取地膜覆盖栽培有以下好处：一是可有效加速大蒜冬前幼苗生长，提高其抗寒能力。二是可使大蒜幼苗在翌年春季返青早，生长快，从而为丰产奠定良好基础。三是有利于土壤保墒防旱，减少浇水次数。四是大蒜通过地膜覆盖后，阻挡了种蝇向蒜根周围产卵，有效降低了根蛆为害，同时抑制了杂草的发生和为害。五是根据试验分析，抽薹期可提前6~10天，成熟期提前5~8天；可增产蒜薹55.35%、蒜头44.8%。

一、品种选用

秋播大蒜应选择优质、早熟、高产、适应性广、喜光耐寒、生长健壮、抽薹率高、抗病虫、抗逆性强、商品性好、蒜头蒜薹产量高，且适应市场需求的品种。目前，在临沂市常见的栽培品种如下。

1. 金蒜一号

由山东大蒜研究所最新选育的大蒜新品种。该品种蒜头大，蒜瓣大，皮厚不宜散瓣，种植后出苗齐、壮，蒜秆粗壮青绿，抽薹早而整齐，蒜薹粗、圆、脆。该品种株高90~100厘米，株幅40厘米，根系发达，生长势强，假茎粗大，一般2.5~3厘米，叶片上冲，长相清秀，茎秆强壮，直立挺拔。叶片宽、厚、长，最大宽4.5~5厘米，最大叶长65厘米。叶色墨绿，在大蒜膨大期可保持9~10片功能叶，且叶尖无干枯现象。蒜薹产量高，抽薹齐，亩产蒜苔700~800千克。蒜头大，蒜头直径7~9厘米，最大11.5厘米，亩产鲜蒜2 900千克，最高产可达3 000千克以上。蒜皮紫红色，蒜皮厚，不散瓣，耐运输，蒜瓣夹心少，个头美观，无贼瓣，品质优，氨基酸，大蒜素，维生素，明显优于普通大蒜，且不易感染病毒。它根系发达，活力强、耐旱、耐寒、活秆、活叶、活根成熟，是大蒜育种史上的重大突破，是我国大蒜出口及内销的重要品种之一。

2. 蒲棵蒜

是目前苍山县蒜区种植面积最大的秋播品种，约占苍山县种植面积的90%以上。植株高80~90厘米，株幅36厘米。假茎高35厘米左右，粗1.4~1.5厘米。叶色浓绿，全株叶片数12片，最大叶长63厘米，最大叶宽2.9厘米；蒜头近圆形，横径4~4.5厘米，形状整齐，外皮薄，白色，单头重35克左右，重者达40克以上。每个蒜头有6~7个蒜瓣，分两层排列，瓣形整齐。蒜衣2层，稍呈红色，平均单瓣重3.5克左右。抽薹性好，蒜薹长35~50厘米，粗0.46~0.65厘米，单薹重25~35克，质嫩，味佳。一般亩产蒜薹500千克左右，蒜头800~900千克，为蒜头和蒜薹兼用良种。生育期240天左右，属中晚熟品种。耐寒性较强。

3. 糙蒜

植株高80～90厘米。假茎高35～40厘米，粗1.3～1.5厘米。全株叶片数11～12片，叶色淡绿，叶片较蒲棵蒜稍窄，最大叶宽1.5～2厘米。蒜头近圆形，白皮，单头重35克，重者达40克，每个蒜头有4～5个蒜瓣，瓣大而整齐。比蒲棵蒜早熟，生育期230～235天。耐寒性较蒲棵蒜差，后期有早衰现象。适宜作地膜覆盖栽培。

4. 高脚子蒜

长势强，植株高大，株高85～90厘米，高者达100厘米以上，假茎高35～40厘米，粗1.4～1.6厘米。全株叶片数11～12片，叶片肥大，浓绿。蒜头近圆形，皮白色，单头重一般在35克以上。每个蒜头一般有6个蒜瓣，瓣大而高，瓣形整齐，蒜衣白色。抽薹性好，蒜薹粗而长，长35～55厘米，粗0.7厘米左右。一般亩产蒜薹500千克，产蒜头900千克，蒜薹和蒜头产量在3个品种中是最高的，适宜作丰产栽培。本品种为晚熟品种，生育期240多天。适应性强，较耐寒。

二、整地施肥

大蒜因根系吸肥能力差，故需要富含有机质、保肥、保水、通气良好的壤土栽培。大蒜需肥多，且耐肥，增施有机肥有显著的增产效果。大蒜施肥以氮肥为主，增施磷、钾肥可显著增产。大蒜对硫、铜、硼、锌等微量元素敏感，增施上述微量元素有增产和改善品质的作用。

1. 整地

精细整地是种好大蒜的基础。俗话说“土壤不深翻，蒜须无处钻”，这也充分说明了大蒜深耕的重要性。一般要求深耕30厘米以上，做到“早、平、松、碎、净、墒”的要求。早，就是早腾茬、早耕翻、早晒垡；平，就是地面平整；松、碎，就是土壤疏松细碎，无坷垃；净，就是土中无作物根茬、废旧地膜等；墒，就是指底墒要足，必须在耕地前3～5天浇足底墒水，然后再深耕。

2. 施肥

大蒜地膜栽培应施足底肥。施肥应以农家肥为主，化肥为辅，氮、磷、钾配合使用，适量施用中微量元素肥料为原则。一般亩用优质腐熟农家肥5 000千克、饼肥80千克，尿素50千克、过磷酸钙80千克、硫酸钾复合肥25千克和神舟54中微量元素肥料20～25千克，耕翻耙细后做畦。作畦标准为：畦宽150～200厘米，畦面宽120～170厘米，畦埂宽30厘米，畦向以南北向为宜。

三、适期播种

1. 蒜种的分选与处理

蒜种大小与产量有密切关系。蒜种愈大，长出的植株愈健壮，所形成的鳞茎也就愈肥大。因此，收获前要选头蒜，播种时要选蒜瓣。

2. 选择标准

种瓣选择应选用蒜瓣大小适中均匀，色泽鲜亮纯一，肥大、洁白、无病斑、无伤口的蒜瓣。剔除发黄、变软、虫蛀、霉烂、受伤、过大的蒜瓣。种瓣大小以4.5～5.0克为宜。

3. 种瓣处理

播种前，剥掉蒜皮和干茎盘，以利于吸水和发根，并防止发根后将蒜瓣顶出地面。种瓣分成大、中、小三级，小种瓣宜用于青蒜苗栽培。

4. 确定适宜播期

大蒜适时播种是获得蒜薹、蒜头高产丰产的关键。地膜覆盖大蒜，播种期不宜过早，但也不能过晚。过早，幼苗冬前生长过旺，越冬期间容易受到冻害，还会使中心小瓣蒜增加；过晚则失去覆盖的意义。所以适宜播期应比不覆盖栽培推迟7~10天，保证幼苗在越冬前长出5~6片叶，以提高其抗寒能力。在临沂地区，一般在10月中旬播种。

5. 播种

播种前，充分整平畦面，按行距20~25厘米开沟，开沟要做到沟直、深浅一致，开沟深度为10~12厘米，然后在沟内安放种瓣，集中沟施充分腐熟厩肥500~1 000千克/亩后，覆土3~4厘米厚，耧平畦面。

安放种瓣要做到株距均匀，种瓣直立，种背统一朝向一个方向，株距8~10厘米，亩植大蒜30 000~33 000株，亩用种量约200~250千克。覆土厚度切忌过深，素有“深葱浅蒜”之说，但也不能过浅，以防发生“跳蒜”现象，一般保持覆土厚度3~4厘米即可。

播种全部完成后，立即浇一次透水，以使土壤沉实，促进种蒜生根发芽。

6. 覆盖地膜

播种后3~5天，待土壤表面见干时，及时进行一次划锄，然后亩喷洒33%除草通（施田补）乳油150克，覆盖地膜。覆盖地膜时，要注意紧贴畦面，拉紧、伸直、铺平，两侧和两头地膜要压实，膜上每隔2~3米要压土放风。

四、田间管理

1. 越冬前管理

一是破膜引苗，大蒜播种7天左右即可出苗，待幼苗长出1片展开叶时，要在苗处破膜引苗；二是待土壤封冻前，一般在“立冬”至“小雪”前及时浇一次越冬水，以提高其抗冻能力。

2. 越冬后管理

大蒜丰产的关键就是“三水三肥”。大蒜返青后的水、肥管理，是大蒜丰产的关键。大蒜返青以后，对水、肥的吸收量逐渐增大，特别是在孕薹期和蒜头膨大期，是大蒜的需水肥高峰期，所以在大蒜的整个生长期中，要根据苗情、墒情和地力，及时做好浇水追肥，特别要重点浇好“三水”、施好“三肥”。

（1）浇好返青水，施好返青肥：到“春分”时节，蒜苗就已经开始返青发棵，到“清明”前后，种蒜瓣已腐烂，因此，在“春分”后至“清明”前，要及时浇一次返青水，并结合浇水亩追施尿素10~15千克。此期浇水，由于早春地温低，浇水最好在中午进行，以达到促苗早发的目的。以后要适当控水，促进根系发育和蒜薹、蒜头分化。

（2）浇好抽薹水，施好抽薹肥。到“立夏”前后，此时大蒜已开始“甩缨”，进入了蒜薹旺盛生长期。此时要结合浇抽薹水，亩追施氮、磷、钾复合肥 15 ~ 20 千克，以促进蒜薹生长，抽高蒜薹产量。抽薹前 3 ~ 5 天停止浇水。

3. 浇好膨蒜水，施好膨蒜肥

蒜薹采收完毕后，即进入了蒜头旺盛生长期。此期应在蒜薹采收完毕后，立即浇一次膨蒜水，并结合浇水亩追施硫酸钾 10 ~ 15 千克，尿素 5 ~ 10 千克，以促进蒜头的膨大，提高蒜头产量。蒜头收获前 7 天左右，停止浇水。

五、适时采收

1. 蒜薹采收

蒜薹抽出叶鞘，开始甩弯时，是蒜薹采收最佳时期。过早，会降低蒜薹产量；过晚，会影响蒜薹的品质。采收蒜薹最好在晴天中午或午后进行，此时植株有些萎蔫，叶鞘与蒜薹容易分离，并且叶和蒜薹的韧性较好，采收时不易抽断。采收蒜薹要做到：直提，用力均匀，稳中有力。

2. 蒜头采收

大蒜抽薹后 20 天，大蒜顶叶黄枯，假茎变软时，为大蒜收获最佳时期。过早，会影响蒜头产量；过晚，容易造成散瓣、烂头，严重影响蒜头品质。收获时，要注意用蒜叶盖住蒜头，叠放，晾晒 3 ~ 4 天，外皮干软后，捆把或切去上面叶鞘，存放于荫凉通风处贮藏待售。

第五章　主要食用菌栽培技术

我国栽培食用菌的历史悠久。数千年前，我国人民已经开展观察和采食大型真菌。香菇栽培距今已有700年的历史，草菇已有200多年的历史，银耳栽培已有100余年的历史。尽管我国食用菌栽培历史悠久，但早期的发展十分缓慢，近20年来，食用菌真正发生剧变，现今已从段木栽培转入到了全面代料栽培，栽培方式多种多样，从完全的人工操作进入到半人工和机械化的操作，既有了熟料栽培又有了生料栽培，栽培品种日益丰富，栽培数量、产量及规模是空前的。

食用菌品种多样、特性各异。只有经过栽培管理，生产出各种食用菌产品，才能显示出它们的食用价值、药用价值和经济价值，供人们享用。食用菌依其生长习性可分为木腐型和草腐型。木腐型食用菌是以木质材料为主要原料，分解木质素能力较强的一类食用菌，如香菇、侧耳、黑木耳和金针菇等。木腐型食用菌的栽培方式分为段木栽培和代料栽培。草腐型食用菌是以秸秆类物质为主要栽培原料，分解纤维素能力较强的一类食用菌。如双孢蘑菇、草菇、鸡腿菇和竹荪等。所谓“代料”，是指代替段木栽培木腐型食用菌的各种有机物。代料栽培食用菌，不仅可以保护林木，而且具有生产周期短、生物学效率高、便于工厂化生产等优点。生物学效率是指食用菌鲜重与所用的培养料干重之比，常用百分数表示。如100千克干培养料生产了80千克新鲜食用菌，则这种食用菌的生物学效率为80%，生物学效率也称为转化率。利用农林业的秸秆、枝杈及酿造工业的副产品栽培食用菌，还可以消除环境污染。

第一节　食用菌栽培综合防病技术

一、食用菌栽培防病综合措施

食用菌病害的发生甚至流行都有其规律，表面上看，病害仅在某一生产环节出现，但是病害的发生是需要相当多的条件的。因此，防病应从源头抓起，至生产完全结束为止，中间环节亦不能稍有放松，以彻底杜绝病害发生。

1. 选用优良脱毒菌种

选用优良脱毒菌种是保证菌种不带任何病毒或病菌、确保菌丝健壮、提高菌丝抗性的有效措施。脱毒菌种自身不携带任何病毒或病菌，且由于在脱毒过程中人为调控基质及温度，又使其大大提高了对外界条件的适应性及抗逆性。

2. 消毒处理要严格

严格菇棚及栽培环境中的消毒处理是消灭残存病毒、病菌的主要手段。首先，菇棚周边粪堆、草堆、垃圾等应清理干净，将杂草一并清除。多次喷洒500倍的多菌灵等杀菌药物。其次，对老菇棚应刮除墙皮，有条件时可将地表铲除1厘米左右厚，用50倍的蘑菇祛病王溶液对棚内进行地毯式喷洒，墙体、边角、立柱、通风孔等也应喷洒药物，不留死角。该项措施能够较彻底杀灭棚内病菌。也可使用10倍的强优戊二醛溶液、200倍的金星消毒液消毒。用多菌灵、甲醛配制多甲溶液喷洒杀菌的效果亦很好，一般多菌灵、甲醛、水按1：2：100的比例配制，如果上季栽培时病害较重，可适当提高浓度。最后，对原发病害严重的菇棚，可拆除上层架杆、棚膜等物，棚内堆积秸秆杂草，点燃焚烧，将草木灰翻入土层中，重新架杆覆膜，再施药物喷洒，效果很好。具体操作时应选择无风天气，并备有适当的灭火器材。

3. 对覆土材料进行有效处理

对覆土材料进行有效处理是防止带菌进棚的重要环节。选择覆土材料后，在硬化地面进行暴晒，随时翻动，使土粒直径保持在0.5厘米以下，用100倍的蘑菇祛病王溶液边喷边拌，喷拌2次，建棚后覆膜进行堆闷效果极好。

4. 基料处理要严格

这是确保不带菌进棚的关键环节。该阶段包括干料的处理、堆酵处理和装袋播种的规范化熟料接种以及培养发菌等环境的清洁杀菌。完成发菌后，菌袋进棚前，应配制200倍的蘑菇祛病王溶液，盛于大盆等容器，将菌袋浸洗一遍后再进棚。

5. 经常喷洒杀菌抑菌药物

经常喷洒杀菌抑菌药物是出菇管理过程中主要的预防手段。自菌袋进棚或基料进棚播种后，即应经常喷施药物，以达预防病害之目的。

6. 及早防治

对初发病害，应彻底处理。对菌袋立体栽培的，连同发病菌袋清理出棚，浸药后深埋处理。数量较大时，可喷药后进行堆闷，也可撒拌石灰粉后进行堆闷。方法是，建堆后用稀泥将土堆封堆，令其自然发酵，产热杀死病菌。对覆土栽培的，应扩大病区范围连同基料一控到底，清理出棚。

7. 灭虫防病

这是防治病害的重要措施之一。大多害虫往往携带大量病菌，一旦进棚，即成为病源，到处传播，很快蔓延，因此，在防治病害的时候，不可忽视对害虫的控制和杀灭。主要措施：清理外部环境，喷施高效低毒的药物控制虫源；菇棚门口撒施2米以上长的石灰过道，以防爬虫类害虫进入；通风口、门口封挂防虫网，以防飞虫类进入。发现害虫后，采取毒饵诱杀方式，效果较好。对菇蚊蝇类，可在出菇间歇期喷洒灭害灵杀灭。也可配制糖醋液诱杀，白酒、糖、醋、水按1：2：3：4的比例配好后，加3~4滴敌敌畏液盛于容器，成虫趋味飞入，即可被杀死。

食用菌产业已成为赵县农业六大产业之一，年产量近万吨，种植品种包括平菇、鸡腿菇、金针菇、白灵菇、姬菇等为主，近几年错季栽培金针菇、鸡腿菇及低温型平菇面积增加迅速。

二、食用菌病虫害发生及防治措施

随着食用菌生产面积的扩大，病虫害种类有增多的趋势，侵害程度逐步加重。据调查，2007 年食用菌病虫害发生较多的品种有平菇、金针菇、双孢菇、白灵菇等，主要病虫害有以下几种。

1. 菇蝇

双孢菇、平菇、金针菇生产中受害严重，在临沂市平菇栽培中较为常见。由菇蝇侵入造成的产量损失，因品种和防治而异，平菇受害率较大，高时可达50%左右。

2. 螨虫

螨虫在双孢菇栽培中发现有零星发生，发生程度较轻，原因可能与生产中菇棚定期移动有关，菇农的棚菇大约 2 ~3 年移动一次，食用菌生产中土地的轮作能有效地防治螨虫的发生为害。

3. 线虫

近年在双孢菇、鸡腿菇等栽培品种中发现有部分发生为害，生产中常常是由于防治用药选用不当而造成危害扩大。

4. 细菌性病害

在高温、高湿和栽培密度大的菇棚中发生突出，受害严重的有春双孢菇、黑平菇、金针菇等品种，病斑出现褐斑、黑斑、畸形和腐烂等症状。

5. 双孢菇软腐病

高温及高湿含水较多透气性差的菇棚发生严重。菇床发病处为暗绿色病菌网丝所覆盖，造成发病处出菇少或不出菇、或者菇后引起菇体湿腐而死亡。

食用菌病虫害较多，生产中应遵循以农业防治为主，药剂防治为辅的防治方针，对所发生的病虫害进行综合控制，主要措施如下。

（1）及时清除被病虫侵染严重的出菇袋和茹棚内的残菇、烂菇。

（2）合理轮作，活动性菇棚在使用 2 ~3 年后搬迁换址并避免多棚集中。

（3）同一品种和同一大棚，不宜周年栽培，宜轮作不易感染同种类病虫的品种。如金针菇棚不宜接茬栽培草菇或双孢蘑菇，防止螨虫和菇蚊延续性繁殖。

（4）利用 100 目的防虫网覆罩栽培棚可以有效阻止虫体大小在 1 毫米以上的害虫如菇蚊、蚤蝇、夜蛾、谷蛾、白蚁、蛞蝓、蜗牛等入侵，显著减少入侵虫源。在防虫网上喷施农药可杀死停留在网上的成虫，有效减少下一代虫源。

（5）强化预防处理工作，如清棚、熏蒸消毒、土壤处理、拌料处理等措施可将病虫消灭在发菌和出菇前期。

出菇期间用药防治时必须选用经农业部登记的农药品种，对症下药，不可盲目用药。菇蝇、夜蛾、谷蛾、白蚁、蛞蝓、蜗牛等害虫可以用菇净（4.3% 高效氟氯氰·甲阿维乳油）和氟虫腈（锐劲特）1 000倍液喷雾防治；疣孢霉、木霉等可以用菇丰（30% 百·福可湿性粉剂）和 40% 咪鲜胺及施保功 500 ~1 000倍液喷雾防治；螨虫和线虫可用菇净 500 ~1 000倍液多次喷雾防治。

三、巧治食用菌生产中的虫害

食用菌生产过程中虫害（菇蚊、菇瘿、跳虫、螨类、线虫类等）的防治是让菇农头痛的事。现向菇农朋友介绍几种巧治食用菌虫害的方法，供菇农们参考。

（1）尽量采用发酵或熟料栽培，控制培养基地内虫口；双孢菇的栽培床要采用发酵料。拌料时加入0.5%食盐、3%石灰、50%～80%草木灰等，有较好的驱虫和预防效果。

（2）菌袋或培养料入棚前，要进行空棚消毒：用0.3%的敌敌畏+0.1%敌杀死喷熏；或磷化铝10克/米^{3}熏蒸，封闭菇房（棚），20℃左右时熏48小时，25℃以上时熏24小时，杀虫效果可达95%～100%（注：磷化铝有剧毒，使用时要注意安全），主治菇线虫、菇蝇、菇蚊和螨类等。

（3）畦栽料面发生时，喷洒1～2%的洗衣粉溶液，对菇蝇、成螨、老幼螨均有极强的触杀作用。

（4）利用一些害虫喜欢在透光、阴凉等环境下活动的规律，将灭害灵等液喷在透光的塑料薄膜上，盖在畦床上，每天1～2次，连喷3～4次，可杀死飞虫成虫。

（5）在虫害菇房内安装几个15瓦灯泡或黑光灯，下面放一盆水，向水中滴入煤油，对诱杀菇蚊、菌蚊、黑腹果蝇等成虫效果极好。

（6）糖醋液诱杀：将糖、醋、白酒、敌敌畏、水按2∶3∶4∶1∶90的比例配成药液，用纱布或棉球浸药、拧干、置于料面上，害虫闻到糖醋味即爬到药布或药棉上而被毒死。

（7）将害虫喜欢吃的食物和毒药混拌，如将醋、糖、杀虫剂、炒黄的麸皮按1∶5∶10∶84的比例拌匀，撒于菇床四周及料面让其取食；对菇蝇、菇蚊、线虫等害虫也可用草木灰+除虫菊（1克/米^2）在料面上均匀撒一层，连撒2～3天，效果很好，既可治虫也可防病。

四、食用菌虫害减少技术要点

1. 保持菇场清洁

菇房在栽培前要彻底清扫干净，并用800倍的敌百虫或敌敌畏溶液均匀喷一遍。室外种菇，要清除栽培场地周围的杂草，并用250倍的敌百虫溶液喷洒土壤和场地周围。

2. 防成虫入室

室内栽培用菌，要将门窗、通风通风孔等用60目的细纱网钉上，防止蝇、菇蚊等成虫入室为害。

3. 药物熏杀

室内栽培食用菌，再密闭的条件下，每米^{3}空间用2～3片磷化铝熏蒸，以消灭室内虫源。

4. 处理培养料

每50千克培养料用三氯杀螨醇15毫升，对水10千克，均匀喷洒在料上，边喷药边拌料，喷后堆积3天，即可消灭料中虫源，或可在培养料中拌入40%的辛硫磷500

倍液，均有很好的杀虫效果。

5. 喷药杀虫

在出菇前发现有害虫时，可向床面喷洒500倍的敌百虫溶液或1 000倍的杀死溶液或800倍的敌敌畏溶液灭虫。

第二节　黑木耳栽培技术

黑木耳又名木耳、耳子、光木耳、云耳。隶属真菌门，担子菌亚门，层菌纲，木耳目，木耳科，木耳属。早在200年前，《神农本草经》中就已记载木耳能治痔疮、崩漏带下、新旧泻痢、牙痛、月经不调等。黑木耳很高的营养价值，木耳铁质比肉类高100倍，能促进人体红细胞中血红素和人体细胞原生质的形成。木耳钙质是肉类的30～70倍，能促进人体骨骼的正常发育。木耳对消化系统有良好的清泻作用，能清除肠胃中积存的食物。因此，人们把黑木耳比作“素中之荤”的保健食品，一直把木耳称为黑山珍、黑牡丹、延年益寿之补药。

一、主要生物学特性

（一）形态特征

黑木耳是一种胶质菌，半透明、深褐色、有弹性，一般直径5～6厘米，大者可达10～12厘米。初为耳状、杯状，后渐变为叶状，花瓣状。表面光滑或有脉状皱纹。子实层覆盖在子实体的下表面，红褐色，干后收缩，变为橙黄色、深褐色或暗黑色，上表层表面褐色至黑褐色，密生短毛，无子实层。

（二）营养特性

黑木耳生长对养分的要求以碳水化合物和含氮物质为主，还需要少量的无机盐类。

1. 碳源

碳源是黑木耳生长发育所需能量的主要来源。木耳的菌丝能利用葡萄糖、蔗糖、麦芽糖、淀粉、纤维素等各种碳源，木屑中的各种营养成分只有处于溶解于水的状态时，木耳菌丝才能吸收利用。菌丝先利用培养料中可溶状态的碳水化合物，同时分泌大量的酶把木屑中的纤维素、木质素等碳水化合物分解成可溶性物糖，再进一步利用。栽培中碳源主要由阔叶锯沫、玉米芯、棉籽壳和甘蔗渣等来提供。

2. 氮源

含氮物质是构成黑木耳细胞原生质必需的物质，黑木耳能利用的氮源有蛋白质、氨基酸、尿素、铵盐、硝酸盐等，栽培中一般以添加麦麸来提供。

3. 矿质元素

矿质元素钙、磷、钾、铁、镁是木耳体内蛋白质和酶的重要组成部分，需量不大，但不可缺少。一般木屑中就可以提供，栽培中可加入石膏、磷酸二氢钾。

（三）环境条件

1. 温度

温度是影响黑木耳生长速度、产量、质量的主要因子。黑木耳属中温型菌类，它的菌丝体在5～35℃均能生长发育，但以22～28℃为最适宜，28～32℃生长速度虽快，容易老化。

黑木耳的子实体在15～30℃都可以形成和生长，但以22～28℃生长的耳片大、肉厚、质量好。28℃以上生长的木耳肉稍薄、色淡黄、质量差。15～20℃生长的木耳虽然肉厚、色黑、质量好，但生长期缓慢，影响产量。低于15℃子实体不易形成。

2. 湿度（水分）

水分是黑木耳生长发育的重要因素之一。木耳菌丝体和子实体在生长发育中都需要大量的水分，但两者的需要量有所不同。一般地说，菌丝生长发育时培养料的含水量为60%～65%。子实体形成阶段培养料中最适含水量为70%～75%，空气相对湿度为85%～95%，木耳的耳片是胶质的，容易吸收空气中的水分膨胀，只有吸水膨胀后才生长发育，湿度低于80%时，耳片生长迟缓；低于70%耳片不易形成。空气相对湿度过大，对耳片的生长发育也不利。

3. 光照

黑木耳菌丝生长不需要光，光反而抑制菌丝体的生长。但是子实体的形成需要光，黑木耳在完全黑暗的环境中不形成子实体，光照不足，子实体畸形。耳芽在一定的直射阳光下才能长出茁壮的耳片。根据经验，耳场有一定的直射光时，所长出的木耳既厚硕又黝黑。无直射光的耳场，长出的木耳、肉薄、色淡、缺乏弹性，有不健壮之感。黑木耳虽然对直射光的忍受能力较强，但必须给以适当的湿度，不然会使耳片萎缩、干燥，停止生长，影响产量。

4. 空气

黑木耳是一种好气性真菌，需要充足的氧气。菌袋培养时通风不良，极易招致霉菌污染，子实体发育时氧气不足，二氧化碳浓度较高时，子实体发育受到抑制，耳片不能正常伸展，原基不易分化。因此要经常保持耳场（发菌室内）的空气流通，以保证黑木耳的生长发育对氧气的需要。

5. 酸碱度（pH值）

黑木耳适宜在微酸性的环境中生活，以pH值5.5～6.5为最好。拌培养料的pH值先调到适宜范围偏碱一方，通过发菌即可达最适宜程度。

二、栽培与管理技术要点

（一）常用配方

玉米芯粉73%、麦麸5%、糖1%、石膏1%，棉籽壳20%，培养料含水率60%～65%。

培养料应选用新鲜、无霉变的原料。木屑选用阔叶树种；玉米芯应先在日光下暴晒1～2天，用粉碎机打碎成黄豆粒到玉米粒大小的颗粒，不要粉碎成糠状，以免影响培养料的通气性。

（二）工艺流程

拌料→装袋→灭菌→接种→发菌管理→做床→催芽→露天管理→采摘→晾晒

1. 拌料

拌料要拌匀，保证含水量在65%左右。

2. 装袋

人工装料时要边装料边用手压实，要求上下松紧度一致（菌袋装料时以不变形、袋面无破褶、光滑为标准）。原种菌袋包装采用装料→压实料面→窝口→扎棍→覆棉花→盖纸盖→系胶筋。栽培种菌袋包装采用装料→压实料面→窝口→扎棍。原种湿重0.6千克，栽培种湿重1.15千克。当天装的菌袋（瓶）要在当天灭菌，不能放置过夜，以免产生杂菌，发酵、酸败。如当天不能灭菌，应放到冷凉通风处过夜。

3. 灭菌

采用常压灭菌方式，提前将灭菌锅锅屉放好，要求锅屉离锅水平口约10厘米，上面放麻袋片，17厘米×33厘米的菌袋灭菌时需装在铁筐中或在蒸锅内搭架子，16厘米×52厘米的菌袋灭菌时培养袋依长向平放成“#”形重叠排列在锅屉上。行间距3厘米，便于内部空气流通。然后用塑料和棉被将锅封严，待菌袋内温度达100℃后再保持12小时。灭菌后当菌袋温度降到60℃时趁热出锅，将菌袋送入接种室进行冷却。

4. 接种

待袋中料温降至30℃以下时，就可进行接种。接种要做到无菌操作，菌袋接种程序为：将冷却的菌袋放入接种箱内；栽培种瓶外壁用75%酒精擦拭消毒后也放入接种箱内，然后用每米^{3}5克高锰酸钾，10毫升甲醛熏0.5~1小时。接种时点燃酒精灯，用灭菌的镊子将栽培种弄碎，在点燃酒精灯的无菌区内，使瓶口对着袋口，将菌种均匀地撒在袋内料表面上，形成一薄层，这样黑木耳菌丝萌发快，抢先占领料面，以抑制杂菌侵染。每瓶三级种可接30袋左右。

5. 发菌管理

菌袋接菌后要放在消毒后的培养架上发菌，培养架的每层之间高度为35厘米左右，培养初期，袋应直立整齐摆放，袋间留有适当的距离，待菌丝伸入培养料内后，可以将袋底相对，口朝外，卧放2行，上下迭叠4排。菌袋发菌时将培养袋摆成“#”形，高10层左右，初期4个菌袋一层，每垛间要留有适当的距离，随着温度的升高可改为3个一层或两个一层。

培养前期，即接种后15天内，培养室的温度适当低些，保持在20~22℃，使刚接种的菌丝慢慢恢复生长，菌丝粗壮有生命力，能减少杂菌污染。中期，即接种15天后，黑木耳菌丝生长已占优势，将温度升高到25℃左右，加快发菌速度。后期，当菌丝快发满，即培养将结束的10天内，再把温度降至18~22℃，菌丝在较低温度下生长得健壮，营养分解吸收充分。这样培养出的菌袋出耳早，分化快，抗病力强，产量高。发菌期间菌袋内的温度必须一直控制在32℃以下，温度测量以上数第2层和最下层为准。培养室的湿度一般保持在55%~65%。黑木耳在菌丝培养阶段不需要光线，培养室的窗户要糊上报纸，使室内光线接近黑暗。培养室每天要通风20~30分钟。保证有足够的氧气来维持黑木耳菌丝正常的代谢作用。后期，更要增加通风时间和次数，保持培养室内空气新鲜。

6. 做床

选地势平坦、靠近水源、排水良好、房前屋后空地，并要求避开风口。土质黏重的地块作距地高5厘米，宽90厘米，长度不限的床，床与床之间留有排水沟。床做好后，床面应浇一次重水，然后喷500倍甲基托布津溶液消毒。

7. 催芽

接种好的培养袋经40~50天培养，菌丝就可长满菌袋。菌丝长满后不要急于催耳，应再继续培养10~15天，使菌丝充分吃料，积聚营养物质，提高抗霉抗病能力。这时，培养室要遮光，同时适当降低湿度，防止耳芽发生和菌丝老化。培养好的菌袋就可运往场地，感染杂菌的菌袋要单独放，放在最后开口。运输时要轻拿轻放。用1%石灰水对整个菌袋进行消毒，然后捞出后控干。将17厘米×33厘米的栽培袋取下牛皮纸和棉塞，用绳扎好口，然后划V字形口。V字形口斜线长1.5厘米，深度0.5厘米。每袋大约划10个口（16厘米×52厘米的菌袋划20个口），最底层的口应离地面5厘米以上。口与口之间呈品字形排列。也可用打孔机打孔，每袋20个孔（16厘米×52厘米的菌袋打40个孔），均匀分布，这种打孔方式耳片多为单片，产品质量高。将两个床的菌袋摆放在一个床内进行催芽管理。每平方米可摆40袋（16厘米×52厘米菌袋可摆20袋），袋与袋之间留3厘米的距离，排放时地面不铺地膜，排放时如地面干燥需喷底水；地面比较潮湿的可直接摆放。排放完毕后，盖上塑料薄膜，薄膜上盖上草帘子，此后进入催芽期管理。开口后的菌袋进入催芽管理阶段，此期不可向袋上浇水，应注意床内的湿度，这期间，床面空气相对湿度应保持在85%~90%。过于干燥不利于开口处伤口修复；湿度太大，菌丝易从开口处穿出，影响耳基形成。简便方法是：看塑料薄膜上有无水雾或水珠，如有水珠下滴，则湿度过大，要增加通风度；塑料膜上无水雾或水珠，为湿度过小，要减少通风量，并需要在床两侧喷水增加床面湿度。根据湿度情况来决定通风量的大小。这个期间床面温度要控制在24℃以下，若温度超过24℃，应通风使温度降到24℃以下。耳基形成后，进入出耳期管理。这一时期的管理要点是：直接给水（给水时将草帘子、薄膜撤下，给完水后撤下薄膜，盖上润湿的草帘子，保持床内潮湿度），给水量不要过大，并防止水灌入袋内，应根据床内湿度、通风度、自然温度、耳芽情况等综合考虑决定。使芽保持在良好的生长状态，每天傍晚进行通风，直至耳芽长到1厘米左右（耳芽干后要高出菌袋平面），开始分床并进入露天管理。

8. 露天管理

分床前需在地面上铺设一层地膜，菌袋须轻拿轻放，直立摆放（16厘米×52厘米菌袋要从中间割开），每平方米摆放20袋，袋间隔10厘米，以免木耳长大粘连和影响空气的流通。在人行道铺喷水带，水泵用自控开关控制。

生产黑木耳浇水是最关键的一环。要采用清澈无污染的河水或井水。pH值是中性，采用专用喷水设施进行喷水，现用的喷水设施主要有微喷喷头，喷水带等。喷水时间应合理安排，一旦定下后就不能改变。如自小开始，早晚浇水，那么直到最后也不能变，不能不管什么时候想浇水就浇水。可以采取：早3点到7点，下午3点到晚上7点的浇水方法。干干湿湿，干湿交替，黑木耳耐旱性强，耳芽及耳片干燥收缩后，在适宜的湿度条件下，可恢复生长发育。干燥时，菌丝生长，积累养分；湿润时耳片生长，消耗养分，在整个管理时期，应掌握“前干后湿”，形成耳芽后保持“干干湿湿，干湿交替”的管理方法。

9. 采摘

当耳片背后出现白色的孢子，达到八成熟时要及时采收。若待耳片伸长或向上卷时再采摘就会影响质量和产量。采收时用刀片在耳基处割下，不要带锯末，保持耳片的清洁。不可用手握住耳片贴根处拧下。

10. 晾晒

采后要及时晾晒，晾晒时要耳片在上，耳基在下，大朵的晾晒时要将耳片撕开，成单片状。晾晒要用网状物，上下通气。晾晒中途不可翻动，要一次性晒干。

三、常见问题分析与处理

1. 栽培期的确定

黑木耳是中温型菌类，根据栽培经验，在华北地区，1 年可生产两批。第一批 2 月中旬生产栽培袋，4 月中、下旬即可下地催耳，7 月上、中旬出耳结束。第二批 5 月中、下旬生产栽培袋，8 月上、中旬即可下地催耳，11 月上旬出耳结束，正常的发菌期为 45～50 天，养菌期为 10～15 天，催芽期为 7～10 天，采耳期为 45～60 天。

2. 拌料的注意事项

拌料要均匀，控制好含水量，不可低于 60%，不可高于 65%。含水量低不利于菌丝生长，含水量高容易杂菌繁殖。拌完的料要闷 1 个小时后再装袋。当天拌的料要用完，避免料发酸。

3. 发菌培养时的注意事项

（1）培养室必须要求卫生，干燥，空气湿度不得大于 70%。

（2）培养室要避光。

（3）进袋前培养室要用甲醛、高锰酸钾进行熏蒸 24 小时。每米^3 空间用甲醛 10 毫升、高锰酸钾 5 克或用消毒剂熏蒸。

（4）对感染的杂菌袋要随时清除，以防杂菌传播。

4. 菌袋污染率高的原因

品种选择不当，菌种退化；环境卫生差，接种时消毒时间不够或发菌初期温度低；培养室湿度过大，培养温度高致使烧菌；高温期出耳浇水时使水分进入袋中，引起烧袋；栽培场地消毒不好，杂菌袋检查去除不当；袋料含水量高，酸碱度调整不当。

5. 催芽需注意事项

（1）注意通风，出耳基通风不好，湿度过大时，小耳片上可重新长出菌丝，影响生长，严重时耳片退化。

（2）耳片不宜培育过大，过大时耳片间易粘连以及造成分床掉芽现象。

（3）保证黑木耳质量，防止泥土溅到耳片上，可采用铺地膜的方法来解决。

6. 黑木耳常见病虫害防治

（1）黑木耳绿霉病。

【症状】菌袋、菌种瓶、周围及子实体受绿霉感染后，初期在培养料或子实体上长白色纤细的菌丝，几天之后，便可形成分生孢子，一旦分生孢子大量形成或成熟后，菌落变以绿色，粉状。

【防治】保持耳场周围环境的清洁卫生；耳场必须通风良好、排水便利；出耳后每三天喷1次1%石灰水，有良好的防霉作用；若绿霉菌发生在培养料表面，尚未深入料内时，用pH值10的石灰水擦洗患处，可控制绿霉菌的生长。

（2）烂耳（又名流耳）。

【症状】耳片成熟后，耳片变软，耳片甚至耳根自溶腐烂。

【防治】针对烂耳的原因加强栽培管理，注意通风换气，光照等；及时采收，耳片接近成熟或已经成熟立即采收。

（3）耳菌块防霉菌。

【产生原因】木耳菌块防霉菌污染是导致木耳菌块减产，影响产品质量的一个重要原因；栽培管理措施不当；培养基灭菌不彻底；菌种质量不纯，或木屑菌种多次代传，降低菌种生活力；塑料袋韧性差，在操作管理中被刺破；环境条件差，均能导致霉菌发生。青霉、木霉是木耳菌块上最常见的杂菌。

【防治措施】选用抗霉能力较强的菌株；选用新鲜原材料越夏；保持环境清洁，出菇期间，在采收第一批耳后，每3～5天在地面喷1次1%石灰水、或1%～2%煤皂溶液，0.1%多菌灵，或交叉使用，以控制杂菌生长。加强水分管理，要根据菌块水分散失情况和空气流量喷水。

（4）蓟马。

【为害症状】从幼虫开始为害木耳，侵入耳片后吮吸汁液，使耳片萎缩，严重时造成流耳。

【防治】用500～1 000倍乐果乳剂，1 000～1 500倍50%可湿性敌百虫药液等，尽量选用无残留生物农药制剂。

（5）伪步行虫。

【为害症状】成虫噬食耳片外层，幼虫为害耳片耳根，或钻入接种穴内噬食耳芽，被害的耳根不再结耳。入库的干耳回潮后，仍可受到为害。幼虫排粪量大，呈黑褐色线条状。成虫寿命长，白天藏匿在栽培场所的枯枝落叶中，夜间出来活动。

【防治措施】清除栽培场所的枯枝落叶，并喷洒200倍的敌敌畏药液，可杀灭潜伏的害虫。大量发生时，先摘除耳片，再用1 000～1 500倍的敌敌畏药液喷杀；也可用500～800倍的鱼藤精、500～800倍的除虫菊乳剂防除，还可用1 000～2 000倍的50%可湿性敌百虫药液浸段木。在芒种和处暑期间，每次拣耳之后，都可用上述药物喷洒1次。

第三节　平菇栽培技术

一、平菇的主要习性

平菇是较为广泛栽培间受到限制，而应用大棚栽培与其他瓜类、豆类等套作，互为

利用的食用菌之一，由于其露地栽培因温度等条件的影响，栽培时，给生产者带来了很好的经济效益，也是一种高效的经济模式。

一旦平菇孢子成熟后，就会从菌褶上弹射出来，在适宜的环境条件下孢子开始萌发、伸长、分枝，形成单核菌丝，当不同性别的单核菌丝结合，并同时进行锁状联合后，才能从营养生长进入生殖生长。子实体经不同的发育阶段成熟，最后又形成孢子，完成平菇的生活史。

平菇属木腐生菌类。平菇需要的氮源主要是蛋白质、氨基酸、尿素等。

平菇在0～3℃始形成孢子，但以12～18℃时形成最好。菌丝的生长适宜温度为24～27℃，高于35℃时，生长菌丝易老化，变黄；低于7℃，生长缓慢。菌丝抗寒能力较强，能耐－30℃的低温。

平菇耐湿能力较强，野生平菇在多雨、阴凉或相当潮湿的环境下发生。在菌丝生长阶段，要求培养料含水量在65%～70%，如果低于50%，菌丝生长很差。含水量过高，也会影响菌丝生长。子实体发育要求空气相对湿度为85%～90%，在55%时生长缓慢，40%～45%时小菇平缩；高于95%时菌盖易变色腐烂，也易感染杂菌。

平菇的菌丝在黑暗中能正常生长，有光可使菌丝生长速度减缓。子实体分化发育需要有一定的散射光，光照不足，原基数减少，菌盖小而苍白，畸形菇多。直射光强光下不能形成子实体。

平菇是好气性真菌，恢复菌丝和子实体生长都需要空气。

平菇对酸碱度的适应范围较广，pH值在3～10范围内都能正常生长发育。

二、平菇栽培技术

（一）培养料

平菇栽培的培养料主要有棉籽壳、锯木屑、秸秆三大类。

一是棉籽壳，主要配方有以下3种。

配方一：全部用棉籽壳和废棉。

配方二：在100千克棉籽壳或废棉中加过磷酸钙2千克，石膏3千克。

配方三：在100千克棉籽壳中加过磷酸钙2千克，石膏3千克，尿素1千克，蔗糖1千克。

棉籽壳和废棉以不含棉仁为好。最好用新鲜棉籽壳和废棉；轻度霉变的经烈日暴晒1～2天后再用；有少量害虫的，应在烈日下暴晒，喷1 000倍敌敌畏液杀死害虫后再用。

二是锯屑。锯屑和米糠是目前国际栽培平菇最广泛的培养料。锯屑以阔叶树为主。每100千克锯屑用02.%浓度的石灰水100千克浸泡12小时，捞干竹筐内，用清水冲洗至不浑浊，待水沥干，即可拌料。其配方为：锯屑98%、葡萄糖1%、尿素0.4%、碳酸钙0.4%、磷酸二氢钾0.1%、硫酸镁0.05%、高锰酸钾0.05%；或锯屑5千克、尿素20克、磷肥100克、石膏150克。在锯屑培养基内添加0.4%～0.8%酒石酸、0.2%硫酸铵代替米糠，可增产25%，早出菇7～10天，还解决了生料栽培的污染问题。

三是秸秆。各种农作物秸秆也常用来栽培平菇，先把秸秆碾为糖状，每百千克秸秆糠加过磷酸钙1～2千克，尿素0.2千克。如用玉米秆或玉米芯，配料前用铡刀将其切成豌豆大小的颗粒。其配方为玉米秸或玉米芯40%～50%，锯屑10%，余下为秸秆糠。

平菇栽培的方式很多，这里主要介绍平菇室内栽培技术和稻田套种平菇栽培技术及菜地间作平菇栽培技术。

（二）平菇室内栽培

1. 菇房设置

大棚选择坐北朝南，靠近水源的地方。棚顶盖薄膜和遮阳网遮光。

床架可用竹木和三角铁制作，要求紧硬整齐，操作方便，架底层距地面16厘米，层距60厘米，最上层以室内放得下为准，床架一般4～5层，架宽60～100厘米。订架南北排列，架距墙四周60厘米，床架之间60厘米。播种前在每层床加铺竹竿，每根相距1.5厘米。

2. 菇房消毒

先将菇房密封好，然后点燃硫黄熏蒸，1米^{3}约使用15克硫黄，此法最简单。

3. 调料进料

棉籽壳（废棉）调料，把棉籽壳放在水泥地上，清水浸匀，闷2～3小时，料水比例以1：（1.2～1.4）为宜，气温高水可多些，气温低水宜少些；露地上栽培水可多些，薄膜上栽培水宜少些。先将过磷酸钙、石膏等溶于水中与棉子壳拌匀，再在培养料中加0.15%～0.2%的多菌灵，或0.1%敌菌特，防止杂菌感染。一般以手握棉籽壳见珠而又不滴下为度。其他种类的培养料也相同。一般每平方米用料17.5～20千克。进房前可在床上铺一层膜，膜要用0.1%高锰酸钾浸洗。进料先铺上层床，再铺下层床。每层铺培养料厚10～13厘米，天暖薄些，天冷厚些。床面必须平整，中部稍高，成龟背形，以利排水。

稻草油菜壳培养料：先将稻草切成6～10厘米长，用0.5%石灰水浸泡12小时，然后用清水冲洗，直至其中沥下的水的pH值为7.5左右为止。一般每平方米用料10千克。选无霉变的油菜壳，也同处理稻草一样，用石灰水浸泡，清水冲洗。一般每平方米用料15千克。

4. 播种

培养料进房后立即播种（经过发酵的培养料必须等料温降至25℃以下可播种）。播种期在春季2～3月，宜早不宜迟，采用中温型和高温型种；秋季9～10月，宜迟不宜早，采用低温种。在平均气温20℃以下播种是平菇高产的关键措施之一。

播种常用层播法，一般分为2～3层，即铺一层料，播一层种，最上层用大块菌种穴播，剩下的细碎菌种撒播。层播用菌种封面，用种量多，发菌快，杂菌不易感染。一般每5千克培养料，用2瓶（750毫升）菌种。播种后，立即用消过毒的薄膜覆盖，保温保湿，防止杂菌感染，以利发菌。

5. 出菇前管理

定植期：播种后温度控制在20℃以上，最适温度24～27℃，一般24小时后开始萌发，长出白色菌丝，从这时开始，要求遮光培养。3天后料温如超过20℃，应尽快降温，揭开薄膜多通风。如有杂菌，在床面撒石灰，改变pH值，消除杂菌。

伸展期，播种后5～10天，床面可能出现点状木霉，可在污染部位撒石灰粉加以防治。15～20天左右，开始注意床面通风换气，每天1～2次，每次5～10分钟。但不可在料面洒水。

巩固期：播种后25～30天，这时需揭去旧报纸，薄膜抬高33厘米左右，室温保持18℃左右，空气相对湿度提高到80%左右，防止阳光直射和床面干燥。

分化期：播种30天，此时要求通风良好，有充足的散射光，昼夜温差最好在10℃以上。经3天左右，菇蕾形成。

6. 出菇后管理

原基形成期：此期管理关键是温差，低温型品种要控制在10～15℃，中温型品种控制在20℃左右，空气相对湿度为80%～90%。

桑葚期：此期不能浇水，在温度适宜条件下约可维持2～3天。

珊瑚期：必须加强通风换气，温度控制在7～8℃，空气相对湿度85%～95%为宜。

伸长期：此期可根据培养料和空气相对湿度进行喷水，每天喷2～3次，以培养料不积水为宜，温度控制在7～18℃，空气相对湿度为90%～95%，并保持空气新鲜。

成熟期：当菌盖直径达8厘米左右，颜色由深变浅时就可采收。每批菇采后，要将床面残菇碎片清扫干净，除去老根，然后根据培养料的干湿调好水分，重新盖上薄膜，第二批菇蕾又会形成。在第二批菇采收后，应适当给培养料补充养分。

营养液的配制方法很多，100千克加糖1千克，味精0.1千克，B族维生素1100片，制成混合液；在每次采菇后3～4天喷施，喷量为每次每平方米0.2千克。由于换茬，基质的pH值自然下降，影响菌丝的恢复能力，可喷洒2%石灰水，使培养料成中性。

（三）稻田套种平菇栽培

棉籽壳按常规配料拌好后，装于聚乙烯塑料袋中，进行来菌接种（菌种采用佛罗里达或高温型侧5、HP－1号）。菌丝发满袋的时间应控制在水稻分蘖末期。在套种以前首先进行晒田，保持稻田的菌袋划口套入大田中。套放的方式有立式、横式，即将菌袋站立或横放在株间，每放两行，留一行不放，以便管理。一般每1 000米^{2}可套栽12 000袋左右。

菌袋套种后，水稻处于分蘖末期，田间光照呈七分阴三分阳的状况，湿度又高，很适宜子实体的生长。套袋后田泥保持干干湿湿，湿而不烂，通风透光，一般划袋套种10多天即可采收。

采收第一批菇后，如水稻发现病虫害，先将所有菌袋翻个身进行水稻病虫害防治，喷药2天后，再划袋出菇，按上述管理直至采收完毕。

（四）菜地间作平菇栽培

为遮阳保湿，宜选用长年期长，叶片密的长蔓型蔬菜作物，如扁豆、菜豆及瓜类和西红柿。

在畦床两边各种菜一行，茹床畦宽0.8深20～30厘米，菜畦（埂）1～1.2米，高0.2～0.3米，畦面要平整，菜畦两边高中间低。菜按种植季节适时下种，也可大棚育苗，适时移栽。

菜的种植下管理按一般菜田进行。用蔓叶作为菇床的遮阳保湿物。

采用菌砖栽培，撒播菌种，菌砖长 0.7 米，宽 0.4 米，厚 0.15 米，每块播菌种 1 瓶。

播种后盖膜，菌床上再搭小拱棚，棚上盖草帘，以利保温保湿。播后 20～30 天，菌丝就可长满整个菌块。这时畦内温度应控制在 25～30℃，料温达 30℃以上时，应及时通风降温。菌丝长满料层后，揭开料面薄膜，加盖 1～2 厘米湿土。出菇前应保持土面湿润，调节温差，以利出菇。出菇后，洒水保湿，以利菇的生长。

春季种植，4 月中旬出菇，采收 3～4 茬，5 月底至 6 月上旬结束；秋季栽培，9 月下旬到 10 月上旬出菇，采收 4～6 茬，11 月下旬到 12 月上旬结束。

第四节　香菇栽培技术

香菇营养营养丰富，含有多种维生素以及钙、铁、磷等，被誉为“蘑菇皇后”，是世界最著名的食用菌之一。

香菇生长发育，大体要经过孢子、菌丝体、子实体 3 个阶段。完成一个生活周期，在自然条件下，需 8～12 个月，在人工控制的条件下，如木屑栽培，可缩短至 4～8 个月。香菇菌丝阶段在 5～32℃均可生长，但 24～26℃生长最快，5℃以下和 32℃以上菌丝生长受到抑制，超过 42℃时很快死亡，－5℃可维持 3 个月，－10℃可维持 10 天，0℃可生存 3 年之久。子实体生长适温因品种而异，一般以 10～25℃较适宜，以 15℃左右为好，昼夜温差 10℃以上最好。菌丝生长时期菇棒含水量一般在 50%～70%，空气相对湿度 85%～95% 为好。

香菇是一种好气性真菌，适当通风换气，有利香菇正常生长。同时，香菇又是一种好光性真菌，菌丝在黑暗条件下正常生长，但子实体却不能发生，只有在适度光照下，子实体才能顺利地生长发育。

香菇的菌丝体在 pH 值 2.5～7.5 的范围内都可以生长，低于 2.6 或高于 7.5，菌丝不能生长发育。在栽培场中的菇棒和新木屑米糠培养基中，大都是微酸性的，一般不需调好，但采用人工合成培养基时，要注意把 pH 值调到 5～6 为好。

目前，我国栽培香菇的方法很多，这里只介绍香菇的段木栽培，反季节覆土栽培和代料塑料袋栽培。

一、香菇段木栽培技术

1. 菇场与菇木的准备

菇场应设置两处，一是适合香菇菌丝定植、生长、发育的场地（发菌场），二是满足出菇期间的环境条件的场地（出菇场）。发菌场选资源集中、堆积、运输排放、管理方便，又近水源的地方。选择山腰向阳处，上有遮阴树，冬春“七阳三阴”，夏秋“七阴三阳”的地方。房前屋后作菇场的可在树林之中、竹林之中环境清洁、空气流通、无日光直射的地方。出菇场尽量选用山脚、避风、有常绿树遮阴或搭阴棚的近水源的地方。

菇木准备：菇木有麻栎、泡栎、青枫和丝栗等杂木。砍树时间应在冬季落叶期间到春季发芽前。含水量高的枫树要提前砍倒，待树自然蒸发2个月后再下种，含水量低的栲树，砍后自然蒸发半个月即可下种。迟砍的树木应将树梢朝下倒立。

原木一般干燥15天左右即可。原木干燥后截断即成菇木，并同时去枝。一般长1米，并用0.5%波尔多液消毒伤口和断面，按大小分级，以备接种。

2. 人工接种

接种时间：长江以南地区从2月下旬至4月上旬；长江以北为3月中旬至4月下旬。一般在菇树断后15天后，在打洞时不出水，树心出现短的裂痕时即可接种。

菌种有木屑菌种、枝条菌种和楔形菌种3种，目前大部分段木栽培均选用木屑菌种。接种量一般每米^{3}段木需菌种8瓶。

接种用电钻或打孔器在菇木接种点打孔，孔穴直径为1～1.2厘米，深入木质部1厘米以上，孔行株距为30.0厘米×6.0厘米，交叉成梅花形。打穴后应尽快接种，一般是边打孔边接种。若是木屑菌种，应尽量保持块状，轻轻填入接种穴，以八成满为准。菌种要随挖随接、挖出来的菌种最好当天用完，不宜放置过夜。接种完毕后，应将事先打好的树皮盖上，并打紧拉平，种盖和菇木必须是同一树种，厚4～5毫米。盖树皮一定要封紧，最好再用蜡封好（封蜡配方：石蜡70%，猪油10%，松香20%）。

3. 发菌

发菌场要清扫干净，并用针叶树杈、叶垫底，高10～15厘米。

菇木堆放有以下3种形式。

一是覆瓦式。适用于干燥的平地或斜坡上的菇场。在两根木桩上横放一粗菇木做枕木，在枕木上放一排菇木，在这排菇木上又放1条菇木做枕木，再放一排菇木，上下排放菇木要错开。如此反复排放。

二是蜈蚣式：此法适合于通风不良的湿地或倾斜度大的山地。打下一根有杈的木桩，然后将1根菇木的一端放在杈上，将另一根菇木与其交叉堆放，由坡下而坡上，如此交互堆放。此法占地多，不易堆平稳。

三是井字形：此法宜平地堆积，在高温多湿，易生杂菌和害虫的菇场，可用此法。下面用石头或大的枕木垫起，以便通风，防止白蚁为害。然后在其上堆放菇木，一层横放，一层纵放，共放4～6层，每层4～6根，菇木间距10厘米以上。为使上下层内外温湿度一致，每两个月要上下内外调换一次。这种堆放方法占地小。

菇木堆放后，在没有人工或自然荫棚的条件下，堆垛上应盖树枝、竹枝保温保温。如用薄膜覆盖，堆脚不能封死，应留20～30厘米。

菇木管理主要做好以下保温、保温和翻堆工作。

一是保温：菌丝生长最适温度为24～26℃。2月底前接种的必须盖薄膜或针叶树枝保温，但不能长期密封，以免发生霉菌。每隔3～5天，选在晴天中午掀开两侧通风，发现青霉，可冲洗后晒干再入堆。但应注意不能在菇木上直接盖杉枝、茅草之类的遮阴材料。4月底5月上旬开始，气温上升，菇木上如盖薄膜保温的，应改用遮阳网，尤其是6月、7月、8月3个月。

二是保温：6～9月气温高，3天之内必须淋水一次，但注意的是只能在早晚进行，淋水要等中浊水分干后再进行。

三是翻堆：接种后每隔1～2个月进行一次翻堆，高温期隔15～20天进行一次。翻堆是将菇木上下左右互相调换一次，做到换头又换尾。

4. 立木产菇

一般初春接种的，经过春、夏、秋3季，8～9个月菌丝体基本发育成熟。而在寒冷地区，需经两个夏天。

菇木成熟的标准是：树皮紧贴，用刀背或手指敲打时发出浊间，树皮粗糙不平或有瘤状突起，皮下呈黄色或黄褐色，且有香菇香味，有时并有少量香菇发生。这时应将菇木移入出菇场，把菇木架起来，称为“立木”。立木产菇期，应主要进行以下管理。

一是立木：立木应在常绿或人为荫棚内，三分阳七分阴的避风处。先栽好木杈，再架一横木，横木距地面60～65厘米，然后将菇木以“人字形”交错排放，间距为10厘米左右。

二是水分管理：菇木经堆放后，含水量一般比接种时少20%，因此，在立木前，要先补足水分，后行立木。一般采用轻喷勤喷的方法，每天少量多次喷洒。也可将菇木在静水中浸泡8～12小时后再行立木。若此时遇低温10℃以下，必须保温（22℃）、保湿（85%）以上进行催蕾，待菇蕾大量长至黄豆大小时，才散堆立木。出菇期间，每天傍晚用水喷洒0.5～1小时，斜喷到树木的枝叶上，让它慢慢落下，以保出菇场湿度，有利于出菇。

三是保湿、防冻：立春到清明，注意做好菇场四周的排水工作，并将菇木排列距离适当加宽，以利通风去湿。若长期下雨，也可搭棚遮盖，防止菇木过湿。一般在清明以后，便很少出菇了。采菇结束后，应将菇木照原样堆放起来，堆顶仍要覆盖，但不必翻动，主菌丝继续生长，以供下一个产菇年使用。

二、香菇反季节覆土栽培

香菇反季节覆土栽培，长出的香菇菇质鲜嫩，菇盖丰厚，品质更优，在市场上竞争力强，比传统的香菇栽培法可提高经济效益达30%以上。

1. 栽培季节

反季节香菇覆土栽培一般于11月制种栽培，12月下旬至翌年3月下旬制菌筒。

2. 菌种选择

菌种应选中温型或中温偏高的，如Cr－04、Cr－20、Cr－087和L－26等，期出菇温度范围大，出菇早，产量高，抗逆性强，出口商品等级率高。

3. 配方

配方较多，介绍其一。干杂木屑75.5%、麦皮17%、玉米粉4.5%、糖1%、石膏1.5%、硫酸镁0.1%、磷酸二氢钾0.2%、活性炭0.1%、B族维生素2 100片，含水量在60%～65%、pH值4.4～5.3。

4. 装袋来菌

选用厚度为0.55毫米的低压聚乙烯筒膜（宽15厘米）截成60厘米长做袋。装袋时要求装袋紧实，轻拿轻放，扎紧袋口。菌袋上灶来菌时，灶温应在4小时内达

100℃，保持 12 小时。灭菌结束后，将菌袋搬出，排放在经消毒后的清洁、干燥通风处冷却。

5. 接种

菌袋冷却至 28℃时可接种。接种时须选用纱布蘸 75% 酒精擦洗菌袋表面，用直径 1.6～2.0 厘米的打孔器在袋的一面打孔 5 个，再用接种器摄取成块菌种，过酒精灯火后，接入孔内（尽量堆满），随即封好胶布。整个操作过程要求认真、迅速，在接种箱内接种时每箱 80 袋，接种时间控制在 1 小时内完成。

6. 菌丝培养

要求在清洁、干燥、通气良好、光线暗淡的培养室内进行。菌袋按“井”字排列堆放，堆高在 9 袋左右。12 月至次年 2 月下旬接种，应适当加温到 22℃左右，使菌丝尽快蔓延。

接种后 10～15 天进行翻堆检查，发现杂菌感染应及时拣出。再过 5～10 天进行第二次翻堆，并把胶布拉起一角，将接种口朝一侧叠放，放时袋温通常比室温高 3～5℃，应注意控制袋温，超过 30℃的时间不能过 1 小时。若袋温降不下，应分室培养。总之，菌丝培养要做到勤翻堆，勤检查，防止烧菌，及时处理杂菌，以防污染菌袋。

7. 菇棚选址与搭建

选择地势平坦，通风良好，光照时间短、昼夜温差大的田块搭建菇棚。主柱高度 2.0～2.2 米，上钉支架，用芦苇、茅草等盖在支架上，棚四周用芦苇或杉树皮围实，也可利用大棚遮阳网覆盖。

8. 菇床整畦与土壤消毒

按南北走向整畦，宽 1.1～1.2 米，长度不定。留 0.5 米的畦沟作操作用。畦面铺石灰、沙。整个棚的土壤用 80% 的敌敌畏乳油 800 倍液、高锰酸钾 800 倍液混合喷施一次，然后闭棚 3 天。并每 1 000米^2 用 225 千克石灰粉散施在畦面上。进行消毒杀虫。

9. 脱袋与转包

菌袋接种后经 60～70 天的室内培养，菌丝开始进行生长。此进菌袋应搬到已消毒的畦床炼菌 7～9 天，然后在气温 20℃左右时及时脱袋。脱袋后应盖膜密闭 4～7 天，使菌筒适应室外环境。若膜内温度超过 25℃时，可酌情掀膜通风降温。

10. 覆土与出菇管理

菌筒转色后，将菌筒一筒紧挨一筒平卧畦面上，然后用土质疏松、无板结、无杂菌、无虫卵、保温性好的风化土或火地灰填满菌间的缝隙，盖上塑料薄膜。

覆土 3 天内，菇棚内温度在 20℃左右，则不需掀膜；若超过 25℃时，须掀膜降温或中午用水喷雾（喷头朝上）。经过 20 天左右，可现菇蕾。

菇蕾出现后，应加强通风，每天喷水，保持土壤湿润。若气温高于 28℃，可白天畦沟灌水，夜间排水。雨天须盖严薄膜防雨。

第一批菇采收后，应停止喷水 4 天，盖严膜保温，以利菌丝恢复生长。7～9 天后，再进行温差刺激，干湿交替管理和对光照、通风等因素进行常规调控，并可用生长调节剂和营养液喷施菌盖，促 2～4 批菇生长，以获得较高产量。

三、香菇代料塑料袋栽培

此种方法是目前值得推广的一种栽培方法，其培养料基本上是废物利用。

（一）培养料的选择与配制

培养料不论是主料，还是辅料，都应该是新鲜的、没有霉变的、晒干贮存好的。

1. 合理配料

培养料的合理配比是从合理的营养成分和炭氮比是否适于香菇丝生长、子实体发育等来考虑。经不断实践与总结，有如下几种配方供参考。

配方一：杂木屑100千克，麸皮25千克，细米糠25千克，棉籽壳30千克，石膏粉2千克，过磷酸钙0.8千克，B族维生素14片，加水100~200千克。如果接种时遇到28℃高温时，可添加0.1%多菌灵。

配方二：棉籽壳78%，麸皮或米糠20%，糖1%，石膏粉1%，水120%~140%。

配方三：玉米芯60%，木屑20%，麸皮或米糠17%，糖1.5%，石膏粉1%，蛋白质0.3%，尿素0.2%，水120%~140%。由于玉米芯营养丰富，注意在收获季节保存，粉碎后保管好，晒干以防霉变。

配方四：油菜籽壳78%，麸皮20%，石膏粉1%，糖1%，水120%~140%。

2. 配制方法

要求配制好的培养料在2~4小时内，全部装完袋（瓶），以防过夜酸化腐败。要根据消毒杀菌能力（来菌器的容量大小）大小来计算培养料的配制量，一般以1次能装满消毒杀菌为度。拌料要求均匀，采用搅拦机械，先将木屑或其他主料放入机械内，然后在一定水中加糠、石膏粉等其他营养成分，再缓缓倒入搅拌机中，边搅拌边加入，最后加入全量的水，并调节pH值5.5~6.5。人工搅拌先将主料及部分辅料混合搅拌均匀后，然后再加入糠、尿素等水溶液，继续搅拌均匀后，加入全量的水，再拌匀并调节pH值5.5~6.5，掌握好培养料的水。

如果采用常温常压灭菌，可用低温聚乙烯袋装料，采用高压灭菌则用聚丙烯塑料袋装料。人工接袋要求袋料偏紧，每袋尽量多装一些，松紧要求一致，不留空隙，以便控制菌丝的生长速度，促使菌丝生长粗壮，减少养分消耗。机械装料时都要防止塑料袋漏洞、穿孔或扎口破碎等，以防杂菌污染。

（二）接种方法

常用的接种方法有贴胶布打孔接种法、薄膜胶水涂贴接种法和木钉（竹片）菌种接种法等3种。由于木钉菌种接种法主要优点是成本低廉，操作简便，缩减工序，提高工效，这里就木钉菌种接种法做介绍。

先制1根长15厘米，直径2厘米锥形木棒，和2厘米长，直径2厘米的圆形的木钉若干，按每袋料准备4~6个。事先将木棒和木钉纸包好，置于消毒器中同时和培养料一起消毒灭菌，一起搬入接种室内进行紫外线灯灭菌。在无菌操作条件下，每袋料在接种前，接种部位均用75%酒精棉球涂抹塑料薄膜表面，以达到揩擦消毒目的。再用木棒尖打入接种部位约2厘米深处，接种木屑香菇菌种，然后将消毒过的木钉（竹片）直接打入袋料中，然后留在袋外0.2厘米左右，如同一顶帽子盖住菌种，免去了贴胶布工序。这样透气性好，菌丝吃料快。

接种香菇菌种时，物品困保持菌溃的相对完整性，菌种太碎易引起菌丝断裂而不能萌发，失去生命力。

（三）菌种袋培养

接种后的菌料袋先在浓石灰水中浸一下拿出来培养，以防料袋某些小孔眼或裂缝造成污染。香菇菌袋培养室要尽量做到干净、无菌、无虫害。新菇房除打扫干净外，墙壁四周和地板喷刷一层浓石灰水，门口门里撒一层石灰粉，床架也要用石灰水粉刷一次。旧菇房则要求对四周墙壁、地板加水喷湿，并加湿处理，造成高湿条件，这样可诱导附着在周围的杂菌孢子、厚垣孢子等萌发成菌丝体，害虫也能从休眠中苏醒活动，然后用灭菌剂熏蒸，杀虫剂喷洒。

菌袋排放发菌不能重叠太多，在没有床架的情况下（以有床架为好），可以“井”字形排列 8～12 层，约 1 米高，利于发菌期间生物热能的散发，防止料温过高。这期间不能压着接种穴，以免影响透气和菌丝的萌发。发菌头 5 天内不得搬动或翻动料袋，以免影响菌丝体的吃料和萌发。

1. 发菌阶段管理

当菌料袋接种第六天，可将菌种穴木钉分次取出，以利透气，促使菌丝加速生长。

（1）菌袋温度控制：菌袋温度控制在适当的范围内，有利于产生优质菇。香菇菌生长最适温度为 24～26℃。最低温度为 5℃。最高温度为 35℃，料温比室温高 3～5℃。为了产生优质菌丝体，在菌丝生长阶段最好料温控制在 24～26℃。

（2）变温培养：在自然条件下变温培养能达到菌丝抗逆能力增强，并得到优质香菇子实体。自然变温培养适用于南方。

（3）注意通风降温：南方秋初或北方高温季节生产香菇，当培养料接种菌种后，呼吸作用增强，易产生生物热能，此时需将培养室温度控制在比一般室温低 3～5℃，特别要注意前期控制好料温。因此，可根据室温和料温情况，每天开窗通风 1～2 次，结合疏袋工作，减少叠袋层次，达到降温目的。在搬动中注意轻拿轻放，以防料袋破损。

（4）发菌后期管理：当菌丝长满料袋后，必须把温度上升到 27～30℃，这样可以加速对木质素的分解，确保菌丝积累充足的养分，以促进菌丝的生理成熟。

当菌料袋培养 5～7 天后，要上、下、左、右翻堆一次，以后隔几天翻动一次，使料温趋于一致，受光均匀，同时检查污染情况。开始发现有个别袋有污染时，可采有 75% 酒精加 40% 甲醛，注射于污染和培养料交界处，可控制杂菌继续蔓延，后期发现污染，要及时将污染袋销毁。

2. 菌丝成熟阶段管理

香菇菌丝长满袋后不能立即出菇，只有让菌丝体继续分解培养料中的木质素等营养成分，使菌丝达到生理成熟，才具备产生优质香菇子实体的先决条件。当菌丝长满袋后，可将室温升高 2～3℃，有利于菌丝体的生理成熟。生理成熟时间长短，除环境条件外，也因品种不同而异。早熟种一般从接种到收获约需 60 天，中熟种需 80～100 天。成熟的主要标志是袋壁四周菌丝体膨胀、皱褶、隆起的瘤状物和松软感，在接种穴周围出现微棕褐色等症状，则表明已达到生理成熟，菌丝体则由营养生长转入生殖生长阶段。这时可以将菌料袋移到出菇场所脱袋转色出菇。

3. 菌料袋脱袋与转色

香菇料袋达到生理成熟后，可以排场出菇。先脱出塑料袋，可用双面刀片或锋利小刀，将塑料膜轻轻划破后，小心揭去薄膜，准备场或排架。

(1) 畦架安排和料袋排放：菇场安排在室外，畦宽要注意能排放5~8个菌料袋，每袋间有2~3厘米间隙，长度可因地制宜，因菌袋数量而定，以便于管理为原则。若菇场安排在室内，要求架间距2~3厘米。排畦或排架时与料袋夹角成70°~80°为宜。放置好后，要防止失水太多，每排完一畦或一架必须用干净的塑料膜立即罩起来。如采用地下室出菇，考虑到其保温性能较好，可以免去每畦罩上塑料膜。

(2) 菌袋转色管理：香菇转色因品种对环境条件的不同而异，转色最理想的温度为18~24℃，因此，转色期一定要控制好温度。转色要有充分的散射光，较理想的光照强度是100勒克斯，完全黑暗不能转色。转色期的空气相对湿度以80%~90%为宜。

菌料筒脱袋后3~5天内，尤其是遇到25℃高温，应立即罩上塑料膜；5~6天后菌筒上长出一层浓白色菌丝时，可以加大菌筒表面的湿度，增加翻动菌筒次数，多揭几次塑料膜，以增加菌筒与空气、光线接触的机会，使绒毛状菌丝倒伏并分泌色素，这时菌筒表面形成一层薄薄的棕红色具有光泽的菌膜。在转色过程中，会出现棕色积水，这是快出现子实体的象征，要立起菌块让其出菇，并主动让积水流出，当棕色积水太多时，要加强通风透气，或用干净的棉布或脱脂棉擦干积水，以防污染。

(四) 出菇管理

香菇是典型的变温结实性食用菌，当香菇菌丝体达到生殖生长期，菌丝体扭结成无结构的菌丝块团并受到低温刺激时，将发生剧烈的生理变化，分化出盖、菇柄、菌褶而形成子实体。

1. 秋菇管理

当香菇脱袋20天左右，这时菇床上白天要盖好塑料膜，减少通风换气，以增加畦床上的温度和湿度，再在每天早晨揭膜1~2小时，使菇床温度猛烈下降，人为制造温差，连续3~4天，可以促使原基形成子实体。当转色后遇环境条件，可以在晚上降温时揭膜结合喷水降温，白天盖好不通风，这样，也可顺利形成子实体；在转色后遇到15℃以下的低温时，可以利用太阳能提高温度的办法。台在南方可掀去遮阳物，以增加太阳照射，使畦内温度达到15℃以上，促使原基形成而分化为菇体。

第一批菇收获后，下一步是如何提高第二批菇的产量与质量。先清除筒上的老根，清扫菇场上的残留物，经过6~7天后，老根部位已开始发白，说明菌丝已恢复生长。这时白天可以加温度，并及时盖上塑料膜促暖，晚上揭膜，人为制造温差，使第二批菇蕾迅速形成，并在长到2厘米时可以喷水，再和以上的同样管理，直到子实体采收为止。

2. 春菇管理

春季是室外袋料栽培香菇的发生盛期，其产量占总产量的70%。秋初接种的香菇，经秋冬两个季节的出菇，袋料内部的含水量大大减少，一般含水量由原来的60%减少到30%，应及时补充失去的水分，这是春菇能否发生和增产的关键。

香菇菌筒根据不同的出菇情况和水分损失多少，决定菌筒是否要浸泡补充水分。浸水前，事先在菌筒两头用3号铁丝打6~15厘米深的洞，以利吸水。然后顺序排放干净水沟内，上面用石头等重物压紧后，才能往沟中放水，水要浸没菌料筒。浸水时间要看菌筒含水量而定，一般掌握在8~12小时内，使其含水量提高到60%为止。菌筒售水量大小可由手感决定，也可以在出菇前称重，出菇失水后再称重，然后计算含水量，按含水量大小决定铁丝打洞的深浅。这样处理后再浸水达到原先出菇前的含水量即或。

浸水后将菌料排于菇架上，盖好塑料膜，每天通风1~2次，每次1~2小时。这样，直到子实体形成后，就按第一批菇的管理方法管理。

3. 菌筒后期管理

露地栽培一旦下雨要及时盖好菇场。秋季出菇和春季出菇有区别，秋季气温由高到低，后期应以采取措施保暖防低温为主；春季温度由低到高，后期必须采取措施以降温为主，如加厚覆盖物，利用清晨或夜间通风，通风时间不能太长，并采取措施，使之安全越夏。

室内菇房如遇上7~8月高温，相对湿度大，菇房内空气流通小，正是霉菌大量繁殖的时期，加上菌块内长期保持一定含水量，菌丝呼吸困难。采取如下措施可以补救，即第一批菇收获后，揭去塑料膜，让菌块自然干燥，恢复菌丝生长，积累养分，在8~9天后使菌料筒内含水量达到40%以上。此时菌根外菌丝恢复生长，并且浓白，再过5~7天浓白的菌丝变成棕红色，待高温高湿的条件过去后，才开始浸水催菇。如果菇根外菌生长不浓白，说明菌料筒含水量不足，菌丝不能恢复生长，可以适当喷水，让菌丝生长浓白为止，然后浸水催菇。

菌筒每次出菇后可以浸水催菇，1个生产周期可浸泡4~5次水，每次浸水后出菇一次，每次出菇后菌筒内养分消耗很多，菌筒变软，吸收水分能力增强。浸水时间长短，因出菇次数的增加而缩短，后期浸水时间可尽量短，以免泡坏菌料筒。

第五节　金针菇栽培技术

金针菇为比较著名的食用菌，营养价值很高，尤其是赖氨酸和精氨酸的含量特别丰富，这两种氨基酸能促进儿童身体健康成长和智力的发育，因此，金针菇在国外又被称之为“超级食品”和“增智菇”。它鲜美可口，烹调后具有黏、滑、脆、嫩的特点，既可烧、炒，也可凉拌，炒食清脆可口，凉拌质地脆嫩爽口，作汤风味尤其佳。

金针菇是一种木质腐生菌，完全依赖分解吸收木材内的营养为主。

金针菇是低温型菌类，在各个生长发育阶段所要求的温度，均比一般栽培的菌类低。金针菇的孢子在15~25℃时大量形成，并容易萌发成菌丝。菌丝在3~34℃的范围内均可生长，最适温度为23℃左右；菌丝耐低温的能力很强，3℃以下也能缓慢生长，对高温的抵抗力较弱，34℃时菌丝就会停止生长。子实体形成的温度范围是5~20℃。原基形成的最适温度为12~15℃，在14~16℃时子实体形成最快，形成的数量也多，但细小；9~10℃时，子实体分化慢，但较粗壮。

金针菇为喜湿性菌类，耐干旱能力较弱，配制培养基时适宜的含水量为70%左右，金针菇在空气相对湿度80%～95%均能分化菇蕾。

金针菇在菌丝生长阶段对氧气的要求不严，但在子实体形成阶段则需要一定的氧气。

金针菇属厌光性菌类，在菌丝生长阶段不需要光线，在无光条件下能正常生长。但光线是子实体形成所必需的，光线对原基的发生有促进作用。

金针菇生长需要弱酸性培养基，在pH值3～8.4的范围内菌丝均可生长，最适pH值为4～7。子实体生长时培养基的pH值以5～6为宜，在金针菇生产中一般采用自然的pH值6天左右，不必另作调整。

栽培金针菇的原料，目前主要有棉籽壳、木屑、甘蔗渣（但需粉碎后才能使用）、桑枝（也需粉碎）及稻草。

栽培金针菇目前主要有瓶栽、袋栽和生料床栽3种，现介绍袋料和生料床栽技术。

（一）金针菇袋栽技术

采用塑料袋栽培金针菇，可以简化栽培工艺，利用袋子的上半部分作为套袋，省去瓶栽时套袋操作。袋栽出菇面大，菇多，产量高，周期短，成本低，管理也较方便。品种宜选用杂交19号和C8。

1. 配方选择

配方有很多种，以主要原料为主，分别介绍1～2个配方。各地可因地制宜、就地取材进行选用。

棉籽壳培养料如下。

配方一：棉籽壳78%，米糠或麸皮20%，糖1%，石膏粉1%。

配访二：棉籽壳95%，玉米粉3%，糠1%，石膏粉1%。

配方三：棉籽壳97%，尿素0.5%，过磷酸钙0.1%，糖1%，石膏粉1.4%。

用松木屑作培养料，必须进行预处理，一般采用浸泡法。将松木屑放入5%石灰水中浸泡18～20小时，待脱脂软化后，用清水洗至中性沥干备用。

配方一：木屑73%，米糠25%，糖1%，石膏粉1%。

配方二：松木屑88%，麸皮10%，糖1%，石膏粉1%。

秸秆培养料，目前主要使用稻草和麦秸。在配料时都必须粉碎或切成2～3厘米长，置于清水或1%石灰水浸泡6小时，然后用清水淋洗，沥干备用。

配方一：稻草73%，麸皮25%，糖1%，石膏粉1%。

配方二：麦秸73%，麸皮25%，糖1%，石膏粉1%。

混合培养料，采用两种以上的原料混合配制而成。

配方一：棉籽壳39%，木屑39%，米糠或麸皮20%，糖1%，石膏粉或过磷酸钙1%。

配方二：谷壳30%，木屑43%，米糠25%，糖1%，石膏粉1%。

配方三：棉籽壳38%，木屑20%，稻草粉20%，麸皮20%，糖1%，石膏粉1%。

2. 装料

先将少量的培养料装入袋中，用食指把袋的两个角压入袋内，并压紧培养料使之能直立站稳，然后再继续装料入袋，并用手掌压料至实。一般每袋装400～500克培养料，袋上部留有18厘米左右空间。多数采用折叠袋口，用橡皮圈进行封口。

3. 灭菌

采用高压灭菌时，在0.12光帕下应维持3～4小时，待压力自动下降，温度降至40℃时取出冷却。采用常压灭菌时，要求恒温100℃维持10小时，并再闷一夜。灭菌时塑料袋均应直立排放。高压灭菌时，排气不应太急，最好自然降压。

4. 接种

将冷却至25℃的经过灭菌处理的料袋放入接种箱内，消毒同前所述。接种时，原种和袋口不能远离酒精灯，但不能过近以免烧熔袋子。接种量以布满袋子料面为好，这样发菌点多，料面菌龄一致。在无菌室大批量接种时，应加强大环境的消毒工作，可采用过氧乙酸进行消毒处理。接种时最好两人配合，一人负责开袋扎袋，另一人负责摄菌接种，两人之间点燃酒精灯，形成高温无菌火焰区，这样做，速度快，效果好。

5. 菌丝培养

接种后2～3天，菌丝开始萌发，40～50天菌丝可长满袋子。每隔10天左右，将栽培袋上成W位置对换，使发菌一致。这个阶段的管理是做好以下3方面的工作。

一是严控温度：整个发菌阶段，温度须控制在22℃左右，前期栽培袋不能堆放过高，一般3袋一层；后期气温到20℃以下时，栽培袋堆放应高一些，最好设架子堆放。

二是适当勇气：金针菇发菌阶段，适当通风还是必要的，尤其在室温高于22℃以上时，更应加强通风换气。

三是严格检查：接种后3～4天就应开始检查，若发现链孢霉污染，应立即用纸包袋，取出室外远离菇房的地方深埋或烧毁。

若发现毛霉、根霉可不作处理。若有绿霉、黄曲霉等杂菌发生，应取出。培养室在堆放塑料袋种前，除严格消毒外，还应做好灭鼠工作。

6. 菌袋排场

发好菌的菌袋应及时排场。水泥地出菇室排场方法，一般以10袋宽为宜，长度视场地而定，中间留0.8米的人行道。有床架的出菇室，床架可用竹片网架，上铺一层芦席，也可铺一层草帘，其上垫一层地膜，这样上层喷水就不会滴到下层的菌袋上。培养室保温要求袋口应对地膜覆盖，以防水分过分损失。

7. 出菇管理

袋栽种排场之后，将扎口拆除并撑起袋口，将上端空袋恢复成圆筒形。撑袋操作时要小心防止撕破袋子，若弄破了可用胶布贴牢。排场后即进行催蕾阶段的管理。撑袋后可以不搔菌，只要接种质量好，便可全面现蕾。

湿度是现蕾的必要条件，应该用喷雾器对着袋口补湿，但应避免补湿过多而积水。地面、床架面都应喷湿，使室内相对湿度达85%左右，袋口上盖薄膜，地膜四周下垂与边层菌袋外壁贴紧。

通风应结合补湿进行，避免开门窗大通风，每天掀膜振动数次即可。现蕾迟早与温度、湿度有关，快者6天以内，慢者10天左右。

8. 批间菇管理

第一批菇采收后，将塑料袋上端外翻向下，使袋口高出料面 5 厘米左右，并将残根死菇碎片清理干净，或进行搔菌处理。一般除去表面料层 0.3～0.5 厘米，使下层菌丝露出，接受新鲜空气。

料面处理后，用铁针扎孔（不要刺破袋底），一般每袋插 5 孔以上。上述操作要仔细，千万不能压挤袋料，否则菌丝体受损伤，而推迟现蕾时间。

插孔后，用0.5%尿素液灌入袋内，一般 100 克左右。灌水满出料面 2 厘米左右，数分钟后即可渗入料内，如果一次水量不够，则第二次补足。若数小时之后，料面仍有积水，应该倒掉。灌水后即可盖膜催蕾。每天掀膜数次，促进现蕾。现蕾后，幼菇长至 2～3 厘米时，撑起袋口进入长菇期。插孔灌水是袋栽金针菇夺取后潮菇产量的重要措施。

（二）金针菇生料床栽培技术

金针菇与平菇一样，也可进行生料床栽。生料床栽一般以霜降之后至春节前后进行。

1. 场地选择

菇场应选择清洁卫生，无杂菌，无虫害，无杂物，无污物，远离畜舍、厕所，且通风良好。

室内栽培，不论面积大小，都要有门窗，能通风。地面最好是水泥地面，如是泥地要彻底消毒灭虫。如有床架必须进行拆洗和消毒。若是室外阳畦或大棚栽培，场地选坐北向南，东西走向。

2. 菇床准备

坑深 30～35 厘米，宽 70～80 厘米，长度不限，一般以 6 米为宜。坑底略呈龟背形，坑壁内侧四周各留 5～8 厘米浅沟作出菇进水增湿之用。南北两边各留 60 厘米为操作人行道。人行道中央挖 5～10 厘米深、宽的三角形浅沟一条，以便下雨时排除弓棚的积水。东西两侧，挖排水沟各一条，宽 50 厘米，深 50 厘米，作为雨季排水之用。栽培场所用 2%敌敌畏和 5%石灰水喷洒，室内场所的门窗须进行遮光处理。如用人防工事栽培，在黑暗地方，一般 5 米左右装一盏 15 瓦灯泡即可。

菌床规格不宜过宽，以不超过 80 厘米为好，垫在培养料下的地膜最好是宽幅的，上端还必须能支高 30～50 厘米。

3. 栽培料配方

培养料一般以棉籽壳为主。原料要求新鲜或干燥，无霉变及虫害。对于隔夏的原料都应暴晒钉菌，剔除杂质。介绍以下 4 种配方供选择。

配方一：棉籽壳或玉米芯粉 88%，麸皮 10%，糖 1%，熟石灰 0.8%，多菌灵 0.2%。

配方二：棉籽壳 95%，玉米粉 3%，糖 1%，石灰 0.5%，酒石酸 0.05%，硫酸镁 0.25%，多菌灵 0.2%。

配方三：棉籽壳 95%，玉米粉 3%，糖 1%，石膏粉 0.8%，多菌灵 0.2%。

配方四：棉籽壳 96%，玉米粉 3.2%，尿素 0.5%，磷酸二氢钾 0.1%，多菌灵0.2%。

以上4种培养料配方，其料水比均为1：（1.3～1.4），pH值7～7.5。

4. 拌料

拌料时，应先将糖、熟石灰等溶于足量的热水中，再将麸皮、玉米粉拌入棉籽壳中，边混合边加入含有糖等物质的水，搅拌均匀闷置半小时后再拌和使用。

5. 播种

菌床的制作工序为，把擦洗消毒过的塑料布铺在地上，塑料布宽2米，长6米左右。将拌好的料放在塑料布中间，分3层与4层进行播种。菌种分配量为底层、中层和四周菌床压实、压平、使菌床成龟背形。手足量不能低于培养料总量的10%。播种结束后，料面盖旧报纸，上加几根稻草，然后将地膜折回，盖在报纸上。

6. 菌床管理

播种后10天内，不作任何翻动。10天以后检查，如菌种没有萌动，可以轻揭掀动薄膜通风。在7～10℃下，经40～60天菌丝可布满床面，并普遍深入培养基2～3厘米。从此时起，每天要揭膜通风10分钟，使床面很快由灰白色转为雪白色，并有棕色液滴出现。此时即可进行催蕾管理，把薄膜加高10厘米以上成拱形，保持空气相对湿度85%以上，菇房每日通风2～3次，揭膜1～2次（每次20分钟）。揭膜换气必须在通风后进行，约1星期后产生大量菇蕾。

出菇后，菌床要保持湿润，但也不能过湿。喷水要呈雾状，少喷勤喷，切勿直接喷在幼菇的料面上。可采取在膜上垫一层纱布，把喷到纱布上保湿。如菌床有积水，必须用药棉吸掉。当菌柄长1～2厘米时，膜内相对湿度应保持在90%左右，当柄长超过10厘米，膜内相对湿度应降至80%～85%。这一阶段菇房温度最好控制在10～12℃。

室内栽培从开始就要遮光，人防工事栽培尽量不给光照。

7. 及时采收

床栽金针菇要及时采收。以菌盖开始开展，开伞度3成左右为最适时期。采收时一手按住菇床，一手握住菇丛的基部轻轻拨出，不要留柄。将菌床表面的老菌块轻轻耙去，然后在床面喷少量清水后盖膜，不久又会形成第二批菇蕾。之后又按出菇管理进行。

第六节　杏鲍菇栽培技术

杏鲍菇是近几年发展起来的一种珍稀食用菌品种，具有营养丰富、质地脆嫩、风味独特等特点，具有较高的营养价值和医疗保健作用，深受广大消费者青睐。杏鲍菇采取覆土栽培，能够使杏鲍菇栽培的生物转化率由袋装架式栽培的40%～50%提高到100%左右，同时能节省疏蕾环节的人工费用，大幅度增加经济效益。其主要栽培技术如下。

一、栽培料配方

棉籽皮：76%，麦麸15%，玉米面5%，石膏2%，石灰2%，料水比为1：1.4。棉籽皮、麦麸、玉米面要新鲜、无霉变。

二、栽培料处理

拌料前将棉籽皮暴晒3~5天，然后按配方将栽培料混合均匀，按料水比1∶1.4进行拌料，栽培料含水量达到60%~65%，pH值要调整到10~11。

三、栽培棒制作

（一）栽培袋规格

采用规格为17厘米×（10~12）厘米的高密度低压聚乙烯塑料袋，每袋装干料0.2千克左右。

（二）灭菌

采用常压灭菌，温度达到100℃时保持16小时。灭菌时间不能少，否则灭菌不彻底，污染严重。

（三）菌丝培养

灭菌后栽培袋温度降到30℃以下时，在无菌条件下接种。菌丝培养期空气温度控制在20~25℃，空气相对湿度控制在50%~60%，同时保持空气新鲜，保持弱光或黑暗条件。

四、栽培方法

（一）栽培时间

杏鲍菇覆土栽培要在地温为20℃左右时进行。时间过早，地温高，易发生杂菌污染；时间过晚，地温低，不利于菌丝生长，不易出菇。北方春季一般在3月下旬至4月初进行，5月10日前出菇结束；秋季一般在9月下旬至10月初进行，11月10日前结束。

（二）栽培方法

1. 做畦

做成宽80~100厘米，深20~25厘米的栽培畦。畦与畦之间留畦埂宽30厘米，便于出菇期管理。

2. 栽棒

先将畦底面撒一层石灰，然后将栽培棒脱掉塑料袋，直立在畦中。栽培棒之间留为2~3厘米的间隙，间隙用pH值为8左右的沙土填满。

3. 覆土

覆土厚度是栽培能否成功的关键环节。覆土前先将栽培畦灌足水，水渗完后覆盖一层pH值为8左右的沙土，厚度为2~3厘米，做到畦面平整，土层疏松。注意覆土厚度不能过厚，否则易造成大面积污染。

五、出菇管理

覆土后要加强通风管理，保持空气新鲜；保持棚内弱光条件，避免阳光直射；保持畦面湿润，畦面过干时可用喷雾器进行喷雾，补充水分。通过管理，一般经过10天左右即可出菇。

第六章　设施栽培蔬菜的病虫害防治

近年来，随着耕作制度的改革、农田环境的改变，特别是棚室所具有的高温、高湿、封闭和连茬种植的特点，为蔬菜病虫的危害和繁衍提供了适宜的气候条件和越冬场所，从而也使蔬菜病虫害发生的种类、数量、为害程度都有了明显的增加，严重影响了蔬菜的产量和品质。防治好蔬菜病虫害，是蔬菜生产的需要，也是农民的迫切需求。

第一节　瓜类蔬菜常见病害的防治

1. 霜霉病

霜霉病是瓜类的重要病害，可侵染黄瓜、节瓜、丝瓜、冬瓜、苦瓜、白瓜、南瓜、甜瓜等瓜类作物。其病原为霜霉菌科多种真菌，主要为害叶片。

症状：发病多始于下部叶背，从苗期至收获期均可被感染发病。初期病斑是水渍状淡黄色小圆点，无明显边缘，持续较长时间后，叶背部湿度大或有露水时长出白色至灰白色霉层。病斑受叶脉限制形成多角形，严重时病斑连成片，病叶呈火烧状。如不及时防治，会导致植株早衰，严重影响产量。

发病条件：霜霉病的发生流行与温、湿度特别是湿度有密切关系，在气温稍低（15~20℃）而又忽寒忽暖或昼夜温差大、多雨高湿的春季，或秋季从白露开始容易发生流行。定植后浇水过多或土地黏重、植地低洼、排水不良时发病严重。

防治措施：一是选择抗病品种；二是合理密植；三是药剂防治。

化学药剂主要有两大类：一类是保护性杀菌剂如波尔多液、氧氯化铜、代森锌、代森锰锌、百菌清等，这类杀菌剂主要作用为杀死表面病菌防止病菌的侵入，但对已侵入植株的病菌效果很差；另一类是内吸性杀菌剂如金雷多米尔、杀毒矾等，这类杀菌剂能被植物体吸收，有防病和治病的双重效果，对已侵入植株的病菌起到抑制和杀灭作用。因此，发病前或发病初期可喷施保护性杀菌剂75%达科宁（百菌清）可湿性粉剂600倍液；发病初期起，喷施内吸性杀菌剂58%雷多米尔水分散粒剂600~800倍液或金雷多米尔600~800倍液；64%杀毒矾可湿性粉剂600倍液；25%阿米西达悬浮剂2 000倍液，以上农药交替使用，每7~10天喷施1次，连续2~3次。

2. 白粉病

白粉病是一种常见病害，在保护地、露地普遍发生，主要为害西葫芦、南瓜、甜瓜、黄瓜、冬瓜、西瓜、丝瓜、苦瓜等瓜类作物。

症状：主要为害瓜类作物叶片、叶柄和茎蔓，发病初期在叶片、叶柄上产生白色近圆形小粉斑，并逐渐扩大成连片粉斑，严重时布满整个叶片，形似撒上一层白粉状物，并于后期变成灰色，病部散生许多黑色小颗粒，严重影响叶片光合作用，造成减产。

发生条件：该病发生与流行主要与菌源量、气象条件、品种抗性有关。温室大棚内温度较高、湿度大，干湿交替；并且连年种植，菌源量积累大，这都有利于瓜类白粉病的发生流行，所以一旦出现中心病株，应立即进行防治。

防治措施：一是选用抗病品种。二是合理密植，注意通风透光，及时摘除黄、老、病叶；合理灌水，铺设地膜，降低空气湿度，避免出现高温干旱和高温高湿情况；施足有机肥，增施磷、钾肥。三是药剂防治。

发病初期及时用药，选用晴菌唑乳油 600 倍液喷雾，氟哇唑乳油 8 000倍液，硫黄悬浮剂 300 倍液喷雾，嘧菌酯悬浮液 1 500倍液，苯醚甲环唑水分散粒剂 2 000倍液，烯唑醇 2 000倍液。

技术要点：早预防、午前防，喷药周到，大水量。

3. 立枯病

又称“死苗”，寄主范围广，除为害瓜类、茄果类蔬菜外，一些豆类、十字花科等蔬菜也遭被害。

症状：多发生在育苗的中、后期。主要为害幼苗茎基部或地下根部，初为椭圆形或不规则暗褐色病斑，病苗早期白天萎蔫，夜间恢复，病部逐渐凹陷、溢缩，有的渐变为黑褐色，当病斑扩大绕茎一周时，干枯死亡，但不倒伏。轻病株仅见褐色凹陷病斑而不枯死。苗床湿度大时，病部可见不甚明显的淡褐色蛛丝状霉。

立枯病与猝倒病的区别如下。

猝倒病常发生在幼苗出土后、真叶尚未展开前，产生絮状白霉、倒伏过程较快，主要为害苗基部和茎部；

立枯病多在育苗中后期发生，发病中无絮状白霉、植株得病过程中不倒伏。

防治措施：一是做好种子处理，如采用药剂拌种、种衣剂处理等；二是做好苗床预防，如用绿亨 1 号 2 000倍液在出苗前喷洒床面，防效可达 94.2% 以上；三是药剂防治。

发病初期可喷洒 38% 恶霜嘧铜菌酯 800 倍液，或 41% 聚砹 · 嘧霉胺 600 倍液，或 20% 甲基立枯磷乳油 1 200倍液，或 72.2% 普力克水剂 800 倍液，隔 7 ~10 天喷 1 次。

4. 根腐病

主要为害幼苗，成株期也会发病。

症状：发病初期，只是个别支根和须根感病，并逐渐向主根扩展。主根感病后，早期植株症状不明显，后随着根部腐烂，吸收水分和养分功能的减弱，地上部在中午前后出现萎蔫，但夜间又能恢复。病情严重时，萎蔫状况夜间也不能再恢复。此时，根皮变褐，并与髓部分离，最后全株死亡。

发病条件：高温、高湿时，有利于发病；连作、低洼地与土质黏重，有利于发病。发病的适宜温度为 25℃。

防治措施：一是选择抗病品种。二是大力推广微生物肥。三是实行嫁接育苗。四是与十字花科蔬菜实行 3 年以上轮作。五是药剂防治。

发病前，利用药剂灌根防治，发现病株，及时拔除。药剂可选用 77% 的多宁与

50%扑海因按1∶1混合后的300倍液或用77%多宁50克、兰益微20克对水15升，用其水溶液喷灌根部，能防治黄瓜多种病原菌引发的根腐病。

5. 疫病

幼苗期到成株期都可以染病。

症状：幼苗染病，开始在嫩尖上出现暗绿色、水浸状腐烂，逐渐干枯，形成秃尖。成株期主要为害茎基部、嫩茎节部，开始为暗绿色水浸状，以后变软，明显缢缩，发病部位以上的叶片逐渐枯萎。叶片被害产生暗绿色水浸状病斑，逐渐扩大形成近圆形的大病斑。瓜条被害，产生暗绿色、水浸状近圆形凹陷斑，后期病部长出稀疏灰白色霉层，病瓜皱缩，软腐，有腥臭味。

发病条件：靠雨水、灌溉水、气流传播。发病周期短，流行迅速，在高温、高湿的条件下容易流行。连续阴雨天发病重。

防治措施：一是选用耐病品种。二是与非瓜类作物实行5年以上轮作。三是嫁接防病。四是土壤处理。苗床或大棚常用土壤处理剂有：石灰氮、必速灭、棉隆、敌克松、恶霉灵、恶霜嘧铜菌酯、甲霜灵、甲霜恶霉灵。五是药剂浸种，可用72.2%普力克水剂800倍液或25%甲霜灵可湿性粉剂800倍液浸种半小时后催芽。六是加强田间管理，提高植株抗病能力，合理施肥（特别是氮肥），改善透光强度。七是药剂防治。

发病前，喷一次保护性杀菌剂，如96%恶霉灵粉剂3 000倍液、70%代森锌可湿性粉剂800倍液等。

发病初期及时拔除中心病株，并喷药防治，选用药剂有：66.8%霉多克或72%霜脲锰锌可湿性粉剂800倍液、25%嘧菌酯胶悬剂1 500倍液、40%三乙膦酸铝400倍液等。

6. 黑星病

俗称“流胶病”，真菌病害。是黄瓜栽培的主要病害之一，主要为害黄瓜细嫩部位，可造成“秃桩”畸形瓜等。

症状：果实染病，初为近圆形暗绿色斑，分泌乳白色胶粒，逐渐变为琥珀色，干硬后易脱落。潮湿时表面长出灰黑色霉层，致病都呈疮痂状，病部停止生长，形成畸形瓜。

发病条件：黄瓜黑星病是由真菌引起的病害。黑星病菌以菌丝体或菌丝块在土壤中、架材和种子上越冬。该病病菌在空气相对湿度93%以上，平均温度为15～30℃较易产生分生孢子。植株叶面结露，是该病发生和流行的重要条件。此外，重茬地，雨水多，浇水过多，通风不良，发病较重。

防治措施：一是选择抗病品种。二是与非瓜类作物实行2～3年轮作。三是种子消毒，可用55℃温水浸种15分钟，或25%多菌灵300倍液浸种1～2小时，清洗后催芽，也可用种子重量0.3%的50%多菌灵拌种。四是温室消毒，定植前半月用硫黄熏蒸消毒，每亩温室约用硫黄1 500克，锯末3 000克，分几处点燃，密闭熏蒸一夜，架材也可放室内同时消毒，或用150倍福尔马林液淋洗消毒。五是土壤消毒，在育苗时按每平方米用25%多菌灵16克与10千克细土拌匀，播种时用药土底铺上盖；黄瓜定植前，每亩用50%多菌灵可湿性粉剂1～1.5千克，加细土20千克，拌匀后，撒入地里。六是药剂防治。

可选用克星丹500倍液，或50%多菌灵500倍与50%甲霜灵800倍混合液，或70%甲基托布津1 000倍液，或75%百菌清600倍液，或用百菌清烟剂。7～10天1次，连用2～3次。

7. 炭疽病

症状：幼苗发病，子叶边缘出现褐色半圆形或圆形病斑；茎基部受害，患部缢缩，变褐色；成株期发病，茎和叶柄上，病斑呈长圆形，稍微凹陷，初呈水浸状，淡黄色，后变成深褐色，病斑环绕茎蔓、叶柄一周时，上部即枯死；叶片受害，初出现水浸状小斑点，后扩大成近圆形的病斑，红褐色，外围有一圈黄色晕圈；病斑多时，互相汇合后成不规则形的大斑块；干燥的条件下，病斑中部破裂形成穿孔，叶片干枯死亡；后期，病斑出现小黑点，潮湿时长出红色黏质物；果实发病，病斑初呈淡绿色，后变为黑褐色凹陷斑，病斑中部有黑色小粒点，潮湿时病斑出现粉红色黏稠物，干燥的条件下，病斑逐渐开裂并露出果肉；病害严重时全株枯死。

发病条件：主要通过雨水、灌溉、气流传播，也可以由害虫携带和农事操作传播。高湿是该病发生流行的主要因素。在空气相对湿度80%～98%，温度24℃左右时发病最重，棚室栽培温度低，湿度高，叶面结露时，易发病。氮肥过多、大水漫灌、通风不良，植株衰弱易发病。

防治措施：一是选用抗病品种。二是选用无病种子或播种前进行种子消毒，可用50℃温水浸种20分钟，冰醋酸100倍液浸种30分钟清水冲净后催芽。三是培育壮苗，苗床地增施有机肥，以提高植株抗病能力。四是保护地内，上午闭棚，使温度升至30～34℃，下午加强通风，使棚内湿度降至75%以下，创造不利于病害发生的环境。五是增施磷钾肥，与非瓜类蔬菜轮作。六是发现病株后及时清除病叶、病瓜，深埋或烧毁。七是药剂防治。

可选用50%甲基托布津可湿性粉剂700倍液、70%代森锰锌可湿性粉剂600倍液、80%炭疽福美可湿性粉剂800倍液等喷雾防治，每7～10天喷1次，连续喷2～3次。

8. 褐斑病

以为害叶片为主，很少为害叶柄、茎蔓和果实。

症状：叶片染病，多在盛瓜期，中、下部叶片先发病，再向上发展。初期在叶片表面产生灰褐色小斑点，逐渐扩展成大小不等的圆形或近圆形、边缘不整的淡褐色或褐色病斑。后期病斑中部颜色变浅，有时呈灰白色，边缘灰褐色。湿度大时，病斑正、背面均生有稀疏灰褐色霉状物。发病重时，茎蔓、叶柄也会发病，病斑椭圆形，灰褐色。病斑扩展较大时，能引起整株枯死。

发病条件：带菌的种子是发病的主要条件。田园不清理，连作，昼夜温差小，偏施氮肥，缺少微量元素硼时，发病较重。温室内湿度过大，叶面结露，光照不足，有利于病菌的扩展与侵染。

防治措施：一是选用无病种子或进行种子消毒，选无病瓜留种。二是应与非瓜类作物进行两年以上轮作。三是清除田间病残体，减少初侵染源。四是药剂防治。

发病初期用65%甲霉灵（硫菌·霉威）可湿性粉剂1 000倍液，或50%福美双可湿性粉剂500倍液喷雾防治。发病严重时，可追施微量元素硼。

9. 猝倒病

症状：猝倒病俗称卡脖子、小脚瘟等。子叶期幼苗最易染病。初染病时在茎下部靠近地面处出现水浸状病斑，很快变成黄褐色，当病斑蔓延到整个茎的周围时，茎基部变细线状，成片折倒、死亡。湿度大时病株附近长出白色棉絮状菌丝。

发病条件：病菌生长的适宜地温是15~16℃，温度高于30℃受到抑制。育苗期出现低温、高湿时易发病。一般在子叶期最易发病。

防治措施：一是改善和改进育苗条件和方法，加强苗期温湿度管理。二是育苗场地应选择地下水位低、排水良好的地块做苗床。三是进行种子消毒。四是床土消毒，最好应选择无病的新土作床土。沿用旧土时，可用甲霜灵、代森锰锌、多菌灵等药剂消毒。五是药剂防治。

苗床未发病前用多菌灵、百菌清等药剂进行预防。发病初期可喷洒25%甲霜灵800倍液、72%普力克400倍液、64%杀毒矾500倍液、40%乙膦铝200倍液、25%瑞毒铜1200倍液、多菌灵500倍液、75%百菌清600倍液等药剂，或直接用药液浇灌。尽快清除病苗和周围的病土，在病部灌药。

10. 灰霉病

是黄瓜的主要病害，不仅对黄瓜为害较严重，而且可使西葫芦、丝瓜等瓜类和西红柿、甜椒、茄子等茄科蔬菜以及韭菜等多种蔬菜受害。对瓜类蔬菜的为害，西葫芦重于黄瓜。

症状：主要为害茎、叶、花、果，造成烂苗、烂花、烂果，潮湿时病部产生灰白色或灰褐色霉层。病菌多从开败的雌花侵入，致花瓣腐烂，并长出淡灰褐色的霉层，进而向幼瓜扩展，到脐部成水渍状，花和幼苗褪色，变软，腐烂，表面密生灰褐色霉状物。被害瓜轻者生长停滞，烂去瓜头，重者全瓜腐烂。烂瓜、烂花上的霉状物或残体落于茎蔓和叶片上导致叶片和茎蔓发病。一般叶部病斑先从叶尖发生，初为水浸状，后为浅灰褐色，病斑中间有时产生灰褐色霉层，常使叶片上形成大型病斑，并有轮纹，边缘明显，表面着生少量灰霉。茎蔓发病严重时下部的节腐烂，导致茎蔓折断、死亡。

防治措施：采取生态防治抑制病菌滋生，结合初发期用药防治。药剂防治宜采用烟雾法、粉尘法、喷雾法交替轮换施药技术。

一是栽培防病。前茬作物拉秧拔园后，要彻底清洁田园，将病残株、蔓、叶、果轻轻装入塑料袋内，带至棚室外烧掉或深埋。在定植前10~15天，先于棚内面（包括墙面、地面、立柱表面等）喷洒86.2%铜大师1 200倍液后，选择连续5~7天的晴朗天气严闭大棚，高温闷棚，使棚内中午前后的气温高达60~70℃，可杀灭病菌。实行起垄地膜覆盖栽培，要将整个栽培地面全盖地膜。

二是生态防治。棚内张挂镀铝反光幕，增加棚内光照；勤擦拭棚膜除尘，保持棚膜采光性能良好；设置二氧化碳发生器，上午定时释放二氧化碳，补充棚内二氧化碳的不足。

三是药剂防治，在灰霉病发生初期，宜采用烟雾剂或粉尘剂防治。可用40%百扑烟剂（百菌清和扑海因）、40%百速烟剂（含百菌清和速克灵），45%百菌清烟剂，

10%速克灵烟剂（10%腐霉利烟剂）、40%灰霉熏净或15%扑霉灵烟剂。每亩每次用250～350克熏烟4～6小时，7天左右熏一次，连续2～3次，也可采用10%灭可粉尘剂、10%杀霉灵粉尘剂或10%多霉威（10%多霉清）粉尘剂，于傍晚闭棚后喷粉，每亩用1千克，相隔8～10天喷粉一次，连续或与其他方法交替使用2～3次。

始花期使用保果灵500倍液，保丰灵2 500倍液加入0.1%的50%速克灵或加入0.1%的50%扑海因蘸雌花。

防病初期开始交替喷施下列农药之一：50%速克灵（腐霉利）可湿性粉剂1 500～2 000倍液，50%扑海因可湿性粉剂1 000～1 500倍液，50%利得或50%苯菌灵可湿性粉剂1 000倍液，50%菌霉灵或40%菌核净可湿性粉剂1 000～1 500倍液、50%倍得利或，50%灰核克星可湿性粉剂1 000倍液，50%灰核威或65%甲霉灵（65%万霉灵一号）或50%多霉灵（50%万霉灵2号）可湿性粉剂1 000～1 200倍液，52%农利灵或86.2%铜大师可湿性粉剂1 200～1 400倍液，或21%克菌星乳油对水400倍液，每隔7～10天喷一次，连喷2～3次。

11. 病毒病

主要为害西葫芦、哈密瓜，其次是甜瓜，还为害南瓜、丝瓜、黄瓜。

症状：植株受害后，全株矮缩，叶面及果实上形成浓绿色与淡绿色相间的斑驳，瓜小或呈螺旋状扭曲，瓜面斑驳或凹凸不平，或疣状突起，风味差，味苦。叶片皱缩变小，变色，有花叶、斑驳、黄化，畸形（皱缩、疱斑、蕨叶、扇叶、卷叶、叶变）及叶质硬脆。新生蔓细长，扭曲，节间短，花器发育不良，坐果困难。

黄瓜苗期受害，子叶变黄枯萎；幼叶呈现浓绿相间的花叶或斑驳，植株矮小。成株新叶呈现黄绿相嵌状的花叶，病叶小而略有皱缩；严重时叶反卷，变硬发脆，植株下部叶片渐黄枯死。瓜条呈现深浅色相间的花斑，果面凹凸不平或畸形。重病株茎蔓节间缩短，簇生小叶，不结瓜，常萎缩死亡。

南瓜受害，病株叶片呈现系统花叶，主要表现为叶绿素分布不均匀，呈现大块浓绿色相间斑驳或花叶，新叶症状明显。严重时叶面凹凸不平，叶脉皱缩变形，病株顶叶与茎蔓扭曲。瓜果上有褪绿病斑。一般早期发病轻，开花结瓜后病情渐重。

甜瓜受害，表现为系统花叶。上部叶先显症状，呈深浅绿色相间的斑驳花叶，叶小而卷，茎扭曲萎缩，植株矮化，结瓜少且小，上有深浅绿色不均的斑驳。

西葫芦受害，呈现系统性斑驳、花叶，叶上有深绿色疱斑，新叶受害严重；重病株上部叶片畸形呈鸡爪状。植株矮化，叶片变小，不能展开；后期叶片枯黄或死亡。病株不结瓜或结瓜少；瓜面上有瘤状突起或环形斑，小而畸形。

丝瓜受害，幼嫩叶发病，呈浅绿与深绿相间斑驳或褪绿色小环斑。老叶发病则呈现黄色或黄绿相间花叶，叶脉抽缩致使叶片歪扭或畸形。严重的叶片变硬、发脆，叶缘缺刻加深，后期产生枯死斑。果实发病，病果呈螺旋状畸形，其上产生褪绿色斑。

病原：主要有黄瓜花叶病毒（cmV）、甜瓜花叶病毒（mmV）和烟草环斑病毒（TRSV）。

防治措施：应以选用抗病品种或耐病品种为主，栽培防病为辅的综合防治措施。首先要培植壮苗，多施磷、钾肥，以提高植株的抗病性；其次要注意田间操作卫生，接触病菌以后要及时用肥皂将手洗净。另外还要做好病害的预防工作，特别是蚜虫的防治，尤其是苗期要防治蚜虫。

当蚜虫发生时，可使用10%吡虫啉可湿性粉剂2 000～3 000倍液进行防治。在发病初期，可喷施20%病毒A可湿性粉剂500倍液或20%病毒灵可湿性粉剂600倍液。在以上药液中如混加天达2116或芸苔素等植物生长促进剂，抑制效果会更好。

第二节 茄果类蔬菜常见病害防治

1. 猝倒病

常见的症状有烂种、死苗和猝倒3种。

烂种，是种子尚未萌发就已受病菌感染而腐烂。

死苗，是种子萌发抽出胚茎或子叶的幼苗，在其尚未出土前就遭受病菌的侵染而死亡。

猝倒，幼苗出土后、真叶尚未展开前，遭受病菌侵染，致幼茎基部发生水渍状暗斑，继而绕茎扩展，逐渐缢缩呈细线状，幼苗地上部因失去支撑能力而倒伏地面。湿度大时，在病苗或其附近床面上密生白色棉絮状菌丝。

发病条件：育苗期的低温、高湿是发病的重要有利条件。当幼苗子叶养分基本用完，新根尚未扎实之前是感病期。

防治措施：一是床土消毒。二是加强苗床管理，选择地势高、地下水位低、排水良好的地块做苗床，播前一次灌足底水，出苗后尽量不浇水，必须浇水时，一定选择晴天进行，不宜大水漫灌。三是要及时放风、降湿，即使阴天也要适时适量放风排湿。四是发病初期喷淋95%恶霉灵（绿亨1号）450倍液，或77%多宁600～700倍液喷淋。

2. 立枯病

症状：刚出土的幼苗及大苗均可发病。病苗茎基部变褐，后病部收缩细缢，茎叶萎垂枯死；幼苗稍大白天萎蔫，夜间恢复，当病斑绕茎一周时，幼苗逐渐枯死。

发病条件：病菌发育适温24℃，最高40～42℃，最低13～15℃。播种过密，间苗不及时，温度过高易诱发本病。

防治措施：一是苗期喷施0.2%磷酸二氢钾、0.1%氯化钙等，增强幼苗抗病力。二是用种子重量0.2% 的40%拌种双或32%苗菌敌可湿性粉剂拌种。三是苗床药土处理。四是药剂防治。

发病初期可用72.2%普力克水剂400倍液，每平方米喷药液2～3升，也可选15%恶霉灵水剂450倍液。视病情隔7～10天1次，连续防治2～3次。

3. 沤根

是由于棚内土壤、空气湿度过大，根部缺氧引起，是一种生理病害。

症状：地下根部不发新根，并逐渐变黑腐烂，地上部则萎蔫，继而枯死。

发病条件：除与天气密切相关外，还和浇水不当、通风不够等因素密切相关。地温低、土壤湿度大是发病的重要条件。

防治措施：一是要提高地温，播种前底水要适当，出现干旱时，切忌大水漫灌；二是适时适当加大通风量，降低棚内湿度；三是避免过早过深进行根际培土；四是避免用杀菌剂之类的农药进行大量喷洒，此法不但不起防治作用，反而加重了沤根。

4. 早疫病

又称夏疫病或轮纹病，是一种真菌性病害。夏季露地和保护地番茄受害都比较重，一般减产 20% ~30%，严重时减产 50% 以上。

症状：番茄叶、茎、果都可发病，但以叶片受害为主。叶片受害，最初出现水渍状暗褐色病斑，以后逐渐扩大后呈近圆形或不规则形病斑，上有同心轮纹，潮湿条件下病斑长出黑霉。发病多从植株下部叶片开始，逐渐向上部发展，严重时下部叶片枯死。叶柄、茎和果实发病，初为暗褐色椭圆形病斑，扩大后凹陷，出现黑霉和同心轮纹。青果病斑从花萼附近产生，重病果实开裂，病部较硬。

发病条件：高温、高湿有利于该病的发生和流行。气温 15℃，相对湿度 80% 以上开始发病，气温 20 ~25℃，空气湿度高，病情发展迅速。

防治措施：一是选用抗病品种。二是重病田实行与非茄果类蔬菜 3 ~4 年轮作。三是施足底肥，增施磷、钾肥，防止大水漫灌，注意通风排湿。四是药剂防治。

药剂防治可选用 64% 杀毒矾可湿性粉剂 500 倍液，或 50% 扑海因可湿性粉剂 1 000 倍液，或 70% 代森锰锌可湿性粉剂 500 倍液，每隔 7 天喷 1 次，连喷 3 ~4 次，每亩用药液 50 ~60 千克。如果早疫病和晚疫病混合发生，可以 58% 甲霜灵锰锌可湿性粉剂 500 倍液。如果茎部有病斑，可用 50% 扑海因可湿性粉剂 200 倍液进行涂抹，效果更佳。

5. 叶霉病

症状：叶霉病是保护地的重要病害，主要为害叶、茎、花和果实。初期在叶片背面出现一些退绿斑，后期变为灰色或黑紫色的不规则形霉层，叶片正面在相应的部位褪绿变黄，严重时，叶片常出现干枯卷缩。

发病条件；病菌喜高温、高湿环境，发病最适气候条件为温度 20 ~25℃，相对湿度 95% 以上。番茄的感病多在开花结果期。

防治措施：一是种子消毒。二是土壤消毒。三是与非茄科蔬菜实行 3 年轮作。四是加强温湿度管理，适时通风，控制浇水，浇水后及时排湿，及时整枝打杈，增施 P、K 肥，少施 N 肥，避免植株过旺生长。五是药剂防治。

在发病前或发病初期用加瑞农 47% WP（可湿性粉剂，下同）800 倍液或 65% 万霉灵 WP（多氧霉素）1 000倍液或宝丽安 50% WP 1 000倍液进行预防和控制，或在夜间用 45% 百菌清烟剂每亩用 250 ~300 克熏烟，效果显著。也可用福星 600 ~800 倍液、甲基托布津 1 000倍液、戊唑 3 000倍液、奥力克霉止 400 倍液、哈茨木霉菌叶部型 300 倍液，于发病前或发病初期喷雾，喷药次数视病情而定，一般每 5 ~7 天喷药 1 次，喷药时注意喷叶片背面。

6. 晚疫病

症状：叶茎果均可受害。叶部发病多从植株上部叶片的叶尖、叶缘发病，形成暗绿色不整齐斑、病部长有明显的白色霉层；茎秆染病呈褐色腐烂状，生白霉；果实染病呈暗褐色，病斑大，果实一般不变软，湿度大时有白霉。一旦发病，扩展很快，造成茎秆、顶部腐烂（即烂秆、烂枝），所以是腐烂性病害。

发病条件：温度低、湿度大易发病。

防治方法：一旦发现病株，立即用药防治，药剂有：霜霉威600倍液、银法利600倍液、甲霜灵锰锌600～800倍液喷雾。

7. 病毒病

症状：花叶型，典型症状是叶片和果实出现不规则褪绿或浓绿与淡绿相间的斑驳，为害严重时病叶和病果畸形皱缩，叶明脉，植株生长缓慢或矮化，结小果。黄化型，典型症状是植株上部新生叶片颜色逐渐变为浅黄色，植株上黄下绿，植株逐步矮化并伴有明显的落叶现象。坏死型，典型症状是植株顶枯、斑驳坏死和条纹状坏死。顶枯指植株枝杈顶端生长点部位的幼嫩叶片变褐坏死；斑驳坏死多发生在叶片和果实上，病斑不规则形，呈红褐色或深褐色，随后叶片迅速黄化脱落；条纹状坏死主要表现在植株枝条上，病斑呈红褐色，渐沿枝条上下扩展，发病后引起落叶、落花、落果，严重时整株干枯。畸形，典型症状是叶片增厚、叶面皱缩、叶片变小或呈蕨叶状；植株节间变短，株型矮化，枝叶丛生呈丛簇状。发病果实黄绿相间、畸形，果面凹凸不平，容易脱落。

发病条件：高温、干旱、蚜虫大发生时，为害重；植株长势弱，重茬也引起该病的发生。

防治方法：一是选抗病品种。二是选用无病毒种子。三是及时防治蚜虫、粉虱和其他虫害，减少传播媒介。四是药剂预防。

从苗期开始用马啉胍或病毒A 600倍液进行预防，每隔7～10天喷药1次，连喷4～5次。

8. 灰霉病

症状：病部灰褐色，腐烂，表面生有灰色霉层。叶片发病，多从叶缘开始向里产生淡褐色V形病斑，水渍状，并有深浅相间的轮纹，表面生有灰色霉层。果实发病时，多从花瓣、花托处侵染，向果实发展，果实蒂部呈灰白色水渍状软腐，产生灰色至灰褐色霉层。

防治措施：一是农业措施，及时摘除老叶、带虫叶、病果、病叶，带出田外集中深埋，减轻病虫发生基数；采取地膜覆盖，膜下灌水或滴灌，降低温室湿度。二是生态措施，晴天上午适当早揭草苫，延长光照时间，并注意通风，使棚室湿度降到80%以下；午后闭棚，使短时间棚温升至33℃以上，以高温抑制病菌发生发展，然后再放风排湿，减轻夜间结露，抑制病菌传播。三是物理措施，在设施内悬挂黄板诱杀蚜虫、飞虱虫，减少虫源数量。四是化学措施。由于灰霉病菌易产生抗药性，在防治中要轮换用药，防止产生抗药性。

熏烟：在灰霉病发病初期亩用45%百菌清烟剂250克，或10%腐霉利烟剂200～300克，或15%腐霉百菌清烟剂200～300克，或15%异菌百菌清烟剂250～300克，点燃放烟。

喷雾：亩用25%腐霉福美双悬浮剂150 200克，或25%啶菌噁唑乳油50～100克，或50%啶酰菌胺水分散粒剂35～50克，或43%腐霉利悬浮剂130～150克，或50%异菌脲悬浮剂50～100克，加水50千克均匀喷雾，每隔7～10天防治1次，连喷3～4

次。注意施药后温室内湿度调节。

9. 斑枯病

除为害番茄外，还为害辣椒、茄子等茄科作物。保护地茄果类蔬菜发生较重。

症状：斑枯病多从植株下部叶片开始发生，叶面呈现圆形或近圆形病斑，边缘深褐色，中间灰白色，稍凹陷，果实上散生黑色小黑点，直径2～3毫米，呈鱼眼状。

发病条件：病菌发育适温22～26℃，12℃以下或27℃以上能抑制发病。高湿有利于发病，适宜的空气相对湿度为92%～94%，达不到这个湿度时不发病。

防治措施：一是应与非茄科作物轮作3～4年；二是药剂防治。

一般用霜脲氰原药600倍液，或20%氟吗啉可湿性粉剂400倍液，或64%恶霜锰锌可湿性粉剂500倍液喷雾，若与全溶性钙600～800倍液混用防治，效果会更佳。

10. 茎基腐病

是近年来棚室番茄发生较严重的一种病害。主要为害大苗或定植后番茄的茎基部或地下主侧根。

症状：病部开始呈暗褐色，以后绕茎基部或根茎扩展一周，致皮层腐烂，地上部叶片变黄、萎蔫，后期整株枯死。病部表面常形成黑褐色大小不一的菌核。轻者减产，重者绝收。

发病原因：一是定植前土壤没有消毒，棚内土壤因连年种植茄果类蔬菜，导致多种病菌在土壤中生存，一旦条件适宜便容易发病。二是越冬茬番茄定植期过早，苗期地温过高，大水漫灌以后，根系透气性降低，使得土壤内的病菌大量滋生繁殖，并侵染茎基部维管束，致使植株感病。三是番茄植株生长势弱，也使得土传病害发生严重。

防治方法：一是定植前1个月，将大棚内外的残枝落叶清理干净并运出大棚销毁，闭棚提温，进行高温闷棚。二是结合整地，撒施多菌灵、百菌清等广谱性杀菌剂进行土壤消毒。三是定植时要注意剔除病苗、弱苗，减少发病率。四是越冬茬番茄定植要适期，注意晚盖地膜。五是加强栽培管理，切忌大水漫灌。六是药剂防治。

植株一旦表现出病症，如叶片萎蔫、生长缓慢、茎基部表面发黑时，可在茎基部施用拌种双药土；在发病初期喷洒40%拌种双粉剂悬浮液800倍液，或在病部涂抹五氯硝基苯粉剂200倍液加50%福美双可湿性粉剂200倍液。也可用75%达科宁可湿性粉剂600倍液，或80%大生可湿性粉剂500倍液，或70%品润干悬浮剂600倍液防治。

11. 绵疫病

症状：主要为害果实，也能为害茎叶。受害部分以老熟果实为主，长茄品种受侵染时从腰部发病。发病初期病部出现水浸状圆形小斑，最后可扩展到整个果实。病部逐渐收缩、变软，表面出现皱纹。在高温、高湿条件下产生茂密的白色绵毛状菌丝，果肉变湿腐烂。病果一般悬在枝上不立即脱落。病果落在潮湿地面，全果很快腐烂，最后干缩成黑色僵果。

发病条件：在气温25～30℃、空气相对湿度80%以上的高温、高湿条件下容易发病和流行。

防治措施：控制好棚室的空气湿度，及时整枝，摘除老叶，有利于通风透光，减少病害发生。

发病初期用75%百菌清可湿性粉剂500～600倍液，或25%瑞毒霉800倍液，或58%瑞毒锰锌400～500倍液，或64%杀毒矾M8可湿性粉剂400～500倍液，每隔7～10天喷一次，连续喷2～3次。

12. 辣椒疫病

是一种土传病害，全生育期均可发病，是辣椒生产上的主要病害。

症状：叶片感病，在叶缘和叶柄连接处发生不规则形的水渍状暗绿色病斑，病斑的边缘为黄绿色，高温、高湿条件下病斑迅速扩展，造成叶片腐烂，干燥条件下病斑干枯易破碎。茎基部和茎节感病，出现水渍状的暗绿色病斑。茎部多在近地面处发生，病斑初期为暗绿色水渍状，以后出现环绕表皮扩展的暗褐色或黑褐色条斑，病部易缢缩折倒，病部以上部分易凋萎死亡。果实感病，多从蒂部开始，病斑呈暗绿色水渍状软腐，边缘不明显，很快扩展到全果实，引起腐烂，潮湿时病部覆盖白色霉层，干燥后形成暗褐色僵果。

发病条件：高温、高湿有利于病害流行，当温度在20～30℃的范围内，相对湿度在80%以上时，田间发病严重。特别是在雨季或大雨过后天气突然转晴，气温急剧上升时，辣椒疫病极易暴发流行。

防治措施：一是种子处理。二是农业防治。主要是生长期和收获后，要及时清除田间病株和病残体，严禁将病株和病残体随意堆放，应集中烧毁；发病田不要与瓜类、茄果类蔬菜连作，可与十字花科、豆科等蔬菜轮作，最好采取水旱轮作；移栽前要深翻晒土，增加土壤透气性，促进定植后快缓苗，壮大根系，增强植株抗病能力；基肥应以充分腐熟的有机肥为主，少施氮肥，花蕾期加强追肥；定植后，要浇足定植水，缓苗发根时，要适当控制水分，促进根系深扎，盛果期要充分供水，避免大水漫灌，严禁灌后积水。三是药剂防治。

一般用58%甲霜锰锌可湿性粉剂，或69%安克锰锌可湿性粉剂8～10克/米^{2}与细土4～5千克混拌均匀，在苗床浇足底水的前提下，先取1/3毒土撒在床面上，播种后再将2/3毒土覆上。重病地块用乙膦铝·锰锌10克/米^2，加10倍细干土拌匀，撒于地面，耕翻入土。发病前，每亩用20%吡吗啉悬浮剂有效成分20克对水进行叶面喷雾，每间隔7天喷1次药。发病初期，用44%精甲霜百菌清悬浮剂500～650倍稀释液，或68%精甲霜锰锌水分散粒剂300倍液，或75%百菌清可湿性粉剂300倍液，每间隔7天喷1次，连续喷施2～3次。

13. 细菌性疮痂病

又称斑点病，是近几年保护地茄果类蔬菜的主要病害。

症状：植株的所有部位均能发病，但主要为害叶片及果实。发病时，近地面老叶先发病，逐渐向上部叶片发展。发病初期在叶背面形成水渍状暗绿色小斑，逐渐扩展成圆形或不规则形黄色病斑。病斑表面粗糙不平，周围有黄色晕圈，稍凸起，呈疮痂状，后期叶片干枯质脆。茎部感病先在茎节处出现褪色水渍状小斑点，扩展后形成长椭圆形黑褐色条斑，后期病部木栓化，有时纵裂后呈疮痂状。果实上主要为害幼果和青果，果面先出现褪色斑点，后扩大呈现黄褐色或黑褐色近圆形斑，稍隆起，边缘带有黄绿色晕圈，有的病斑可互相连接，呈不规则大型病斑，表面深褐色木栓化，或粗糙枯死呈疮痂状。

发病条件：发病适宜温度为27~30℃，高温、多湿条件时病害发生严重。在秋延迟茬或早春茬，管理粗放、长势弱的植株发病重。

防治措施：一是实行2~3年轮作。结合深耕，以促进病残体腐烂分解，加速病菌死亡。二是进行种子消毒。三是加强栽培管理，实行起垄覆盖地膜栽培，膜下灌水。四是药剂防治。

发病初期及时喷药防治，常用药剂有72%农用链霉素可溶性粉剂4 000倍液，或新植霉素4 000~5 000倍液，或2%多抗霉素800倍液，或60% DTM可湿性粉剂500倍液，或14%络氨铜水剂300倍液，或27%铜高尚悬浮剂600倍液，或78%波锰锌（科博）可湿性粉剂500倍液，或40%细菌快克可湿性粉剂600倍液，或50%氯溴异氰尿酸（消菌灵）可溶性粉剂1 200倍液，或60%琥铜·乙铝·锌可湿粉剂500倍液，或"401"抗菌剂500倍液，或40%细菌灵8 000倍液，重点喷洒病株基部及地表，每7天喷1次，连喷3~4次。

14. 茄子黄萎病

茄子黄萎病是一种土传性病害，又叫半边疯、黑心病。

症状：多在门茄坐果后发病，盛果期急剧增加。发病初期，植株中下部叶片脉间或叶缘萎黄上卷，并逐渐向上发展，使半边枝叶变黄枯死，果实僵化不长。严重时，全株枯死，叶片干枯脱落，成为光秆。剥开根和茎的皮层，可见维管束变成褐色。

发病条件：温度是影响病害发生的一个重要因素。一般气温20~25℃有利于发病。从茄子定植到开花期，日平均气温低于15℃的日数越多，发病越早越重。气温在28℃以上，病害受到抑制。重茬或连作栽培，土壤含菌量多，发病重。

防治措施：一是移栽时可以穴施微生物菌剂20~30千克；缓苗后发病前亩施金微多用途800克，按300倍液稀释进行单株灌根，或于发病前用噻唑锌400倍液加6 000倍液天然芸苔素硕丰481喷雾，8~10天喷一次，连喷2~3次。

15. 茄子褐纹病

是茄子上一种常见的病害，在我国分布广泛，南北方都有发生，是北方三大茄病之一。

症状：褐纹病从苗期到果实采收期都可发病，常引起死苗，枯枝和果腐。幼苗受害，多在幼苗与土表接触处形成近棱形水渍状病斑，以后病斑逐渐变为褐色或黑褐色，稍凹陷并收缩，条件适宜时病斑迅速扩展，环切茎部导致幼苗猝倒。成株期受害，叶、茎、果实都可发病，叶片发病一般从下部叶片先发病，逐渐向上发展，初期为苍白色水渍状小斑点，逐渐变褐近圆形，后期病斑扩大不规则，边缘深褐色中间灰白色，上生有许多小黑点，病斑组织薄而脆，易破裂或脱落形成穿孔。茎部发病，初期呈褐色水渍状纺锤形病斑，后扩展为边缘暗褐色，中间灰白色的干腐状溃疡斑，其上有小黑点，最后皮层脱落，露出木质部，或病斑环茎基1周，整株枯死。果实发病，呈褐色近圆形病斑，稍凹陷，边缘明显，斑面产生同心轮纹，密生黑色小粒点，病斑不断扩大，可达整个果实，病果后期落地软腐，或留在枝干上，呈干腐状僵果。

发病条件：温度在29~30℃，相对湿度在80%以上时易于发病。

防治方法：一是选用抗病品种。二是要做好种子处理。三是选4年以上未种过茄子及茄科作物的地块种植。四是加强栽培管理。五是药剂防治。

结果后开始喷洒75%百菌清可湿性粉剂600倍液、40%甲霜铜可湿性粉剂600~700倍液、58%甲霜灵锰锌可湿性粉剂500倍液、64%杀毒矾可湿性粉剂500倍液、70%乙膦锰锌可湿性粉剂500倍液、50%苯菌灵可湿性粉剂800倍液，视天气和病情每隔10天左右喷1次，连续防治2~3次。

16. 茄果类蔬菜常见的几种生理性病害

茄果类蔬菜在生长发育过程中，因受气候、营养、栽培管理、有害物质等不良环境条件的影响，常产生各种各样的生理障碍，统称为生理性病害，如落花落果、畸形果、裂果、脐腐、僵果、空洞果、日灼、果实着色不良等。

（1）脐腐病：又称蒂腐病，顶腐病；俗称膏药病、“黑膏药”、“烂脐’。是番茄常见的病害之一。

症状：该病一般发生在果实长至核桃大时。最初表现为脐部出现水浸状病斑，后逐渐扩大，致使果实顶部凹陷、变褐。病斑通常直径1~2厘米，严重时扩展到小半个果实。在干燥时病部为革质，遇到潮湿条件，表面生出各种霉层，常为白色、粉红色及黑色。这些霉层均为腐生真菌，而不是该病的病原。发病的果实多发生秋延迟番茄第1、第2穗果实上。

病因：脐腐病是一种复杂的生理性病害，植株、果实缺钙是发病的主要因素，试验表明，番茄果实中含钙量低于0.2%即可发病。

①高温所致。高温引起叶片蒸腾作用增大，使得大量钙进入叶片，而高温又加速果实膨大，进入果实的钙相对减少，故易引起脐腐病。

②干旱所致。钙的吸收是被动吸收，植株吸钙量与吸水量是呈正相关的，基质缺乏水分，植株吸水减少，则吸钙量也相应减少。

③化学肥料使用过多，引起土壤盐度升高所致。

④低温所致。根际温度太低，根系代谢缓慢，影响对水分和钙的吸收，从而引发其病。

⑤不同营养元素间的颉颃作用所致。钾、镁、铵施用太多，土壤中钾离子、镁离子、铵离子含量太高，影响了对钙的吸收。

⑥钙供应量偏少所致。近几年来种菜施用的有机肥相对偏少，化肥施用却越来越多。尽管土壤中钙元素不缺，却难以被植株吸收利用。

⑦低pH值的影响。据有关资料介绍，pH值过低，则影响钙的吸收，pH值在5.6~8时，钙的有效性含量随pH值升高而增高。

⑧高湿所致。钙的被动吸收有赖于叶片的蒸腾作用。湿度过大，蒸腾作用就越小，植株吸钙量也就随之减少。

防治措施：一是加强苗床温湿调控，培育壮苗，移植时避免损伤根系，促进根系发育。二是采用地膜覆盖栽培，保持土壤水分相对稳定。三是蹲苗要适当，浇水及时而适量，在结果期，要保持土壤水分的均衡供应。四是叶面补施钙肥。

一般常采用配方施肥技术，实行根外追施钙肥。在番茄着果后1个月内是吸收钙的关键时期。可喷洒1%的过磷酸钙，0.5%硝酸钙溶液或0.5%氯化钙加5毫克/千克奈乙酸，或0.1%硝酸钙加爱多收6 000倍液，隔10～15天喷1次，连续喷洒2次。

（2）落花落果：落花落果是一种比较常见的生理性病害，且易引起植株徒长，影响早期产量。

产生原因：花芽分化期或开花期温度过高或过低，导致花芽分化和花粉发育不良，难以正常授粉受精而落花；开花结果期光照不足，植株营养生长过旺、花及果实营养供应不足，引起落花落果。

防治措施：一是做好光、温调控及肥水管理，培育壮苗，协调营养生长与生殖生长，保证花和果实的营养供应；二是用植物生长调节剂进行处理，通常使用2，4－D、防落素进行蘸花或喷花。

（3）畸形果：番茄和辣椒都容易产生畸形果。

番茄畸形果是指在不良条件下，花器和果实不能充分发育，或花芽细胞分裂过旺导致心皮数目增多，从而形成的各种变形果实，番茄畸形果从形态上分为变形果、瘤状果和脐裂果3种类型。

产生原因：一是低温是造成番茄果实畸形的主要原因，从幼苗花芽分化开始，若遇夜温8℃以下，白天温度20℃以下持续一周，则花芽分化不良，导致果实畸形。二是育苗期间水分供应充足、偏施氮肥、生长过于旺盛，致花芽过度分化，形成多心皮畸形花，果实则呈桃形、瘤形等。三是植物生长调节剂使用浓度过高或处理时间不当，也极易形成畸形果。

防治措施：一是选用不易产生畸形的中小果型品种。二是做好苗期温、光调控，提高苗床温度。三是采用配方施肥，避免偏施氮肥，防止徒长。四是根据环境条件、生长状况，合理使用植物生长调节剂。

（4）裂果：番茄和茄子都有裂果现象发生，番茄成尤甚。

番茄裂果通常有3种类型：放射状裂果，环状裂果及条纹状裂果。

产生原因：一是果实生长期间，土壤水分供应不均衡，前期土壤干燥，果实生长缓慢，其后突降大雨或灌大水，果皮的生长跟不上果肉组织的生长速度，出现裂果；或连续阴雨低温天气后，突遇天气转晴，果皮过度失水而裂果。二是高温、烈日、干旱和暴雨等情况，会导致根系生理机能障碍及硼的吸收运转受阻，果面出现木栓状龟裂。三是植物生长调节剂使用浓度过高，引起花柱开裂，从而大量出现裂果。

防治措施：一是选用果皮较厚的抗裂品种。二是采用地膜覆盖和滴灌栽培，使水分供应均衡。三是增施硼肥。可用0.1%～1.0%硼砂水溶液叶面喷雾，每7～10天喷1次，连续喷2～3次，或结合整地，亩施硼砂0.5～1.0千克。四是植物生长调节剂的使用浓度不能过高。

（5）僵果：茄果类蔬菜在生产栽培过程中，常常发现一些不能正常膨大、着色，质地发硬却不脱落的果实，这就是僵果。

产生原因：一是开花期温度过高或过低，妨碍花粉萌发和花粉管伸长，导致不能正常受精，这是产生僵果的主要原因。二是有些花即使能正常受精，但由于营养供应严重不足，如缺乏光照，土壤干旱，土壤盐度过高等，也能引起僵果。

防治措施：一是加强开花结果期温湿调控，使其温度保持在：番茄白天温度23～27℃、夜温13～17℃；茄子白天温度25～30℃、夜温20℃左右；辣椒白天温度20～25℃、夜温15～20℃。二是加强肥水管理，保证果实的营养供应。

（6）空洞果：空洞果主要发生在番茄上，表现是果实的胎座发育不充分，与果壁产生分离，种子少或无种子，种子腔成为空洞。

产生原因：一是品种因素，早熟品种因心室数目少而易发生。二是花期温度过高或过低，超过35℃或低于10℃就会造成授粉受精不良而产生空洞果。三是果实营养供应不足，比如光照不足，生长中后期脱肥等。四是生长调节剂使用浓度过高，使子房壁与胎座发育失衡，或使用过早，在花器未成熟时就进行处理，空洞果率高。

防治措施：一是选用多心室的中晚熟品种。二是加强棚室温湿调控，开花结果期避免温度低于10℃或高于35℃。三是适时适量使用植物生长调节剂。四是加强开花坐果期肥水管理，采用配方施肥技术，保证果实营养供应。

（7）日灼：番茄、茄子和辣椒在强光直晒下，都可能发生日灼。其症状主要表现为果实的向阳面褪色变硬，呈淡黄色或灰白色，革质状。

产生原因：主要是强光直射引起，果面暴晒在强光下使果实局部过热而造成。另外土壤缺水时也易发生。

防治措施：合理密植，加强肥水管理，使枝叶生长繁茂，以避免果实被阳光直晒。

（8）果实着色不良：番茄果实着色不良主要表现有绿肩、污斑。绿肩指果实转色后，果肩部或果蒂附近仍残留绿色斑块，一直不变红；污斑指果实成熟变红后，果皮组织出现黄褐色或绿色的斑块。茄子果实着色不良表现为果实颜色变淡或发暗，严重的呈绿色，或着色不均匀。辣椒果实着色不良表现为果实表面出现紫的色素。

产生原因：番茄着色不良主要是因为偏施氮肥，缺硼少钾；果实转色期气温偏低，胡萝卜素和茄红素形成受抑；茄子着色不良主要是由于光照不足引起的，或茄子完全隐蔽在枝叶中间；辣椒着色不良主要由于温度过低，花青素生成受抑而形成。

防治措施：一是选用耐低温品种。二是加强肥水管理，增施有机肥，必要时喷施含钾及硼的微肥。三是加强棚室温光调控。番茄果实成熟期和辣椒果实转色期要适当提高棚室温度，通风时避免冷风直吹果实；茄子要加强通风透光，适时疏枝打叶，以保证果实得到充足的光照。

第三节　其他蔬菜常见病害的防治

1. 菜豆灰霉病

茎、叶、花、荚均可感染，一般从开花期开始染病。

症状：荚果染病，先侵染败落的花，后扩展到荚果，病斑初呈淡褐色至褐色，后软腐，表面生有灰霉。病荚、病花落到茎和叶上，造成烂茎、烂叶，湿度大时，腐烂处生有一层灰霉。

防治措施：一是采用降低棚室内白天温度、提高夜间温度、增加白天通风时间等措施来降低棚内湿度和结露时间，达到控制病害的目的。二是及时摘除病叶、病荚。为避免摘除病叶、病荚时传播病菌，可用塑料小袋套上再摘，连袋集中烧掉或深埋。三是药剂防治。

发病初期用50%速克灵可湿性粉剂1 000倍液，或40%菌核净可湿性粉剂1 000倍液，或50%扑海因可湿性粉剂1 000倍液，或50%农利灵可湿性粉剂1 000倍液。每隔7~10天喷药1次，连续喷3~4次。深冬、阴雨雪天，可用上述药剂的烟雾剂熏蒸。

2. 菜豆细菌性疫病

又称火烧病、叶烧病，是菜豆的常见病害，除为害菜豆外，还可侵染豇豆、扁豆、绿豆等其他豆科作物。

症状：苗期和成株期均可染病，可为害叶、茎蔓、豆荚和种子，以为害叶部为主。

幼苗期感病，染病子叶产生红褐色溃疡斑，幼茎产生红褐色油浸状斑，绕茎一周后幼苗易折断而枯死。

成株期感病，被害叶片、叶尖和叶缘初呈暗绿色油渍状小斑点，像开水烫状，后扩大成不规则灰褐色的斑块，病斑周围具黄绿色晕圈，中部薄如纸状，半透明，干燥时易脆破。严重时病斑相连布满整张叶片，似火烧状，使叶卷曲枯死，但不易脱落。潮湿时，叶片腐烂变黑，病斑上分泌出淡黄色菌脓。

茎感病，病斑呈长条状红褐色溃疡，中央略凹陷，绕茎一周后，上部茎叶萎蔫枯死。

豆荚感病，病斑多呈不规则或略圆形，红褐色至褐色，严重时豆荚萎缩。被侵染种子皱缩，产生黑色凹陷斑，脐部溢出淡黄色黏液状菌脓。

防治措施：一是选用无病种子。二是进行种子消毒。三是与葱蒜类蔬菜等非豆科作物轮作，间隔2年以上；棚室要加强通风，避免高温、高湿出现。四是增施腐熟有机肥，促进植株健壮生长，提高抗病性。五是药剂防治。

发病初期可选用50%加瑞农可湿性粉剂500~600倍液，或77%可杀得可湿性粉剂500~600倍液，或75%百菌清可湿性粉剂500~600倍液，或30%DT杀菌剂400倍液，或0.2克/千克农用链霉素500倍液，或0.2克/千克新植霉素500倍液，或20%龙克菌悬浮剂500倍液等喷雾防治，每隔7天1次，连续喷药3~4次。

3. 菜豆根腐病

主要为害植株根部和茎基部，从伤口侵入。高温多雨、田间积水、湿度大发病重。

症状：发病初期病部出现水渍状红褐色斑点，以后变为暗褐色或黑褐色，稍凹陷或开裂；主根腐烂或坏死，侧根稀少，植株矮化，容易拔出。严重时主根全部腐烂，茎叶枯死。潮湿时，茎基部出现粉红色霉状物。

防治措施：一是苗床处理，在未种过菜豆的田块用大田土育苗。每平方米苗床选用50%多菌灵可湿性粉剂、50%苯菌灵可湿性粉剂或70%敌克松可湿性粉剂8克进行消毒。与十字花科、百合科蔬菜轮作3~5年。二是施足腐熟有机肥，增施磷钾肥，禁止大水漫灌，及时拔除病株并带出田外深埋或烧毁，病穴及四周撒生石灰消毒。三是药剂防治。

发病时，用70%甲基托布津可湿性粉剂1 000倍液或75%百菌清可湿性粉剂600倍液对茎基喷雾，每隔7~10天1次，共喷2~3次；或者选用12.5%治萎灵水剂200~

300倍液、60%防霉宝可湿性粉剂500～600倍液、50%多菌灵可湿性粉剂500倍液、70%敌克松可湿性粉剂800～1 000倍液、根腐灵300倍液等进行灌根，10天后再灌1次。

4. 大蒜根腐病

症状：多由细菌引起，植株感病后，初生根由根尖向基部腐烂，而后，次生根相继腐烂，部分植株连蒜母一起腐烂，腐烂处有恶臭味，易引发地蛆及其他寄生性害虫。病株叶片褪绿发黄，并从叶尖开始沿叶脉纵向软腐，植株矮小，生长发育失调，严重时植株死亡。

防治措施：首先拌种能预防大蒜根腐病发生。一般每100千克种蒜用77%多宁可湿性粉剂150克，加水8千克均匀喷洒蒜种，晾干后播种；其次是药剂防治。

大蒜生长期发生根腐病，可在发病初期亩用龙克菌（20%噻菌铜悬乳剂）30～90毫升加水40～60千克喷雾或灌根；或者亩用灭菌威（50%氯溴异氰尿酸可湿性粉剂）30～60克加水50千克喷雾或灌根，每隔5天1次，连续防治2～3次。

5. 大蒜叶斑病

症状：只为害叶片。病叶初呈针尖状的黄白色小点，渐扩展成水渍状褪绿斑，后扩大成平行于叶脉的椭圆形或梭形凹陷病斑，中央枯黄色、边缘红褐色、外围黄色。

防治方法：一是施足底肥，及时追肥，以有机肥为主，增施磷、钾肥和微肥，大力推广大蒜专用肥。二是实行轮作换茬。三是农药防治。

发病初期，可用70%代森锰锌可湿性粉剂500倍液，或40%疫霜灵可湿性粉剂500～1 000倍液喷雾防治，7～10天1次，视病情和天气连用2～3次即可。

6. 大蒜锈病

锈病是大蒜主要病害之一，对大蒜品质和产量均有较大影响。

症状：主要侵染叶片和假茎。初期叶面产生椭圆形橙黄色稍隆起的小点，后表皮破裂，散出橙黄色粉末，病斑周围具黄色晕圈。生长后期病部形成椭圆形的黑褐色病斑。

防治方法：一是选用抗病品种。二是合理施肥和灌水，避免偏施氮肥。三是药剂防治。

可选用25%三唑酮可湿性粉剂1 500倍液，70%代森锰锌可湿性粉剂600倍液。每隔10～15天施药1次，连喷1～2次。

7. 大蒜叶枯病

大蒜叶枯病不仅是大蒜的一种重要病害，而且还为害洋葱、大葱、韭菜等葱蒜类蔬菜。

症状：主要为害蒜叶和蒜薹。大蒜自3叶1心时即可染病，叶片染病多从叶尖向叶基发展，由下部叶片向上部叶片蔓延。初呈苍白或灰白色稍凹陷的小圆点，扩大后呈灰白色或灰褐色或浅紫色病斑。潮湿时长出黑褐色霉层。

发病条件：多雨、高湿，地势低洼、瘠薄的地块，连作，偏施氮肥旺长或缺肥早衰的蒜田，发病重。

防治方法：一是轮作换茬。二是实行配方施肥，增强抗（耐）病力。三是药剂预防。

在发病初期，用70%代森锰锌可湿性粉剂600倍液，或25%施保克可湿性粉剂1 000倍液，或50%施保功可湿性粉剂2 000倍液，或50%扑海因可湿性粉剂1 000倍液，或50%叶枯灵粉剂1 000倍液，或10%杀枯净可湿性粉剂1 000倍液，进行喷雾防治，每7～10天喷1次，连续喷2～3次。

8. 面包蒜

症状：面包蒜蒜头外观与一般大蒜无异，只是重量较轻，待成熟晾干后，用手一捏，如面包一样干瘪，没有食用价值。该现象有的叫气包蒜，对产量影响极大。

发生原因：面包蒜发生公认的生理因素是在2～3月地上部营养生长过剩，过多的营养促进了退化叶的再生长，导致二次生长及面包蒜出现。另外，基肥中盲目增加氮肥用量，不施用钾肥或钾肥量不足，或者追施氮肥时过早、过大也是形成面包蒜的主要原因。

防治措施：大力推广配方施肥技术，建议亩施用腐熟的优质有机肥5 000千克、木质素菌肥120千克、尿素20千克、50%硫酸钾35～40千克、磷酸二铵40千克、硫酸锌1.5千克、硫酸亚铁2.0千克。翌年返青后追肥时，切忌单一追施尿素，可采用富含多种元素的冲施肥。

9. 姜瘟病

又叫生姜腐烂病，是生姜生产上最常见和普遍发生的一种毁灭性病害。

症状：植株染病后，叶片最初表现为下垂无光泽，而后由下而上变为枯黄色，叶缘卷缩最终枯死；茎部受害，先是基部呈水浸状，然后变黄，待叶片全部凋萎枯死后，从茎基部折断倒伏；根茎发病先出现水浸状，而后逐渐变软腐烂，挤压病部有白色汁液流出，散发臭味。

传播途径：主要有种姜传播、土壤传播、肥料传播、灌溉水传播等。

发病条件：姜瘟病的发生与蔓延受温度、湿度等多种因素影响。发病适宜温度为24～31℃，尤其是高温多雨天气，易造成大面积流行。

防治措施：一是选用无病姜种。二是要轮作换茬。三是选择地势高燥、排水良好的沙壤地块栽培。四是有机肥要充分腐熟、消毒灭菌后施用。五是灌溉水最好用井水，并注意防止污染，严禁将病株扔入水渠或井内。六是发现有病植株，要及时铲除，并挖去带菌土壤，在病穴周围撒生石灰或漂白粉进行消毒。七是药剂防治。

浸种，掰姜前用40%福尔马林100倍液浸种或闷种6小时或1∶1∶100的波尔多液浸种20分钟，或用72%农用链霉素500倍液浸种48小时，或可杀得800倍药液浸种6小时。

发病时及时拔除病株，用康地雷得细粒剂、克菌康、72%农用链霉素可溶性粉剂、20%龙克菌悬浮剂、53.8%可杀得、86.2%铜大师可湿性粉剂、2%宁南霉素水剂、50%杀菌王可溶性粉剂等药液灌根，每穴0.5～1千克。

第四节　棚室蔬菜常见害虫的防治

1. 小菜蛾、菜青虫

可用1.8%阿维菌素2 000～2 500倍液或BT粉剂或25%菜喜悬浮剂1 000～1 500

倍液、安保1 000倍液、除尽1 200~1 500倍液、15%安打3 500~4 000倍液、5%抑太宝2 000倍液，或20%灭幼脲1号或25%灭幼脲3号500~600倍液，也可用5%锐劲特2 500倍液喷雾防治。

2. 斜纹夜蛾、甜菜夜蛾

在幼虫3龄以前，用20%杀灭菊酯乳油1 500~2 000倍液，20%灭幼脲500~1 000倍液，鱼藤精500倍液，50%马拉硫磷800倍液，40.7%乐斯本乳油800倍液，5%抑太保乳油1 000倍液，5%卡死克乳油1 200倍液进行喷雾防治。

3. 棉铃虫

孵化盛期至二龄盛期，即幼虫尚未蛀入果内施药。注意交替轮换用药。若3龄后幼虫已蛀入果内，施药效果则很差。常用药剂：2.5%敌杀死3 000~4 000倍液、5%功夫乳油4 000~5 000倍液、21%灭杀毙乳油6 000倍液、2.5%天王星乳油3 000倍液、安保1 000倍液等进行喷雾防治。

4. 菜螟

在成虫盛发期和卵盛孵期进行。可选用18%杀虫双水剂800~1 000倍液，80%敌敌畏乳油1 000~1 500倍液，21%增效氰马乳油或氰戊菊酯乳油6 000倍液，2.5%功夫乳油4 000倍液，20%灭扫利乳油或2.5%天王星乳油3 000倍液；苏云金杆菌制剂BT乳剂500~700倍液等防治。

5. 豆荚螟

施药要做到“治花不治荚”，从始花期开始喷药防治，每隔5天左右喷1次，常用药剂：58.5%农地乐1 000~1 500倍、90%杀螟丹1 000倍、10%杀虫威100倍等。

6. 跳甲、黄守瓜、黑守瓜

常用药剂有48%乐斯本1 000~1 500倍、52.2%农地乐1 000~1 500倍、2.5%功夫乳油1 500~2 000倍、2.5%敌杀死乳油4 000倍、59%跳甲绝1 500倍、80%晶体敌百虫1 000~2 000倍液，50%敌敌畏乳油1 000~2 000倍液，50%马拉硫磷800倍液，50%杀螟腈乳油800~1 200倍液，鱼藤精800~1 200倍液，20%硫丹乳油300~400倍液等。

7. 美洲斑潜蝇

常用药剂有1.8%爱福丁2 000倍液、40%绿菜宝1 000倍液、18%杀虫双150毫升+50%乐果、1.8%害极灭3 000倍或虫螨克、农哈哈、阿巴丁、螨克、绿保素、农地乐、毒死蜱等。药剂一般要轮换使用。

8. 茶黄螨、红蜘蛛

常用药剂有天达哒螨灵、卡死克（氟虫脲）、螨死净（甲螨嗪）、虫螨光（阿维菌素）、霸螨灵（唑螨酯）、螨克、克螨特、速螨酮、尼索朗等。

9. 蚜虫、白粉虱

常用药剂有20%康复多2 000倍液、阿克泰1 000~1 500倍液、5%扑虱蚜2 000~3 000倍液、10%蚜虱净1 000倍、50%马拉硫磷1 000倍液、4%鱼藤精600倍液、20%速灭杀丁乳油3 000~5 000倍液等。

10. 莲藕潜叶摇蚊

该虫主要为害莲藕的浮叶，不为害离开水面的立叶，被害叶片布满紫黑色或浆紫色虫斑，叶片全无绿色，并从四周开始腐烂，终至全叶枯萎。

常用药剂有：90%敌百虫晶体1 000～1 500倍液，或80%敌敌畏乳油1 000～2 000倍液，或50%马拉松乳油1 500～2 000倍液，或25%喹硫磷乳油1 500倍液等。

11. 根结线虫

近年来，随着设施蔬菜生产面积的迅速扩大，蔬菜根结线虫病对蔬菜生产的为害也日趋严重。根结线虫的寄主范围很广，除葱、蒜外目前尚未发现被侵染外，其余几乎所有蔬菜都已受到为害，特别是瓜类、茄果类和豆类等蔬菜受害最为严重。其主要防治措施如下。

（1）注意轮作。线虫虽能侵染多种蔬菜，但在感病程度上有明显差异，可利用蔬菜生长期短，容易轮作换茬的特点，将重病地改种感病轻的蔬菜种类或品种，实行3年以上轮作，能获得明显的效果。

（2）结合夏季休棚，亩撒施生石灰50千克，浅耕土壤10～15厘米，高温闷棚15天左右，使棚内温度达到55℃以上，可有效杀死线虫。

（3）瓜类、芹菜、番茄较易感蔬菜，定植时，穴施10%益舒宝颗粒剂5千克/亩。

（4）种植前每平方米用1.8%阿维菌素乳油1～1.5毫升对水6千克撒施，种植后再用阿维菌素3 000倍液灌根2次，每株用量300毫升，间隔期10～15天。

第五节　无公害蔬菜病虫害综合防治技术

（一）农业综合防治措施

1. 选用抗病良种

选择适合当地生产的高产、抗病虫、抗逆性强的优良品种，少施药或不施药，是防病增产经济有效的方法。

2. 栽培管理措施

一是保护地蔬菜实行轮作倒茬，如瓜类的轮作不仅可明显减轻病害而且有良好的增产效果；大棚蔬菜种植两年后，在夏季种一季大葱也有很好的防病效果。二是清洁田园，彻底消除病株残体、病果和杂草，集中销毁深埋，切断传播途径。三是采取地膜覆盖，膜下灌水，降低大棚湿度。四是实行配方施肥，增施腐熟好的有机肥，配合施用磷肥，控制氮肥的施用量，生长后期可使用硝态氮抑制剂双氰胺，防止蔬菜中硝酸盐的积累和污染。五是在棚室通风口设置细纱网，以防白粉虱、蚜虫等害虫的入侵。六是深耕改土、垄土法等改进栽培措施。七是推广无土栽培和净沙栽培。

3. 生态防治措施

主要通过调节棚内温湿度、改善光照条件、调节空气等生态措施，促进蔬菜健康成长，抑制病虫害的发生。一是“五改一增加”。即改有滴膜为无滴膜，改棚内露地为地膜全覆盖种植，改平畦栽培为高垄栽培，改明水灌溉为膜下暗罐，改大棚中部放风为棚脊高处防风；增加棚前沿防水沟，集棚膜水于沟内排除渗入地下，减少棚内水分蒸发。

二是在冬季大棚的灌水上，掌握“三不浇三浇三控”技术，即阴天不浇晴天浇，下午不浇上午浇，明水不浇暗水浇；苗期控制浇水，连阴天控制浇水，低温控制浇水。三是在防治病虫害上，能用烟雾剂和粉尘剂防治的不用喷雾防治，减少棚内湿度。四是常擦拭棚膜，保持棚膜的良好透光，增加光照，提高温度，降低相对湿度。五是在防冻害上，通过加厚墙体、双膜覆盖，采用压膜线压膜减少孔洞，加大棚体，挖防寒沟等措施，提高棚室的保温效果，就能使相对湿度降到80%以下，可提高棚温3~4℃，从而有效地减轻了蔬菜的冻害和生理病害。

（二）物理防治措施

1. 晒种、温汤浸种

播种或浸种催芽前，将种子晒2~3天，可利用阳光杀灭附在种子上的病菌；茄、瓜、果类的种子用55℃温水浸种10~15分钟，均能起到消毒杀菌的作用；用10%的盐水浸种10分钟，可将混入芸豆、豆角种子里的菌核病残体及病菌漂出和杀灭，然后用清水冲洗种子，播种，可防菌核病，用此法也可防治种线虫病。

2. 利用太阳能高温消毒、灭病灭虫

菜农常用方法是高温闷棚或烤棚，夏季休闲期间，将大棚覆盖后密闭选晴天闷晒增温，可达60~70℃，高温闷棚5~7天可杀灭土壤中的多种病虫害。

3. 嫁接栽培

利用黑籽南瓜嫁接黄瓜、西葫芦，能有效地防治枯萎病、灰霉病，且抗病性和丰产性高。

4. 诱杀

利用白粉虱、蚜虫的趋黄性，在棚内设置黄油板、黄水盆等诱杀害虫。

5. 喷洒无毒保护剂和保健剂

蔬菜叶面喷洒巴母兰400~500倍液，可使叶面形成高分子无毒脂膜，起预防污染效果；叶面喷施植物健生素，可增加植株抗病虫害的能力，且无腐蚀、无污染，安全方便。

（三）生物防治措施

1. 虫害的生物防治

（1）以虫治虫。如瓢虫、草蛉、食蚜蝇、猎蝽等捕食性天敌；赤眼蜂、丽蚜小蜂等寄生性天敌；捕食性蜘蛛和螨类等天敌的利用。

（2）以菌治虫。如苏云金杆菌（Bt）等细菌；蚜霉菌、白僵菌、绿僵菌等真菌；核型多角体病毒（NPV）；阿维菌素类抗生素；微孢子虫等原生动物的利用。

（3）植物源农药。利用藜芦碱醇溶液、苦参、苦楝、烟碱、双素碱等防治多种害虫。

2. 病害的生物防治

利用颉颃微生物，如5406菌肥、木霉素、枯草杆菌B_1等；病原物的寄生物，如黄瓜花叶病毒卫星疫苗S_{52}和烟草花叶病毒弱毒疫苗N_{14}；利用非生物诱导抗性，如苯硫脲灌根诱导菜株对黑星病的抗性，草酸盐喷洒黄瓜下部1~2叶，产生对炭疽病的抗性等；还可以使用宁南霉素、井冈霉素、多抗霉素、庆丰霉素、农抗120、Bo-10.（武夷菌素)、农用链霉素及新植霉素等农用抗生素和抗菌剂401、402（人工合成的大蒜素）等植物抗生素。

（四）科学合理施用化学农药

1. 严禁在蔬菜上使用高毒、高残留农药

如呋喃丹、3911、1605、甲基1605、1059、甲基异柳磷、久效磷、磷胺、甲胺磷、氧化乐果、磷化锌、磷化铝、杀虫脒、氟乙酰胺、六六六、DDT、有机汞制剂等，都禁止在蔬菜上使用，并作为一项严格法规来对待，违者罚款，造成恶果者，追究刑事责任。

2. 严格掌握农药使用技术

选用高效低毒低残留农药，严格执行农药的安全使用标准，控制用药次数，用药浓度和注意用药安全间隔期，特别注重在安全采收期采收食用。

果　树　篇

第一章　棚室草莓栽培技术

草莓又叫红莓、洋莓、地莓，是多年生草本植物，在全世界已知有50多种，原产欧洲。草莓植株矮小，呈平卧丛状生长，高度一般在30厘米左右。草莓果外观呈心形，鲜美红嫩，果肉多汁，酸甜可口，且有特殊的浓郁水果芳香，深受广大消费者的青睐。草莓棚室栽培自20世纪90年代发展以来，栽培效益不断提高，现已成为农民发家致富的首选种植项目。

第一节　草莓栽培模式及环境条件

一、棚室草莓栽培的主要模式

1. 促成栽培

4月中下旬至5月中上旬育苗，8月中下旬定植，10月中下旬扣棚保温，12月下旬至1月上旬开始采收。

2. 半促成栽培

4月中下旬至5月中上旬育苗，9月中下旬至10月上旬定植，11月中下旬至12月上旬扣棚保温，2月下旬至3月上旬开始采收。

二、草莓对环境条件的要求

1. 对土壤要求

适宜的土壤条件是草莓丰产的基础。草莓根系浅，表层土壤对草莓的生长影响极大。草莓适宜的土壤是土壤肥沃，保水保肥能力强，透水透气性良好，质地较疏松的沙壤土，适宜pH值为5.5～7。黏土地栽培草莓，果实味酸、色暗、品质差，成熟较沙壤土晚2～3天。在缺硼的田块栽培草莓，易出现果实畸形，落花落果严重。

2. 对水分要求

草莓由于根系浅，植株小而叶片大，老叶死亡和新叶生长频繁更替，叶面蒸腾作用强，决定了草莓在整个生长季节对水分有较高的要求。但草莓在不同的生育时期对水分的要求也不一样，如开花期田间持水量保持在70%以上；果实膨大期田间持水量保持在80%以上；浆果成熟期要适当控水，保持田间持水量的70%以上；花芽分化期适当减少水分，保持田间持水量在60%～65%，以促进花芽的分化。

3. 对温度的要求

草莓对温度的适应性较强，根系在2℃时便开始生长，5℃时地上部分开始生长。

开花期和结果期的最低温度应在5℃以上，草莓植株生长最适宜温度为20～25℃；开花适温为15～24℃，花芽分化的最适温度为17～25℃；坐果的最适温度为25～27℃；果实发育适温为18～22℃。

4. 光照

草莓是喜光植物，但又较耐阴，在花芽形成期，要求每天10～12小时的短日照和较低温度，如果人工给予每天16小时的长日照处理，则花芽形成不好，甚至不能开花结果。但花芽分化后给以日照处理，能促进花芽的发育和开花。在开花结果期和旺盛生长期，草莓需要每天12～15小时的较长日照时间。

第二节　棚室栽培常用品种介绍

棚室草莓栽培应选用早熟性强，休眠期短，低温、弱光条件下结果良好，果实品质优，风味好的优良品种。目前，栽培上常用的品种有如下几种。

1. 红颜

又称红颊，目前最优秀的日本草莓品种之一。红颜草莓生长势强，植株较高（25厘米），结果株径大，分生新茎能力中等，叶片大而厚，叶柄浅绿色，基部叶鞘略呈红色，匍匐茎粗，抽生能力中等，花序梗粗，分枝处着生一大一小两完全叶。红颜草莓每个花序4～5朵花，花瓣易落，不污染果实。

该品种果个较大，最大可达100多克，一般30～60克。果实圆锥形，种子黄而微绿，稍凹入果面，果肉橙红色，质密多汁，香味浓香，糖度高，风味极佳，果皮红色，富有光泽，韧性强，果实硬度大，耐贮运。

红颜草莓休眠浅，打破休眠所需的5℃以下低温积累为120小时，促成栽培中不用赤霉素处理。

红颜草莓生长健壮，多级花序，结果期长，产量高，一般1 400～1 650千克。

2. 章姬

又称牛奶草莓，由原章弘先生于1985年，以久能早生与女峰两品种杂交育成。章姬果实整齐呈长圆锥形，果实健壮，色泽鲜艳光亮，香气怡人。果肉淡红色、细嫩多汁；浓甜美味，含糖量高达14～17度；香味浓，回味无穷；在日本被誉为草莓中的极品。一般亩产2 000～2 500千克。

3. 妙香3号

果实圆锥形，平均单果重29.9克；果面鲜红色，富光泽；果肉鲜红，细腻，香味浓，可溶性固形物9.8%，糖酸比11.2，维生素C含量70毫克/100克；硬度0.55千克/厘米^3，比对照品种章姬高22.2%；髓心小，白色至橙红色。保护地促成栽培条件下，白粉病、灰霉病、黄萎病的发病率分别为4.3%、5.1%、6.1%，皆低于章姬。果实发育期50天左右。

产量表现：促成栽培条件下，平均亩产3 458千克。

栽培技术要点：采用起垄双行栽培，一般亩栽10 000～15 000株，花果和肥水管理等技术与一般保护地栽培品种相同。

适宜范围：在全省草莓产区种植利用。

4. 丰香

日本农林水产省蔬菜试验场久留米支场由“绯美子 X 春香”杂交育成的早熟品种。1985 年引入我国。

果实圆锥形，鲜红色，有光泽。平均单果重 16 克，最大单果重 35 克。果肉白色，果汁多，酸甜适中，香味浓。可溶性固形物含量 9% ~11%，含酸量 0.89%，每 100 克果肉含维生素 C 68.76 毫克。果实硬度中等，果皮韧性强，较耐贮运。

该品种丰产，早熟，抗病力中等，果实美观，品质优良。株产 130.5 克，商品果率 77.5%。植株开张，生长势强，匍匐茎抽生能力中等，花芽分化早，温室栽培中能连续发生花序，采收期长达 2 ~3 个月。休眠浅，5℃以下低温 50 ~70 小时即可打破休眠，是保护地栽培的优良品种，也可露地栽培。

5. 明宝

日本兵库农业试验场以“春香×宝交早生”杂交育成。

果实短圆锥形，果面鲜红色稍有光泽，果肉白色松软，果心不空。果实中等大小，平均单果重 12.6 克。果肉橘黄色，果汁较多。风味酸甜，有独特的芳香味，可溶性固形物含量为 8.7%，含酸量 1.15%，维生素 C 含量 84.3 毫克/100 克果肉。果实硬度较小，耐贮性较差。

该品种植株生长势中等，株态直立，叶片较大。抗白粉病，对灰霉病抗性也优于宝交早生。休眠期短，在 5℃以下低温 70 ~90 小时即可打破休眠，适合保护地栽培。为早熟、优质、高产的促成栽培品种。

6. 童子 1 号

河南漯河天翼生物工程有限公司从美国引进的草莓品种。

果实长圆锥形或楔形，果面平整光滑，色泽艳丽，有明显的鲜红蜡质光泽。果型大而整齐，平均单果重在 50 克以上，最大果重 154 克。果肉红色，细密坚实，硬度大，可切块或片食用，保质期长，极耐贮运，适合长途运输。果实味甜微酸，香味浓，口感好。果实成熟期一致，采收期集中，产量高。

株型中等，生长势和匍匐茎发生能力强，易形成花芽，花序发生量多，开花结果期长。抗逆性和适应性强，在高温和低温下畸形果少。抗灰霉病、白粉病。休眠性浅，5℃以下低温 60 ~90 小时即可打破休眠，适合于促成栽培。在塑料拱棚或露地栽培，同样可取得较高的产量。

该品种为大果型，抗病、耐贮，鲜食和加工兼用的优良品种。

第三节　育苗与移栽

一、育苗

草莓育苗方法主要有种子繁殖法、分株法、匍匐茎繁苗、组织培养（脱毒育苗）等。目前，大田栽培多以匍匐茎繁苗为主。但应注意：一个品种在栽培 2 ~3 年后，应引进脱毒苗进行更替。匍匐茎繁苗的主要技术环节有如下几点。

1. 育苗地选择

草莓育苗期间，既怕旱，又怕涝，因此，育苗地应选在土层肥沃深厚、地势高燥、水源条件方便，通风条件好，未种植过草莓的沙壤土地块。

2. 苗床准备

草莓生长喜土层深厚、疏松透气条件好的土壤，因此，在定植前要对育苗田块进行深耕细耙，同时要结合整地亩施腐熟有机肥5 000千克（腐熟鸡粪减半），耕匀耙细后做成宽100 ~ 120厘米的平畦。

3. 母株选择

从露地栽培田或小拱棚栽培田选择种性纯正、健壮、无病虫为害的植株作为母株。严禁在冬暖棚栽培（促成栽培）田中选择母株，以防降低繁育质量和数量。

4. 母株栽植

栽植时间的早晚，直接影响着草莓苗的繁育数量和壮苗率。母株栽植一般在春季日平均气温达到15℃以上时栽植，一般于4月下旬至5月中上旬开始定植。定植方式采取单行定植，两行间呈“品”字形，株距50 ~ 80厘米。栽植的深度为苗心茎部与地面平齐，做到“深不埋心，浅不露根”即可。

5. 苗期管理

定植时要边栽边浇水，栽植完成后，浇一次大水，以后每1 ~ 2天浇水1次，以保证充足的水分供应，直至缓苗。母株成活后喷施一次赤霉素（GA_3），浓度为50毫克/千克，以促进匍匐茎的抽发。匍匐茎发生后，将匍匐茎在母株四周均匀摆布，并在偶数节位培土压蔓，促进子苗生根。另外，要经常划除保墒，人工除草，见到花序、枯叶、病叶及时去除，并适时去除病虫为害。夏季高温季节，特别是白天温度超过30℃时，最好要进行遮阴降温、防雨，以利于幼苗生长。到8月中旬至9月初，进行断根处理。

6. 壮苗标准

具有4片以上展开叶，中心芽饱满，叶柄粗短，叶色浓绿，根系发达，根茎粗1.0厘米以上，单株鲜重30克以上，无病虫为害。

二、大田定植

1. 整地施肥

整地前，要清除前茬和杂草，细致整地，施足底肥，提高地力，以满足整个生长周期对养分的要求。一般亩铺施腐熟厩肥4 000 ~ 5 000千克（腐熟鸡粪减半），深翻30厘米，经高温闷棚后，亩施生物有机肥100千克，耙细耙平后起垄，起垄一定要精细，否则会严重影响秧苗栽植成活率和缓苗后的生长。起垄标准为：垄高20 ~ 30厘米，上宽35 ~ 40厘米，下宽50 ~ 60厘米，垄沟宽20 ~ 30厘米。

2. 消毒灭菌

采用太阳能消毒法。其具体方法是：棚室架材、墙体用菌毒清300倍液喷洒后，将基肥中的农家肥施入土壤，深翻，灌透水，土壤表面盖地膜或旧棚膜，密封棚室，进行高温闷棚。土壤太阳能消毒一般在7月、8月进行，时间至少为20天。

3. 定植时间

促成栽培于8月中下旬开始定植；半促成栽培于9月中下旬开始定植。

4. 秧苗准备

一般于移栽当天，或移栽前一天下午起苗。起苗前1~2天先浇一次起苗水。起苗后，除去老叶、病叶、弱苗等，每株保留3~5片功能叶，按大中小三级进行分级后，用5~10毫克/千克的萘乙酸或萘乙酸钠浸根2~6小时，以提高成活率。

5. 定植

采用大垄双行，定向栽培。所谓定向，就是指幼苗在匍匐茎生长方向，有一个弓背，一般将弓背朝向垄边，以便于管理、果实着色和采收。具体移栽是：按小行距25~30厘米，开沟移栽，株距10~15厘米，每亩定植10 000~16 000株。栽植深度以“深不埋心，浅不露根”为宜。每栽植完一垄，要立即灌大水，浇足浇透，以利缓苗。草莓移栽最好选在阴天进行，晴天以傍晚为宜，促成栽培移栽时，应注意适当遮阴降温。

第四节　田间管理技术

草莓的生育周期短，产量又较高，加之喜肥、喜水，必须加强以土、肥、水为中心的各项管理工作。

1. 缓苗期管理

栽植后立即浇一次透水，以后每1~2天浇一次水，连浇2~3次，直至缓苗。缓苗后要及时中耕除草，划除保墒，摘除病叶、老叶，发现匍匐茎时要及时摘除，以促进幼苗生长。

2. 扣棚保温

依据栽培模式、设施保温条件，选择适宜的扣棚时间。促成栽培多在10月中下旬开始扣棚；半促成栽培多于11月中下旬开始扣棚。

3. 底肥施用

待幼苗开始生长，在垄两侧和小行距中间开浅沟5~6厘米，使硫型三元素复合肥50~100千克，硫酸钾10~15千克，复合肥类型最好是腐殖酸型缓释肥，施肥后立即覆土。

4. 地膜覆盖

草莓一般不用除草剂进行灭草，所以选厚度0.008毫米的黑色地膜进行覆盖，以利于除草、保温、保湿。覆盖时间为草莓顶花芽显露为宜。

5. 棚室管理

（1）温度管理：大棚覆盖后，在白天温度保持25~30℃，夜间温度5~10℃，日平均气温15~20℃；开花前，白天温度以25℃左右为宜，不要超过30℃；坐果后，白天温度保持在20~25℃，夜间温度不能低于5℃，最好保持在10~15℃，；产品收获期应适当降低温度。

（2）肥水管理：浇水，最好采用膜下滴灌方式。浇水要看天、看地、看植株长势进行，以保持“湿而不涝，干而不旱”为原则。追肥，一般于顶花序显蕾时，结合浇水进行第一次追肥；顶花序果开始膨大，长至拇指大小时，进行第二次追肥；顶花序果开始采收时，进行第三次追肥；顶花序果采收盛期，进行第四次追肥。追肥要与灌水相结合，追肥量一般亩追施氮、磷、钾 15、6、21 的冲施肥 10～15 千克。

6. 其他管理措施

（1）赤霉素（GA_3）处理：为了防止植株休眠，根据草莓品种休眠深浅，在保温一周后，30% 植株现蕾时，往苗心处喷赤霉素，浓度为 5～10 毫克/千克。每株喷约 5 毫升。

（2）植株调整：及时摘除病叶、老叶和匍匐茎；开花坐果后，要进行疏花疏果，花序上高级次的无效花、无效果应及早疏除，每个花序保留 5～7 个果实；果实采收后，残留花枝要及时去除，以促进侧花芽生长发育。

（3）放蜂授粉：草莓花由于特殊结构，自花受粉能力弱，须进行人工辅助授粉。一般于开花前一周按每亩棚室放置蜂箱 1～2 箱。

7. 果实采收

待果实表面着色达到 80% 以上，就要及时采收上市。采收时间在清晨露水已干至中午以前或傍晚转凉后进行。

第五节　草莓病虫害防治技术

1. 灰霉病

症状：在叶、花、果柄、果实上均可发病。叶片受害时，病部产生褐色或暗褐色水渍状病斑，在高温条件下，叶背出现乳白色绒毛菌丝团；被害果柄呈紫色，干燥后细缩；果实被害后，初出现油渍状淡褐色小斑点。后斑点逐渐扩大，全果变软，上面着生灰色霉状物。

防治措施：增施有机肥，适施氮、磷、钾，控制氮肥施用量防止徒长；不要栽植过密，将密度控制在 8 000株/亩以内，以利通风透光，进行地膜覆盖以防止果实与土壤接触；加强清园，及时摘除老枝叶果与感病花序、病果；喷药防治，抓好早期预防。从现蕾开始，每隔 7～10 天喷药 1 次，连喷 3 次，用凯泽或乙霉威或过氧乙酸 800 倍液，或用 50% 速灭灵 800 倍液或 65% 代森锌 500 倍液喷雾。

2. 草莓叶斑病

又称蛇眼病，主要为害叶片、叶柄、果梗和嫩茎。

症状：叶片染病，在叶片上形成暗紫色小斑点，扩大后呈近圆形或椭圆形病斑，边缘紫红褐色，中央灰白色，略有细轮，使整个病斑似蛇眼状。

防治措施：一是清洁田园，将枯枝落叶烧毁或深埋。二是及早摘除病叶。三是药剂防治。

发病初期用 70% 百菌清可湿性粉剂 500～700 倍液，或用 70% 代森锰锌可湿性粉剂 600 倍液，每 7～10 天后喷 1 次，连喷 2～3 次。

3. 草莓芽枯病

为土壤真菌病害，是多种作物的重要根部病害。除为害草莓外，还为害棉花、大豆、蔬菜等160余种栽培植物和野生植物。

症状：在草莓上主要为害花蕾、新芽、托叶和叶柄基部，引起苗期立枯，成株期茎叶腐败，根腐和烂果等。

发病时，植株基部在近地面部分初生无光泽褐斑，逐渐凹陷，并长出米黄至淡褐色蛛巢状菌丝体，有时能把几个叶片连缀在一起；侵害叶柄基部和托叶时，病部干缩直立，叶片青枯倒垂，开花前受害，使花序失去生气并逐渐青枯萎倒，急性发病时呈猝倒状；花蕾和新芽染病后逐渐萎蔫，呈青枯状或猝倒，后变黑褐色枯死。

发病条件：发病适温为22～25℃，在肥大水多的条件下容易发病。保护地栽培，温度高，通风不良，湿度大，栽植过密容易导致此病害的发生和蔓延。

防治方法：一是适当稀植，合理灌水，保证通风，降低环境湿度。二是及时拔除病株，严禁用病株作为母株繁殖草莓苗。三是药剂防治。

适宜的药剂有10%多抗霉素可湿性粉剂500～1 000倍液，10%立枯灵水悬浮剂300倍液，敌菌丹水溶剂600倍液，每7天左右喷1次，共喷2～3次。温室或大棚栽培情况下，亩用5%百菌清粉尘剂110～180克进行熏蒸，每7天熏1次，连熏2～3次。

4. 草莓根腐病

又叫草莓红中柱根腐病、红心病、褐心病，是冷凉和土壤潮湿地区草莓的主要病害，水旱轮作田和老产区发病偏重。近几年，草莓根腐病有上升趋势，主要为害根系，造成干叶烂根，后期连片死亡，损失很大。

症状：主要为害根部。开始发病时，在幼根根尖或中部变褐腐烂，中柱出现红色腐烂，并可扩展到根茎，病株容易拔起。棚室栽培草莓多发生在定植后至初冬期间，老叶边缘甚至整个叶片变红色或紫褐色，继而叶片枯死，植株萎缩而逐渐枯萎死亡。

发病条件：该病是低温、高湿病害，地温6～10℃是发病适温，地温高于25℃则不发病。

防治方法：一是选无病地育苗，实行4年以上的轮作。二是在草莓采收后，将地里植株全部挖除干净，施入大量有机肥，深翻土壤，灌水后覆盖透明地膜20～30天利用太阳光消毒。三是发现病株及时挖除，在病穴内撒石灰消毒。四是药剂防治。

发病初期，对所有植株进行灌根，可用58%乙膦铝锰锌可湿性粉剂，或用60%恶霜灵可湿性粉剂500倍液，或用50%多菌灵可湿性粉剂1 200倍液，或用15%恶霉灵水剂700倍液等进行灌根，每隔7～10天，连灌2～3次。

5. 红蜘蛛

为害状：在草莓叶背面吸食汁液，被害部位最初出现小白斑点，后现红斑，严重时叶片呈锈色，状似火烧，植株生长受抑，严重影响产量。

防治措施：摘除老叶和黄叶，将有虫病残叶带出地外烧掉，以减少虫源；草莓花开前，用氧化乐果、蚜螨灵等杀卵杀螨剂1 000倍液防治两次（间隔一周）；采果前选用残毒低、触杀用作强的20%增效杀来菊酯5 000～8 000倍液喷2次，间隔5天，采果前两周禁用；收获后喷800倍液20%三氯杀螨砜加0.2波美石灰硫黄合剂。

6. 蚜虫

为害状：主要为害草莓叶、花、心叶，不仅吸取汁液，使其生长受阻，更大的为害是传播草莓病毒病。

防治措施：及时摘除老叶，清理田间杂草；春季到开花前，应喷药防治1~2次，用50%辟蚜雾2 000倍液防治。

防治草莓病害，除以上各自特殊防治措施外，以下综合防治措施，更宜多采用。

①普遍运用无毒苗，并对植株进行严格的检疫和消毒。在进行生根粉浸泡的同时，按0.1%比例加入代森铵或用甲基托布津可湿性粉剂1 000倍液浸泡植株5分钟，均有较好的防效。

②进行土壤处理，栽植前每亩用65%可湿性代森铵1千克，掺细土15千克进行沟施或穴施。

③用地膜覆盖或地面铺草以提高地温，加速植株生长，提高抗病力，同时也可减少病害土传机会。

④加强栽培管理，搞好田间卫生。在施足腐熟的有机肥的同时，结合追施化肥，使植株生长健壮，及时摘除老叶病叶，拔除病株销毁。防止过密，防止草荒，防止工具带菌。

⑤注意定期换种。一般在新栽植区周围2千米以内无老园时，应4~5年换一次种，周围有老园，2~3年就应换种。但如遇到草莓长势衰退，产量降低，就应提前换种。

第二章　桃树栽培技术

山东省临沂市地处沂蒙山区，独特的地理位置和优良的生态环境非常适合桃树的发展，截至2014年年底，临沂市桃园面积69万亩，产量130万吨，分别占全市水果园面积、产量的50.57%和54.68%，占全省桃面积、产量的37.20%和44.81%，据全国第一位，已成为我国桃业重要的生产基地和临沂市支柱性的果树产业。2009年临沂市被中国果品流通协会授予“中国桃业第一市”称号，蒙阴县2008年被全国桃产业协会命名为“中国蜜桃之都”，2014年“蒙阴蜜桃”区域公用品牌价值36.18亿元，位于全国农产品品牌价值排名第25位。

第一节　种植品种选择

一、品种、苗木选择的原则

1. 品种选择

遵循适地适树的原则，注意早、中、晚熟品种搭配，同一果园内的品种不宜过多，一般3~4个为好。生产上可选择春美、春雪、砂子早生、仓方早生、新川中岛、蒙阴晚蜜、沂蒙霜红、中油4号、中油5号、NJC19、NJC83、黄中皇、钻石金蜜、金皇后、锦香、黄金冠、锦园、锦绣、黄金实、黄金魁、锦花等品种。

2. 苗木、砧木选择

砧木以山桃、毛桃较好。建园苗木最好采用2年生苗，苗木品种与砧木纯度≥95%，侧根数量≥5条，侧根粗度≥0.5厘米，长度≥20厘米，苗木粗度≥1.0厘米，高度≥100厘米，茎倾斜度≤15度，整形带内饱满叶芽数≥6个，接芽饱满、未萌发、无根癌病和根结线虫病、无介壳虫。

二、优良品种

1. 春雪

由山东省果树研究所1998年引进筛选的美国早熟红色品种。果实圆形，果顶尖圆，缝合线浅，茸毛短而稀，两半部稍不对称，平均单果重150克，最大果重350克；果皮底色白色，全面着红色；果肉白色肉质硬脆，纤维少，风味甜、香气浓，粘核，可溶性固形物12.5%，总糖8.65%，可滴定酸0.33%。

树势旺，树姿开张，1年生枝黄褐色，新梢绿色，光滑，有光泽。叶片深绿色，叶片大，披针形，叶尖渐尖，叶基楔形。叶缘钝锯齿状，叶脉中密，叶腺肾形。铃形大花，粉红色，雌雄蕊等高，花粉量大，自花授粉。树势健壮，萌芽率高，成枝力强，长、中、短枝均能结果，易成花，花粉多，自花授粉，无须人工授粉，自然坐果率高，需注意疏果，以提高桃的品质。定植当年即结果，第三年亩产达2 000千克/亩，丰产性优良，栽培中需注意适当控制树势旺长。在山东地区4月初开花，6月上旬果实成熟，生育期70天，在0℃条件下可贮存2个月以上。该品种适应性强，抗病虫能力较强，优于同期成熟的春蕾、岗山、沙子早生等，抗穿孔病，褐腐病，潜叶蛾等。

2. 春美

中国农业科学院郑州果树研究所育成的早熟、白肉桃品种，2008年通过河南省林木品种审定委员会审定。果实近圆形，平均单果重156克，大果250克以上；果皮底色乳白，成熟后果面80%着鲜红色，艳丽美观；果肉白色，肉质细，硬溶质，风味浓甜，可溶性固形物12%～14%，品质优；核硬，不裂果，成熟后不易变软，耐贮运，可留树10天以上不落果。果实发育期75天。

树体生长势中等，树姿较开张，枝条萌芽力中等，成枝率高。一年生新梢绿色，阳面浅紫红色。叶片长椭圆披针形，叶柄阳面呈浅紫红色，具腺体2～3个，多为2个，腺体多为肾形，少数为圆形。花芽起始节位为1～3节，多为1～2节。花为蔷薇型，花瓣粉色，花粉多，自花结果，丰产性好。幼树期要加强肥水管理，促进尽快形成树冠，盛果期后要适当疏花疏果，合理控制产量。该品种需冷量550～600小时，果实发育期70天左右，适合全国各桃产区栽培。

3. 中油桃4号

中国农业科学院郑州果树研究所育成。果实椭圆形至卵圆形，果顶尖圆，缝合线浅，平均单果重148克，最大单果重206克；果皮底色黄，全面着鲜红色，艳丽美观，果皮难剥离；果肉橙黄色，硬溶质，肉质较细，风味浓甜，香气浓郁，可溶性固形物14%～16%，品质特优；黏核；果实发育期80天，郑州地区6月中旬成熟。

该品种树势中庸，树姿半开张，萌芽力、成枝力中等，各类果枝均能结果，以中、长果枝结果为主，花粉多，极丰产。

4. 中油桃5号

中国农业科学院郑州果树研究所育成。果实短椭圆形或近圆形，果顶圆，偶有突尖。缝合线浅，两半部稍不对称，果实大，平均单果重166克，大果可达220克以上；果皮底色绿白，大部分果面或全面着玫瑰红色，艳丽美观；果肉白色，硬溶质，果肉致密，耐贮运。风味甜，香气中等，可溶性固形物11%～14%，品质优，黏核。果实发育期72天，郑州地区6月中旬果实成熟。

该品种势强健，树姿较直立，萌发力及成枝力均强，各类果枝均能结果，以长、中果枝结果为主。花为铃形，花粉量多，丰产，果实成熟度高时，果肉变软变淡，应适当早采。

5. 中油桃13号

中国农业科学院郑州果树研究所育成，早熟、大果形、极丰产、优质油桃新品种。果实近圆形，果顶圆，果皮底色白，全面着浓红色。果形大或特大，单果重213～264克，大果470克以上。果肉白色，风味浓甜，可溶性固形物12%～14.5%，果肉脆，硬溶质。黏核。果实发育期约85天，成熟期6月25日左右。不裂果。花朵蔷薇型（大花型），花粉多，自交结实，极丰产。需冷量550小时左右。

大果形、极丰产、优质、不裂果，是目前综合性状最好的品种之一。生产上须严格疏果，以发挥其大果形潜力。需冷量较短，露地、保护地均可栽培。

6. 仓方早生

日本品种，仓方英藏用（塔斯康×红桃）与实生种（不溶质的早熟品种）杂交选育而成，1951年定名，1966年引入我国。果实椭圆形，两半部较对称，果顶圆平，平均果重157克，最大单果重果266克；果皮底色乳白，果面40%着红晕，茸毛较少，果皮不易剥离；果肉乳白色稍带红色，肉质致密，可溶性固形物10.5%～13.5%，风味甜，有香味；黏核，果实较耐贮运；果实发育期80天，6月底至7月初成熟。

该品种树势强健，树姿半开张，枝条粗壮，幼树以长果枝结果为主，随着树龄增长，中短果枝增多，花粉少，稔性低，需配置授粉树，产量中等。

7. 砂子早生

日本品种，上村辉男从购入的神玉、大久保品种的苗木中发现，推测是偶然实生，1994年引入我国。果实椭圆形，两半部较对称，果顶圆平，平均果重165克，最大单果重果400克；果皮底色乳白，果面40%着红晕，茸毛较少，果皮易剥离；果肉乳白色，伴有少量红色素，硬溶质，果实硬度17.55千克/厘米^2，果肉硬度5.95千克/厘米^2，纤维中等，可溶性固形物10%～12%，风味甜，有香味，半离核，果实较耐贮运。果实发育期77天，青岛6月中下旬成熟。

该品种树势中等，树姿开张，结果枝粗壮，稍稀，单花芽多，花粉败育，需配置授粉树。

8. 沙红桃

陕西省礼泉县沙红桃研究开发中心从中选育而成的早熟桃新品种，是仓方早生的浓红色芽变。果实圆形至扁圆形，果顶凹入，平均果重285克，最大果重512克，缝合线浅，两半部对称；果皮较厚，绒毛较少、短，全面着鲜红色；果实底色乳白，果肉白色，近核处与之同色，果实细腻硬脆，硬度大，味甘甜且芳香浓郁，汁液中，可溶性固形物13%，纤维少。黏核，核小。果实发育期78天，7月上旬果实成熟。

该品种树势生长健壮，树姿半开张，萌芽力强，成枝力强，长中、短果枝均能结果，以长中果枝结果为主，自然坐果率高，丰产性强、抗逆性强。

9. 锦香

上海市农业科学院林业果树研究所1977年选用双亲异质性的白肉桃杂交，母本为北农二号，父本为60－24－7，2004年8月通过上海市农作物新品种审定委员会审定，2006年通过国家林果新品种审定。果实圆形，整齐，果顶圆平，两半匀称，缝合线不明显；纵径6.7厘米，横径6.9厘米；单果平均重193克，大果重270克。果皮底色金黄，套袋时果实阳面覆盖红色彩晕（不套袋时阳面色彩深红），茸毛少，充分成熟时可剥皮。果肉金黄色，色卡6～7级，肉质细腻，纤维少，近核无红色，果肉厚2.5厘米左右，较韧，属硬溶质。可溶性固形物含量9.2%～11%，风味甜，微酸，汁液中等，香气浓、诱人。黏核，核椭圆形，色泽浅棕，核面粗糙。果实生育期为80天左右，在临沂7月5日左右成熟。锦香黄桃无花粉，栽培时要注意配置授粉树，授粉品种可选择锦绣黄桃。果实大，鲜食品质优，对炭疽病抗性强，属优秀早熟黄肉桃品种，适合于露地栽培。

10. 加纳言白桃

日本山梨县加纳言农协在浅间白桃中选育的芽变品种。果实扁圆形，果个大，平均单果重350克，最大单果重650克；果实底色绿黄，着色浓红，外观美；果肉白色，肉质软，汁多，可溶性固形物含量12%～14%，糖度高；黏核；果实生育期94天，7月上旬成熟。

该品种有花粉，丰产，极耐贮运，，可挂树上一月不软，品质极优。

11. 双红蟠

青岛农业大学2003年从早露蟠生产园中选出，2012年通过审定。果实扁圆形，果顶凹，缝合线浅；平均单果重132.3克，比对照品种早露蟠高43.3%；果实底色黄白，全面着粉红至鲜红色，着色面积是早露蟠的2倍；果肉乳白色，肉质细，硬溶质，味甜有香气，可溶性固形物含量13.6%，比早露蟠高0.7个百分点，维生素C含量4.2毫克/100克果肉，硬度11.7千克/厘米^2，比早露蟠高95%；核小，黏核。果实发育期65天左右，在潍坊地区6月中旬至7月中旬可采收上市。自花结实率55.6%。

12. 钻石金蜜

加工、鲜食兼用黄桃品种，山东临沭县生产力促进中心从生产园中发现的变异单株，2001年育成，2009年通过山东省品种委员会品种审定。果实卵圆形，两半部对称，果顶圆凸；平均单果重180克；果皮底色橙黄，果面80%着深红色，成熟期一致，果皮不能剥离；果肉橙黄色，无红色素，硬溶质，黏核，纤维含量少，近核无红色素，汁少，风味甜，香气浓，可溶性固形物含量11.9%，可滴定酸含量0.20%；原料加工利用率大于70%，加工后块形整齐，金黄色，汤汁清，香味浓；果实发育期95～100天，在鲁南地区7月中旬成熟。

13. 黄金冠

山东聊城大学从“锦绣”黄桃自然杂交实生苗中选出罐藏、鲜食兼用黄桃品种，2006年9月通过山东省科技厅组织的专家鉴定。果实中大匀称，平均单果167克，最大245克，近圆形，果顶圆平，梗洼深而中广，缝合线浅。果皮金黄色，无红晕，外观靓丽。果肉黄色，不溶质，不褐变，香气浓，果实抗挤压耐贮运；果核小，黄褐色，核平均4.1克，黏核，近核处无红色素，罐藏加工利用率82.7%；可溶性固形物13.8%，总糖9.75%，可滴定酸0.67%；鲜食酸甜适口，有浓郁的杏香味，品质优。果实罐藏加工可采期长（7月25日至8月10日），罐藏加工综合性状好，香味浓厚。7月底8月初果实成熟，果实生育期100～110天。抗干旱，耐瘠薄，高抗穿孔病的为害。

14. 新川中岛

日本品种，果实大型，单果重260～350克，大果重460克。果实圆形至椭圆形，果顶平，缝合线不明显，果实全面鲜红色，色彩艳丽，果面光洁，绒毛少而短。果肉黄白色，核附近淡红色。半黏核，核小而裂核少，可食率高达97%。肉质脆而硬，果汁多。极耐贮运，在室温条件下可贮藏10～15天，商品性好。果实含糖量13.5%以上，含酸较少，为1.15%，酸甜适口，风味特异而浓香，品质上。在山东泰安地区7月底果实成熟，生育期100～110天。

幼树生长势旺盛，生长量大。结果后树势中庸，树姿开张，树势稳定，萌芽率高，成枝力强，复花芽居多。初果期树以长中果枝结果为主，盛果期后以中短果枝结果为主。有一定自花结实能力，自然受粉坐果率较高。栽后两年结果，4年生树株产46.9千克。适应性强。

15. NJC83

金童5号，83，美国新泽西州农业试验站于1951年杂交育成。单果重158.3克，大果253克。果近圆形，果顶圆或有小突尖。果皮黄，向阳面略带红色，果皮下和近核处均无红晕，果肉橙黄，不溶质，细韧，汁液中，纤维少，味酸甜，有香气，黏核，可溶性固形物11%～12%。加工耐煮性强，罐藏加工吨耗率1∶0.87，成品色卡7级以上，适宜加工罐头。成熟期7底8月初。

16. 黄金实

聊城大学1992年从锦绣黄桃栽培园自然实生结果株中选出的加工鲜食兼用黄桃品种，2012年通过了山东省品种审定委员会的审定。果实近圆形，果顶平圆，缝合线浅；平均单果重178.4克；果实全面金黄色；果肉金黄色，硬溶质，有香气，可溶性固形物15.5%，维生素C含量10.35毫克/100克果肉，硬度13.5千克/厘米^2；核小，黏核，近核处有极少量红色素，可食率95.2%，加工利用率80.4%；果实发育期110天左右，在临沂地区8月上旬成熟。

17. NJC19

金童7号，19，原产美国新泽西州，系（Le米enree×P.I.3520）×（J.H.Hale×Goldfinch）的杂交后代（Baby gold 7）。1974年引入我国。果实近圆形，单果重178克，大果重250克，果顶圆或有小突尖，两半部较对称，缝合线明显。果皮底色黄，果肉橙黄色，腹部稍着红晕，近核处无红色或微显红色，肉质为不溶质，细密，韧性强，纤维少，香气中等，汁液较少，味酸多甜少，香气中，含可溶性固形物11%～13%，总糖8.6%，总酸0.58%，黏核。丰产性好，耐贮运，罐藏吨耗率为1：0.95，果块圆整，色卡7级以上，有光泽，加工性能好。成熟期8月中下旬。

18. 晚9号

绿化9号的变异单株，陈吴海2003年育成，鲁农审2009068号公布。

中晚熟鲜食品种。果实圆形，两侧对称，果顶平，缝合线明显；果个大，平均单果重205克，比对照品种绿化9号重17%；果面光洁，果实易着色，全面艳红至深红，对照品种果面3/4着色深红；果肉底色白，散生玫瑰红点，黏核，近核处红色，不溶质，肉质细脆，风味浓甜，有香味，可溶性固形物12%～14%；果实发育期135天，在临沂地区8月下旬成熟，比绿化9号晚熟10～15天。

19. 美香桃

日本品种，为“夕空”品种的大果型芽变。果实短椭圆形，果实大型，平均单果重350克，最大500克；果实底色白色，果实着色极易，全面鲜红色，树冠内膛亦全红色，果面洁净美观；果实硬溶质，致密多汁，汁液多，可溶性固形物含量16%以上，口感香甜，甜酸可口，香气浓郁，品质极佳；耐贮运，货架期长。果实在山东潍坊地区

8 月中下旬成熟。

该品种树势稍强，花粉量大，自花结实，早果，丰产稳产，位于新川中岛之后。抗旱，无裂果、裂核。

20. 双奥红

青岛农业大学 2005 年从北京 8 号生产园中选出芽变品种，2012 年通过山东省农作物品种审定委员会的审定。果实圆形，果顶微尖，缝合线浅，两侧对称；平均单果重 267.2 克，比对照品种仓方早生高 12.9%；果实全面着粉红色，比仓方早生高 40% 以上；成熟时果肉多半显红色，肉质细脆，硬溶质，可溶性固形物含量 14.6%，维生素 C 含量 4.6 毫克/100 克果肉，硬度 10 千克/厘米^2；离核。果实发育期 100 天左右，在潍坊地区 7 月下旬至 8 月上旬可采收上市。自花结实率 82.1%。

适宜栽植密度一般为（2 ~ 3）米 × 4 米；采用杯状形或“V”字形树形；可选用北京 8 号、早露蟠、中华寿桃等为授粉品种；花果及肥水管理、病虫害防治等技术与一般中熟桃品种相同。

21. 黄中皇

加工鲜食兼用黄桃品种，临沂市兰山区果树技术推广中心从晚黄金桃中选出的芽变，2001 年育成，2009 年通过山东省品种委员会品种审定。果实圆形，缝合线浅，两半部对称，果顶凹；平均单果重 196.6 克；果皮黄色，成熟后果面着鲜红色，果皮不易剥离；果肉橙黄色，无红色素，肉质细密，不溶质，韧性强；黏核，近核处无红色素；风味酸甜，品质佳；可溶性固形物含量 11.8%，比对照品种罐 5 高 26.9%；可滴定酸含量 0.28%，比罐 5 低 55.6%；果实发育期 130 天左右，在临沂地区 8 月中下旬成熟。

22. 金皇后黄桃

沂水县果茶中心、沂水县诸葛镇政府 1996 年从当地黄桃生产园中的变异单株育成。2008 年通过审定，属于鲜食、加工兼用品种。果实圆形，端正，缝合线明显，果顶微凸，两半部对称，平均单果重 164.7 克；果皮黄色，光滑；果肉黄色，近核处无红色，硬溶质，黏核；可溶性固形物 12%，酸甜适中，具菠萝风味，生食加工兼用，制罐品质优于对照品种金童 7 号；果实生育期 130 天左右，在临沂地区 8 月下旬至 9 月上旬成熟，比对照品种晚熟 3 ~ 5 天。

23. 锦绣

上海市农业科学院林业果树研究所培育，亲本为自花水蜜 × 云署 1 号，1973 年育成，1985 年定名，2003 年通过国家林果新品种审定。果实椭圆形，两半部不对称，果顶圆，顶点微凸，平均单果重 150 克，最大果重 275 克；果皮金黄，少数阳面着着玫瑰红晕，皮厚，韧性不强，不易剥皮；果肉金黄，色卡 7 级，近核处着放射状紫红晕或玫瑰晕，硬溶质，风味甜微酸，香气浓；可溶性固形物 13% ~ 16%；黏核；山东省 8 月底 9 月初成熟，采收期长，耐贮运。

24. 黄金魁

加工鲜食兼用黄桃品种，聊城大学 1996 年利用锦绣 × 秋白杂交育成，1999 年选出，2012 年通过山东省品种委员会品种审定。果实近圆形，果顶平圆，缝合线浅；平均单果重 287.7 克，比对照品种锦绣高 74.4%；果实全面金黄色；果肉金黄色，不溶质，有香气，可溶性固形物含量15.5%，比锦绣高0.9个百分点，维生素C含量8.86毫克/100克果肉；硬度10.65千克/厘米2；核小，黏核，近核处无红色素，可食率92.6%，加工利用率80.4%。果实发育期130天左右，在临沂地区8月下旬成熟。

25. 永莲蜜桃

9月上旬成熟，果实圆形，平顶、左右对称、缝合线深，单果重425～750克，果面鲜红色，果肉硬溶质，果实可溶性固形物含量17%～23%，黏核，品质极佳，自花结实。

26. 北京晚蜜

北京市农林科学院林业果树研究所1987年在所内杂交种混杂圃内发现，亲本不详。果实近圆形，平均单果重230克，大果重350克；果实纵径7.11厘米，横径7.11厘米，侧径7.33厘米；果顶圆，缝合线浅；果皮底色淡绿或黄白色，果面1/2着紫红色晕，不易剥离，完熟时可剥离；果肉白色，近核处红色；肉质为硬溶质，完熟后多汁，味甜；可溶性固形物含量12%～16%。粘核，核重7.6克。生育期210天左右，北京地区10月1日左右成熟。

该品种树势强健，树冠大，树姿半开张。花芽起始节位1～2节，复花芽较多。各类果枝均能结果。蔷薇形花，花粉多，自花受粉，丰产性强，5年生树亩产可达3 000千克。

27. 金秋红蜜桃

临朐县营子镇沙崖村刘元宝从冬季播种的枣庄冬桃实生苗中选出的单株，2007年通过审定。树势健壮，树姿半开张，树型紧凑；一年生枝粗壮，节间较短（1.8厘米）。果实圆形，缝合线明显，果顶略凸，果个大、均匀，平均单果重285克，比对照品种枣庄冬桃重90克，成熟时果面红色，套袋果的果面70%以上着色，果肉乳白色，近核处有红晕，肉质细密硬脆，味甘甜，可溶性固形物16%～20%，比枣庄冬桃高3个百分点以上，果皮不易剥离，黏核；果实9月底至10中旬采收，比枣庄冬桃早20天左右；果实发育期170～180天。

28. 瑞蟠21号

北京市农林科学院林业果树研究所。亲本："幻想"×"瑞蟠4号"。果实大，平均单果重235.6克，最大果重294克。果实扁平形，果个均匀，远离缝合线一端果肉较厚；果顶凹入，基本不裂；缝合线浅，梗洼浅而广，果皮底色为黄白色，果面1/3～1/2着紫红色、晕，茸毛薄。果皮中等厚，难剥离。果肉黄白色，皮下无红丝，近核处红色。肉质为硬溶质，多汁，纤维少，风味甜，较硬。核较小，鲜核重7.5克。果核褐色，扁平形，黏核。果实发育期166天左右，在鲁中地区9月中下旬成熟。

树势中庸，树冠较大。花芽形成较好，复花芽多，花芽起始节位为1～2节。各类果枝均能结果，以长、中果枝结果为主。自然坐果率高，丰产。叶长椭圆披针形，叶面微向内凹，叶尖微向外卷，叶基楔形近直角；绿色；叶缘为钝锯齿；蜜腺肾形，多为2～4个。花蔷薇形，粉红色，有花粉；萼筒内壁绿黄色。雌蕊与雄蕊等高或略低。

29. 蒙阴晚蜜

10月中旬成熟，果实近圆形，果形大，平均单果重230克，最大果重370克，果顶圆，微凸，缝合线浅。果皮底色淡绿至黄白色，果面紫红色，不裂果。果肉白色，硬溶质，完熟后多汁，风味浓甜，淡香味。可溶性固型物含量14%。黏核，耐贮运，是一个极晚熟新品种。

30. 沂蒙霜红

山东农业大学2004年用母本为寒香蜜，用中华寿桃和冬雪蜜混合花粉授粉杂交育成。2010年通过审定。大型果，单果重375克；果实近圆形，果顶圆平，略凹陷，果面红色，着色面50%~75%；果肉乳白色，肉质细，黏核；可溶性固形物含量14.4%。自花结实；果实发育期200天左右，在临沂地区10月下旬至11月初成熟，比对照中华寿桃晚熟约30天。

第二节　桃栽植技术

一、园址选择与规划

1. 园址选择

桃园要选在生态条件良好、远离污染源，产地空气环境质量、产地灌溉水质量、大气质量按照《NY5013—2006 无公害食品 林果类产品产地环境条件》执行。以土质疏松、排水良好的沙壤土为好，pH值4.5~7.5均可种植，但以5.5~6.5微酸性为宜，盐分含量≤1克/千克，有机质含量最好≥10克/千克，地下水位在1米以下。不宜在重茬地建园。

2. 园地规划

建园前统一合理地规划栽培小区、道路、排灌系统及包装车间、果品贮藏库及生产资料库房等辅助建筑物；强调防风帐建设，果园外围的迎风面应有主林带，一般6~8行，最少4行。林带要乔、灌木结合，不能与桃有相互传染的病虫害。

二、栽植

1. 果园密度

宜采用宽行密植的栽培方式，一般株行距为（2~3）米×（4~6）米。提倡高密度建园。

2. 授粉树的配置

主栽品种与授粉品种的比例一般在（5~8）：1；当主栽品种的花粉不稳时，主栽品种与授粉品种的比例提高至（2~4）：1。

3. 栽植时期

以春季发芽前较为适宜，也可在秋末冬初落叶后定植，但要采取适当的防冻保护措施。

4. 栽植方法

定植前深翻改土，按株行距要求挖定植沟，深宽80厘米×100厘米，表土与新土分开。每穴施有机肥25~35千克与表土混合均匀回填并踩实堆成馒头形。栽苗时要将根系展开，深度以根颈部与地面相平为宜。栽后需立即灌水，水渗下后覆土盖膜。推广起垄栽培。

三、土肥水管理

加强肥水管理，提升土壤肥力。秋季施基肥，每亩施入腐熟的大豆、豆饼等精制有机肥料和优质农家肥 3 吨以上，同时施入适量氮、磷、钾等速效化肥；推广桃园“畜沼果”生态循环栽培模式，扩大推广沼渣、沼液综合应用技术；推广配方施肥；在坐果期、果实膨大期等关键时期进行适时土壤追肥和叶面喷肥；花前、果实膨大期要根据天气情况及时灌水，果实成熟前 20 天左右适当控水；降雨集中的季节及时排水防涝，必要时推广建立避雨设施；推广果园行间生草和树盘覆盖技术。

（一）土壤管理

1. 深翻改土

每年秋季果实采收后结合秋施基肥深翻改土。深翻扩穴为在定植穴（沟）外挖环状沟或平行沟，沟宽 50 厘米，深 30 ~ 45 厘米。全园深翻应将栽植穴外的土壤全部深翻，深度 30 ~ 40 厘米。土壤回填时混入有机肥，然后充分灌水。

2. 覆草或生草

覆盖材料可以用麦秸、麦糠、玉米秸、干草等。把覆盖物覆盖在树冠下，厚度 10 ~ 15 厘米，上面压少量土。连覆 3 ~ 4 年后浅翻一次，浅翻结合秋施基肥进行。

提倡桃园实行生草制，以豆科、禾本科植物为宜，适时刈割翻埋于土壤或覆盖于树盘，推荐种植鼠茅草、紫花苜蓿、长毛野豌豆或黑麦草等，不提倡种植三叶草等生长量小的草种。

（二）施肥

1. 施肥原则

按照 NY/T 496《肥料合理使用准则　通则》规定执行，提倡根据土壤和叶片的营养成分分析进行配方施肥和平衡施肥。大力推广应用堆肥、沤肥、厩肥、沼气肥、绿肥、作物秸秆肥、饼肥等农家肥和生物有机肥、复合肥，禁止使用未经无害化处理的城市垃圾或含有重金属、橡胶等有害物质的垃圾；禁止使用含氯化肥和含氯复合肥。

2. 施肥方法和数量

（1）秋施基肥。提倡果实采收后施基肥，以农家肥为主，混加全年化肥使用量的 60% ~70%。施肥量按每生产 100 千克桃果施 100 ~ 200 千克优质农家肥、氮肥（N）0.7 ~ 0.8 千克、磷（P_2O_5）0.5 ~ 0.6 千克、钾（K_2O）1 千克计算。施用方法以沟施为主，杜绝地面撒施，施肥部位在树冠投影范围内。施肥方法为挖放射状沟、环状沟或平行沟，沟深 30 ~ 45 厘米，以达到主要根系分布层为宜。

（2）土壤追肥。幼龄树和结果树的果实发育前期，追肥以氮、磷肥为主；果实发育后期以磷、钾肥为主。一般一年进行 3 ~ 4 次，花前肥：春季化冻至开花前 10 天施入，以速效氮肥为主；花后壮果肥：落花后至果实开始硬核时施入。以磷、钾肥为主，配以氮肥；催果肥：果实成熟前 20 天施入，氮、钾肥配合。

（3）叶面喷肥。全年 4 ~ 5 次，一般生长前期 2 次，以氮肥为主；后期 2 ~ 3 次，以磷、钾肥为主，可补喷果树生长发育所需的微量元素。常用肥料浓度：尿素为 0.2% ~ 0.4%，磷酸二铵 0.5% ~1%，磷酸二氢钾 0.3% ~0.5%，过磷酸钙 0.5% ~1%，硫酸钾0.3%～0.4%，硫酸亚铁0.2%，硼酸0.1%，硫酸锌0.1%，10%～20%草木灰浸出液以及氨基酸叶面肥等。最后一次叶面喷肥应在距果实采收期20天以前喷施。

（三）水分管理

1. 灌溉

要求灌溉水无污染，水质应符合GB5084—2005《农田灌溉水质标准》规定，并根据桃果生育时期及降雨、土壤性质确定。全年一般需浇萌芽水、幼果速长水、果实膨大水、采后水、落叶后封冻水5次。土壤追施肥后需灌水。灌水以灌透根系分布层（40～50厘米）为宜。提倡沟灌、喷灌和滴灌，并根据生产需要加速水肥一体化技术的应用。

2. 排水

桃树怕涝，应在果园设计时设置排水系统，可通过明沟排水，也可通过起垄栽培的方式及时排水。

四、整形修剪

调减枝量，改善通风透光条件。对栽植密度较大、郁闭较重的果园，采取间伐、疏除大枝或侧枝重回缩等技术措施，打开光路，改善树冠内光照，使果园行间、冠间距保持在0.8米以上，透光率达到25%以上。应根据果园砧木和栽培密度选择合适树形，可采用自然开心形、圆柱形等。同一小区要求树形一致。

（一）自然开心形

干高40～60厘米，三大主枝轮生，基角40～60度，每主枝2～3个侧枝，第1侧枝距主干50～60厘米，侧枝间30～50厘米，侧枝与主枝的分枝角50～60度向外延伸。

1. 整形要点

定干高度60厘米，以30～60厘米为整形带，对整形带内的新梢，长到30厘米左右时按树形要求选出3个生长强旺、方位合适的新梢作为主枝，对三主枝斜插立柱诱导，使其角度符合要求。

冬剪时对选定的三主枝留60厘米短截，不够60厘米时在饱满芽处剪截，对背上和背下枝全部疏除，侧生枝尽量多留，不短截或轻短截。第2～3年主枝延长头剪去1/3，同时每主枝选留2～3个侧枝，大、中、小结果枝组适当错开，插空排列，并根据其生长情况，及时夏季修剪。

2. 修剪

以冬剪为主，夏剪为辅，冬剪主要采取长枝修剪的方法调整树体结构，维持树势平衡；夏剪主要是解决光照，每次夏季修剪量不能超过树体枝叶总量的10%。

（二）高密度桃园圆柱形整形修剪技术

高密度圆柱形树形是首先在平邑县武台镇水沟三村实验总结出来的。该园栽植罐5、NJC19等黄桃品种。这种“桃树圆柱形高密植早丰优质栽培技术”，亩植444株，第3年亩产突破万斤。目前该项高密度圆柱形树形尚为国内首创。

1. 圆柱形高密植技术特点及优势

（1）树形形成快、早结果、早丰产。传统树形需要两年才能成形。采用圆柱形高

密植技术，1 米×1.5 米栽植，亩植 444 株，第 1 年成形，第 2 年每株平均结果 5 千克，亩产 2 220千克。第 3 年亩产 5 000千克，即可超过传统栽植模式盛果期的产量，第 4 年可达 6 000千克。把盛果期的时间提前了 1～2 年。

（2）养分利用率高，养分运输便捷。由于圆柱树形没有主枝、侧枝，主干上直接着生结果枝组，修剪量小，减少了养分消耗，从根部吸收的养分可以迅速到达结果部位，大大提高了养分利用率。

（3）树形易控制，省工，易于标准化管理。圆柱形密植桃树无其他骨干枝，只要稍微调整各枝组间的关系，即可到达生长结果的平衡，修剪上只采用冬疏粗、弱枝，夏疏过密枝即可。由于树冠小，行间有作业空间，中耕、施肥、除草、打药、采摘等十分方便省工，便于机械化作业。以前 1 人管理 3～5 亩，现在可以管理 10 亩。

（4）果实品质高。由于改善了通风透光条件，提高了花芽质量和坐果率，果实着色好果个大，同时减少了病虫害的发生。

（5）产出投入比高。此项技术减少了人力、物力方面的投入，每亩可增收 1 000元左右。

2. 整形修剪（栽培）技术要点

建园。园址应选择生态条件良好，土质较好，交通便利的地块。选择健壮苗木，株行距 1 米×1.5 米定植。

土肥水管理。春季进行果园覆草 10～20 厘米，本栽植模式需要充足的养分作保障，增加施肥次数和施肥量，秋施基肥要早 8 月中下旬施完，以有机肥为主量要足，在行间施，土施追肥要及时，确保花前肥、花后壮果肥、催果肥。灌水可结合施肥进行。

整形修剪。第一要树立中干优势，保持树干直立。建议栽植健壮苗木，栽后在 40 厘米左右定干，加强肥水管理，保持主干直立，主干上新发枝条需要摘心，促进花芽分化。树高不超过 2.3 米，也可以管理者身高来确定，即伸手能够到为准。第二要夏剪促花。夏季修剪时，为了避免树体消耗养分过大，不利于花芽分化，要及早疏除过密枝条，特别是上部过密新梢，使结果枝组均匀分布在主干；限制新梢生长，用摘心、拿、扭、弯枝等方法，限制营养生长，促进营养转化，实现早积累、早成花，使树体形成足量的花芽。摘心可在 8～10 个叶片左右摘，循环摘心。第三要做好采收后修剪。采果后，要对结果枝组进行更新，疏除老结果枝组，注意培育新的结果枝组。第四要冬剪疏缓。即对当年新梢缓放，老枝疏除，但个别地方缺少枝条的不要疏除，可保留老枝基部枝代替用于来年结果。

整形修剪中应注意的几个问题：一是歪干的处理。在大风雨后出现歪干，要及时填充被活动的树窝，以免灌入雨水造成沤根死树，在春秋天进行挖土扶正，扶正后要及时浇水保墒。二是上强下弱的处理。出现上强下弱的情况时，要做好上部枝条的疏理，疏除过密枝条，同时对中部枝条下扭、捋控制其生长，促进下部枝条生长。三是主干过矮的处理。对主干过矮的情况，不要急于上放，先保留顶部枝芽任其生长，急于上放会造成树体歪斜。

其他技术措施。一是这种栽植模式要求品种自花结实率很高且极易坐果，不用人工授粉，如 NJC83、NJC19、金童 5 号、金童 8 号等，但要注意疏花疏果；二是为了控制树冠，3 年生树土施 15% 多效唑 1 克，可结合秋施基肥进行；三是可以在行间铺设反光膜促进果实着色，由于在行间进行，省时省工极易操作，而且效果很好。

五、花果管理

花期应用壁蜂授粉或人工授粉技术提高坐果率；通过花前复剪、疏花、疏果等措施，使果实在树冠内均匀分布；推广应用果实套袋技术，在疏果定果后及时套袋，采收前15～25天摘袋；摘袋后地下铺设反光膜促进果面着色。

（一）授粉

桃树的授粉以配置授粉树，通过风、昆虫等传媒来自然完成授粉过程为主，同时辅以人工辅助授粉。

1. 蜜蜂或壁蜂授粉

（1）合理放置蜂群：中华蜜蜂在桃树开花之前10天、角额壁蜂在初花期前4天左右放蜂，一般果园放中蜂数量2 000～4 000头/亩，放壁蜂100～150头/亩蜂茧，对于不是集中释放园片要加大释放量，一般300～500头/亩，放蜂后应经常检查，防止各种壁蜂天敌。放蜂期一般在15天左右。

（2）加强放蜂后的管理：果园放蜂前10～15天喷1次杀虫杀菌剂，放蜂期间不喷任何药剂，树干不能涂药物；配药的缸（池）用塑料布等覆盖物盖好；巢箱支架涂抹沥青等以防蚂蚁、粉虱、粉螨进入巢箱内钻入巢管，占据巢房，为害幼蜂和卵。中华蜜蜂授粉需要注意对蜂群的饲养，果园内要提前栽植一些蜜源植物，气温高于13℃时蜂群才采粉授粉。利用壁蜂授粉需要设置巢箱、巢管和放茧盒，并在巢前挖1个深20厘米、口径为40厘米的坑，提供湿润的黄土，土壤以黏土为好，坑内每天浇水保持湿润，供蜂采湿泥筑巢房，确保繁蜂。

2. 人工授粉

（1）花粉的制取：授粉前2～3天，选择生长健壮的桃树，摘取含苞待放的花蕾置于室内阴干取粉，温度控制在20～25℃，并将筛除花瓣等杂质的花粉装入棕色玻璃瓶中，放在0℃以下的冰箱内贮存备用。

（2）人工点授：选择晴天上午，用过滤烟嘴、棉签、气门芯、授粉棒等做成授粉器，沾上稀释后的花粉，按主枝顺序点点授到新开的花的柱头上。一般长果枝点5～6朵，中果枝3～4朵，短果枝、花束状果枝1～3朵；每沾一次可授5～10朵花，每序授1～2朵花。花粉要随用随取，不用时放回原处。

（3）授粉器授粉：花粉与滑石粉按1∶10（容积）左右充分混合后装入机械授粉器进行授粉，根据树体枝条位置调节喷粉量，以顶风喷为宜，可以提高效率20～30倍。

（4）液体授粉：盛花期将采集的花粉制成花粉液，用微型喷雾器喷雾授粉，省工又省时。花粉液的配制：先用蔗糖250克加尿素15克加水5千克，配成糖尿混合液，临喷前加花粉10～12克、硼砂5克，充分混匀，用2～3层砂布过滤即可喷雾，要随配随喷。

（二）疏花疏果

1. 疏花

桃疏花在生产上一般采用人工，在蕾期和花期进行，原则上越早越好，花蕾露瓣期即花前1周至始花前是花蕾受外力最易脱落的时期，是疏蕾的关键时期。主要疏摘畸形花、弱小的花、朝天花、无叶花，留下先开的花，疏掉后开的花；疏掉丛花，留双花、单花；疏基部花，留中部花。全树的疏花量约1/3。留花的标准：长果枝留5~6个花，中果枝留3~4个花，短果枝和花束状果枝留2~3个花，预备枝上不留花。

2. 疏果

以人工疏除为主，宜早不宜迟，可分两次进行：第一次在生理落果后（约谢花后20天）开始，疏除小果、黄萎果、病虫果、并生果、无叶果、朝天果、畸形果，选留果枝中上部的长形果、好果。已疏花的树，可不进行第一次疏果；第二次疏果也叫定果，在第二次生理落果后（谢花后40天左右）进行，早熟品种、大型果品种宜先疏，坐果率高的品种和盛果期的树宜先疏；晚熟品种、初果期树可以适当晚疏。

疏果的原则是以产定果，盛果期树要求亩产量控制在2 000~2 500千克为宜，黄桃园亩产量控制在3 500千克左右。大型果少留，小型果多留，长果枝留3~4个，中果枝留2~3个，短果枝、花束状结果枝1个或不留。

（三）套袋

1. 袋子的选择

一般以纸袋为主，选用材质牢固、耐雨淋日晒、透明度较好的袋子，目前果袋有报纸袋、套袋专用纸袋、无纺布袋等。

2. 套袋时间

在定果后及时套袋，一般在谢花后50~55天进行套袋，此期疏果工作已完成，病虫大量发生前特别是桃蛀螟产卵前进行，一般在5月中下旬开始套袋，套袋时间以晴天上午9~11时和下午3~6时为宜。

3. 套前喷药

套袋前在晴天对树体和幼果喷施一次杀虫剂和保护性杀菌剂，杀死果实上的虫卵和病菌。

4. 套袋方法

套袋顺序为先早熟后晚熟，坐果率低的品种可晚套，减少空袋率，应遵从由上到下、从里到外、小心轻拿的原则，不要用手触摸幼果，不要碰伤果梗和果台。树冠上部及骨干枝背上裸露果实应少套，以避免日烧病的发生。果园喷药后应间隔2~3天再套袋，宜在早晨露水干后进行。

5. 套袋后的管理

套袋桃园要注意加强肥水管理和叶片保护，以维持健壮的树势，满足果实生长需要。在7~9月每月喷1次300~500倍的氨基酸钙或氨基酸复合微肥。果实膨大期、摘袋前应分别浇一次透水，以满足套袋果实对水分的需求和防止日灼。果实袋内生长期应照常喷洒具有保护叶和保果作用的杀菌剂，以防病菌随雨水进入袋内为害。

6. 摘袋

摘袋一般在果实成熟前10~20天进行，在果实成熟前对树冠受光部位好的果实先进行解袋观察，当果袋内果实开始由绿转白时，就是解袋最佳时期，先解上部外围果，后解下部内膛果，一天中适宜解袋时间为上午9至11时，下午3至5时；浅色袋不用去袋，采收时果与袋一起摘下，一般在果实采收前10天左右解袋；对于单层袋，易着色品种采前4~5天解袋，不易着色品种采前10~15天解袋，中等着色品种采前6~10天解袋，先将袋体撕开使之于果实上方呈一伞形，以遮挡直射光，5～7天后再将袋全部解掉；对于双层袋，采前12～15天先沿袋切线撕掉外袋，内袋在采前5～7天再去掉。

7. 摘袋后的配套措施

果实摘袋后及时将挡光的叶片或紧贴果实的叶片少量摘去，可使果实着色均匀，摘叶时不要从叶柄基部掰下，要保留叶柄，用剪刀将叶柄剪断。铺反光膜能促进果实着色，对内膛和树冠下部的果实着色非常有利。在行间和树冠外围下面铺银色反光膜，已成为生产高档果品的必要措施。

第三节　桃病虫害防治技术

一、桃园的主要病虫害

桃园的主要病虫害有蚜虫、梨小食心虫、桃小食心虫、桃蛀螟、潜叶蛾和穿孔病、褐腐病、疮痂病、炭疽病、流胶病等。生产中应根据其发生规律和经济阈值，以农业和物理防治为基础，科学使用化学防治方法，选用生物农药和高效、低残毒农药控制病虫害。桃树各生长期病虫害综合防治措施见表2－1。

表2－1　桃树各生长期病虫害综合防治措施

物候期（时期）	主要防治对象	防治措施（可选择）
休眠期 11月至3月上旬	褐腐病、流胶病、炭疽病、穿孔病、蚜虫、蝽象、梨小等越冬病虫源	彻底清园，清理树上、地面残留病僵果、病虫枯枝、落叶，烧毁或深埋，并刮除粗翘皮，翻树盘
3月中旬前后		全树喷3～5波美度石硫合剂或波尔多液（1∶2∶200）；蚧壳虫可用机油乳剂80倍液
花露红 （4月初）	蚜虫、卷叶蛾	20%氰戊菊酯2 000倍液＋10%吡虫啉2 000倍液
谢花后 （4月中旬）	疮痂病、缩叶病及穿孔病、流胶病、黄叶病；红蜘蛛、蚜虫、蝽象、卷叶蛾；梨小、桃蛀螟、桃潜叶蛾等	1. 10%多抗霉素 2. 20%杀铃脲悬浮剂8 000倍液＋68.75%易保1 500倍液 3. 黄叶病、穿孔病、流胶病用：杀菌优500倍液＋氨基酸复合微肥500倍灌根，树上喷穿孔流胶净600倍液
新梢生长期 （5月上旬）		1. 40%福星8 000倍液＋10%蚜虱净2 000倍液＋8%宁南霉素800倍液 2. 流胶病用21%过氧乙酸水剂50倍液或杀菌优20倍液涂刷 3. 20%杀铃脲悬浮剂8 000倍液或40%毒斯蜱乳油1 500倍液
优质果套袋 （5月中旬）	褐腐病、炭疽病；蚜虫、蝽象、梨小、桃蛀螟	1. 70%甲基托布津800～1 000倍液、50%多菌灵600～800倍液、70%代森锰锌800倍液、75%百菌清800倍液 2. 悬挂糖醋液罐或桃蛀螟诱芯 3. 48%乐斯本1 500倍液或20%杀铃脲悬浮剂8 000倍液（桃蛀螟防治关键是在卵果率2%时）

（续表）

物候期（时期）	主要防治对象	防治措施（可选择）
早熟品种成熟前（5月下旬至6月上旬）	疮痂病、缩叶病、褐腐病及穿孔病、流胶病、炭疽病；红、白蜘蛛；蚧壳虫、桃蛀螟、潜叶蛾	1. 70%甲基托布津800～1 000倍液或70%代森锰锌800倍液或75%百菌清800倍液，雨后细菌性穿孔病发病快时可用：21%过氧乙酸600倍液+20%瑞宁（噻枯唑、叶青双）1 000倍液 2. 20%哒·四螨等杀螨杀卵剂2 000倍液 3. 48%乐斯本1 500倍液或52.52%农地乐2 000倍液 4. 25%灭幼脲3号2 000倍液或50%蛾螨灵悬浮剂2 000倍液
早熟品种采收期6月中旬	褐腐病、炭疽病；红、白蜘蛛、蝽象、梨小	1. 80%大生800倍液+梧宁霉菌800倍液或65%代森锌800倍液 2. 1.8%阿维菌素5 000倍液或20%扫螨净2 000倍液 3. 48%乐斯本1 500倍液或20%杀铃脲悬浮剂8 000倍液
仓方早生成熟前6月下旬至7月初 （7月中旬）	褐腐病、炭疽病、流胶病；棉铃虫、食心虫、潜叶蛾；缺素症	1. 65%代森锌800倍液+25%戊唑醇2 000倍液 2. 24%万灵3 000倍液 3. 磷酸二氢钾300倍液 1. 65%代森锌800倍液+磷酸二氢钾300倍液 2. 20%杀铃脲6 000倍液 3. 氨基酸钙、硼、锌
花芽分化期7月下旬至8月	褐腐病、炭疽病、桃流胶病、疮痂病；食心虫、潜叶蛾	1. 70%甲基托布津800～1 000倍液或70%代森锰锌800倍液或75%百菌清800倍液 2. 48%乐斯本1 500倍液、52.25%农地乐1 500倍液
采桃后	潜叶蛾、桃一点叶蝉、蚱蝉、食叶害虫	1. 10%吡虫啉3 000倍液或25%扑虱灵1 500～2 000倍液（国庆节前后打一遍防治桃一点叶蝉） 2. 剪除产卵枝梢，树干涂白

二、农业防治

1. 重视冬季清园

加强桃园清理，剪去病虫为害枝，刮除枝干的粗翘皮、病虫斑，清除树上的枯枝、枯叶、和枯果，清扫地上的枯枝、落叶、烂果、废袋等，集中烧毁。将冬剪时剪下的所有枝条及时清出果园。清理桃园所有的应用工具，特别是易藏匿病虫的杂物，如草绳、箩筐、包装袋等，最大限度地清除病虫源，减少次年春季病虫初侵染源。

2. 树干涂白

冬季修剪后，全园喷布波美5度石硫合剂一次，及时进行树干涂白，以铲除或减少树体上越冬的病菌及虫卵。

三、物理防治

1. 灯光诱杀

利用害虫较强的趋光、趋波、趋性信息的特性，通过悬挂频振式杀虫灯诱杀金龟子、吸果夜蛾等鳞翅目成虫和部分鞘翅目成虫。一般从5月中旬安装、亮灯、捕虫，使用结束时间为10月上、中旬，每天亮灯时间应结合成虫特性、季节的变化决定，可棋状分布也可闭环状分布，以单灯辐射半径120米以内为宜，达到节能治虫的目的，杀虫灯设置高度以2~2.5米对桃园害虫的诱集效果最好，幼龄树区可将装灯高度降到1.5米左右。

2. 糖醋液诱杀

可诱杀金龟子、桃蛀螟、卷叶蛾、食心虫、毛虫、大青叶蝉等害虫，糖醋液的比例：红糖：酒：醋：水=5：5：20：80，糖醋盆应挂在距地面1.5~2.0米高度的树杈上，每隔10~15天将诱杀的虫子挑捡出来并集中深埋，然后再适量添加糖醋液。糖醋盆的放置个数视果园面积大小而定，一般5个/亩，并采取梅花5点放置。

3. 性诱剂

利用生产的各种性诱芯如桃小食心虫诱芯、梨小食心虫诱芯、金纹细蛾诱芯、桃蛀螟诱芯等诱杀桃小食心虫等各种害虫，也可利用迷向丝（复合胶信搅乱迷向剂）防治卷叶蛾类、潜叶蛾类、食心虫类等害虫，果树的整个生长季节只需悬挂一次就能达到防治害虫的目的，其用法为捆绑在距地面1~1.5米背阳的树枝上，每棵树悬挂1~2根，200~250根/亩。

4. 黄板诱杀

蚜虫、白粉虱和潜叶蝇等对黄色具有强烈趋性，可设置黄板利用特殊的黏虫胶诱杀成虫，30~50块/亩，置于行间，使黄板底部与桃树顶端相平或略高。

5. 绑草诱杀

梨小食心虫等害虫，喜欢潜藏在粗树皮裂缝中越冬，可在它们越冬前，在树干上绑草把诱集害虫进来越冬，然后集中烧毁或深埋杀死，并注意要先取出其中的天敌昆虫。

6. 人工捕杀

利用金龟子、象鼻虫和舟形毛虫等有假死的特性，可在地下铺设塑料薄膜的基础上摇晃树体，待害虫落下后集中捕杀；或利用人工摘除病虫果、病叶和捕杀金龟子、天牛等害虫。

7. 贴、堵害虫

有些枝干害虫如天牛可用带药黄泥或透明胶布、塑料薄膜等材料贴、堵住虫孔；也可在主干基部（要先刮出老翘皮）绑缚一段20~30厘米的塑料薄膜，使害虫无法攀爬，或涂抹防虫环，粘杀上树害虫。

四、生物防治

1. 利用害虫天敌控制害虫

通过天敌如赤眼蜂、瓢虫、草蛉等保护、引进，进行繁殖、饲养、释放，创造有利天敌生存的环境等途径，使其建立健全的各种天敌群达到控制害虫种群数量的目的。在果园农药应用中，应充分利用和保护好捕食性天敌，做到害虫的防治与天敌的保护利用双兼顾，注重维护好生态平衡。

2. 利用有益生物或其产品，防治桃树害虫

如多抗霉素等各种生物源农药，以及利用昆虫性外激素诱杀或干扰成虫交配，潜叶蛾类可用灭幼脲或阿维菌素，食心虫、卷叶蛾类害虫，可用苏云金杆菌可湿性粉即 Bt 制剂，螨类、蚜虫类、介壳虫类可阿维菌素 4 000倍液，10% 烟碱乳油 800 ~ 1 000倍液等生物农药控制其发生和蔓延，保护和利用天敌，“以虫治虫，以菌治虫”，是开展桃树病虫无害公化防治的重要手段。

五、化学防治

（1）加强病虫害的预测预报，掌握发生规律，找出具体发生时期和防治的关键环节，以确定防治方案，抓住关键时期细致、周到、均匀的喷药。

（2）安全用药，严禁使用高毒高残留农药，选用生物农药或高效低毒、低残留农药，并要改进喷药技术，以协调防治病虫和保护天敌的矛盾。严格按照规定的浓度、每年使用次数和安全间隔期要求施用，喷药均匀周到。

（3）经济用药，严格防治指标，调整防治时期，改变见虫就喷药的观念，要根据益害比确定防治关键时期，一般天敌和害螨比例在 1∶30 时可不防治，当超过 1∶50 时开展防治，同时抓住春季害虫出蛰盛期防治，压低虫源基数，可减少全年喷药次数。

（4）合理混配农药，要明确防治的主要对象及发生阶段，确定防治对象的有效药剂或互补药剂，确保混配后有效成分不发生变化，药效不降低，对桃园不发生药害和产生抗性。

（5）提倡使用生物源农药、矿物源农药。

（6）禁止使用剧毒、高毒、高残留农药和致畸、致癌、致突变农药。

（7）使用化学农药时，按 GB 4285、GB/T 8321 规定执行。

第四节　果实采收、分级、包装、冷藏、运输

一、果实采收

1. 适时采收

可根据不同品种的发育期确定采收期，但是受气温、雨水等情况的影响，成熟期在不同年份也有变化，也要参考历年的采收期（主要鲜桃品种食用成熟度的基本性状及理化指标见 NY/T 586—2002《鲜桃》）。

2. 把握成熟度

需长途运输的应在八九成熟时采摘；贮藏用桃可在八成熟时采收；精品包装、冷链运输销售的桃果可在九十成熟时采收；加工用桃应在八九成熟时采收。

3. 分期采收

一般品种分 2 ~ 3 次采收，少数品种可分 3 ~ 5 次采收，整个采收期 7 ~ 10 天。采收时间应避开阳光过分暴晒和露水，选择早晨低温时采收为好。

二、分级

1. 挑选

剔除受病虫害侵染和受机械损伤的果实，以及形状不整、色泽不佳、大小或重量不足的果实。

2. 分级

为了使出售的桃果规格一致，便于包装贮运，必须进行分级。果实按大小、色泽等分成不同等级，分级标准见 NY/T586—2002《鲜桃》。

三、包装

果品进入流通前必须进行商品包装，包装材料应新而洁净、无异味，且不会对果实造成伤害和污染。同一包装件中果实的横径差异不得超过 5 毫米。各包装件的表层桃在大小、色泽等各个方面均应代表整个包装件的质量情况。

四、冷藏

1. 及时预冷

桃采收时气温较高，采后要尽快将桃运至通风阴凉处预冷，散发田间热，再进行分级包装，并置荫凉通风处待运。

2. 冷库贮藏

桃果品在销售前必须进入冷链系统，提倡果园自建或租用冷库进行贮藏。

五、运输

1. 运输途中温度要求

桃属鲜活易腐果品，在长途运输过程中，若管理不好，易发生腐烂变质。桃在 1 ~ 2 日的运输中，其运输环境温度建议保持在 0 ~ 7℃；在 2 ~ 3 日的运输中，其运输环境温度为 0 ~ 3℃；若在途中超过 6 天，则应与低温贮藏温度一致。

2. 鲜桃贮运技术流程

品种选择—采收—分级—包装—入恒温库—消毒—降温—运输—上市销售。

第三章　苹果高产栽培技术

临沂市苹果园面积26.27万亩，总产56.75万吨，形成了以沂水、蒙阴为重点的优势生产区域，两县2014年苹果产量分别为25.70万吨、21.23万吨，合计占全市苹果总产的82.29%，重点分布在蒙阴县的野店、高都、沂水县的诸葛、泉庄、沂水镇等5个乡镇。近几年随着果业结构的调整，新品种、新技术的推广，全国现代农业技术体系苹果示范县的建设、全国标准果园的创建、山东省现代水果技术创新体系的推动以及全省首个果业院士工作站落户我市，极大地推动了以苹果矮砧集约栽培为主要技术的推广，实行矮砧大苗建园、宽行密株、起垄栽植、设立支架、纺锤形整枝的现代栽培模式，与传统的乔化密植栽培模式相比，具有结果早、产量高、果实品质好、节省劳力、便于机械化管理和标准化生产等特点，是世界苹果生产先进国家普遍采用的栽培模式，目前已在沂水的红旗山、上古村、单家庄、沙地、长虹、恒和农场和蒙阴的高都镇、野店镇建立苹果现代矮砧集约栽培模式示范基地3.0万亩。

第一节　建　园

一、适地建园

园地周边无污染源，灌溉用水、土壤及大气环境等条件至少达到无公害果品生产的基本要求。丘陵坡地，要求活土层达到40厘米，有机质含量最好不少于10克/千克。土壤质地以砂壤土为好，pH值5.5~7.5，但以6.0~6.5微酸性为宜，盐分含量不大于1克/千克，地下水位在1.0米以下。灌溉抗旱、排涝设施齐全，可保证生产需要。前茬作物是苹果、梨、山楂、桃、樱桃等果树必须轮作换茬2年以上，并结合改良土壤后才能栽植建园，不要在重茬地建园。

二、园地规划

园地规划包括栽植小区的划分、道路及排灌系统的设置、建筑物（管理用房、工具及农资用房、包装场、配药池等）的安排和防护林带的营建等，尤其道路的规划要适应果园机械化管理和果品运输的要求。通常苹果树栽植面积应占园地总面积的85%以上，其他非生产用地不应超过总面积的15%。

1. 防护林的规划

防护林是由高大的乔木和灌木树种组成的，大型园地可设主林带和副林带。主林带是与当地主导风向相垂直或成30度以内的偏角，副林带是辅助主林带阻拦由其他方向来的有害风，与主林带相垂直；如果果园地面积不大，可环园种植防护林，防风效果较好。如果园址周围有围墙或其他建筑物遮挡，可不设置防护林带。主林带行数与当地风速，林木树冠大小、地形及有无边缘林带有关。树墙高度达4.0米以上，在配置边缘林带10~15行的条件下，主林带按5行栽植；副林带行数可根据实际情况安排2~4行即可，防风林成行、成网、成带、成片效果好。林带内部提倡乔灌混交，或针叶阔叶混交方式。双行以上者采用行间混交，单行可采用行内株间混交。有条件的地方也可采用常绿树种与落叶树种混交。在具体配置时，一般采用林带中间各行为乔木，两边各行栽灌木。但也有乔、灌隔株混栽的。

带内栽植距离可采用：乔木的行距为2.0~2.5米，株距为1.0~1.5米。灌木的株行距均以1米为宜。丘陵、沙地、山坡土薄，肥力低，株行距可适当加大，但行距最小不能小于2米，株距不得小于1.0米。在树种的选择和配置上，应注意种类多样化，避免种类单一。防护林树种应具有生长迅速、树体高大（乔木）、枝繁叶茂、寿命长、防风效果好、与苹果树无共同病虫害，根蘖少、不串根的华山松、紫穗槐等乡土树种，不能选择桧柏、不宜选择榆树、刺槐、泡桐、杨树。

2. 灌溉系统的规划

排灌系统包括排水和灌水两部分，做到旱能浇，涝能排。蓄水灌溉果园应配套修建蓄水池，沟渠与蓄水池相连。井水灌溉果园，每100亩要有1~2口井，井的位置应在全园最高处，井旁要有蓄水池，以使浇水的水温不至过低。建立配套的管道灌溉系统，最好配备完善的滴灌、喷灌或渗灌等节水栽培设施。

平地果园排水沟深80~100厘米、宽80厘米，山地果园则由坡顶到山脚，沟由浅到深（深30~60厘米、宽30~40厘米），排水沟与果园围沟相接。

3. 道路系统的规划

园地的道路系统包括主路、干路和支路。大型园地要求主路位置适中，贯穿全园，便于运输产品和肥料。主路宽3~5米，可通过大型汽车，质量要求与公路相似。干路宽2~4米，可通过马车或小型汽车及农机耕具等，干路多为小区边界线。支路宽为1.5米左右，为人行道，可方便人进行采收、喷药、修剪等作业，园地的支路一般为行间。

4. 小区划分

园地应集中连片，面积应适当规模。平地采用南北行向，或按山坡地栽植行沿等高线延长。小区按照地形、小气候和交通条件等因素进行划分，平地面积25~30亩，山坡地8~15亩。

5. 辅助建筑物建设

主要包括办公室、包装车间、果品贮藏库及生产资料库房等辅助建筑物。同时要注意电力配套，生产用电按电力安全要求，电源到田，设施规范，便于机械化作业。

第二节　品种和砧木的选择

一、品种的选择

根据市场需求选择着色好、果形端正、果个大、丰产、易管理、市场发展前景好的品种，并考虑市场需求、当地的生态条件（日照、温度、降水、土壤）、与砧木的搭配和丰产性、抗病抗逆性等因素，按照“适地适树”的原则选择品种，并做好早、中、晚熟品种的合理搭配。目前可发展的品种有：藤牧一号、秦阳、珊夏、皇家嘎啦、烟嘎3号、美国8号、元帅短枝、红将军、烟富3、烟富10、烟富6、烟富8、2001富士、烟富7等。

1. 藤牧一号

又名南部魁，原产美国，由美国普度大学（Purdue University）等3所大学联合育成，20世纪80年代初引入我国。果实圆形或长圆形，平均单果重217克，最大果320克，果形指数0.86~1.20。底色黄绿，阳面2/3以上着鲜红彩色。果点小而稀，果面洁净，光亮美观，果肉黄白色，肉质脆、汁多，酸甜适口，香味浓。果实去皮硬度8.7千克/厘米^2，可溶性固形物11.0%~12.0%。7月中下旬成熟，果实生育期86~90天。品质上。果实贮藏后易发绵。该品种树势中庸，树姿较开张，萌芽率高，成效力中等。腋花芽较多，早果性强，坐果率高，丰产，可与富士、嘎拉等互为授粉树，成熟时遇多阴天气着色差。

2. 秦阳

西北农林科技大学从皇家嘎拉实生苗中选出的早熟苹果新品种，2005年5月通过陕西省果树品种审定。果实扁圆或近圆形，平均单果重198克，最大245克。果形端正，果面鲜红色，有光泽，外观艳丽。果肉黄白色，肉质细，松脆，风味甜，有香气，品质佳。果肉硬度8.32千克/厘米^2，可溶性固形物含量12.18%，可滴定酸含量0.38%，鲁南地区7月下旬果实成熟，果实成熟期比美国8号早2周左右，比藤牧1号晚1周，果实生育期105天。该品种高抗白粉病、早期落叶病和金纹细蛾，较抗食心虫，表现早果、丰产，果形整齐、品质优异，抗性强，适应性广等特点。

3. 信浓红

日本品种，7月中下旬成熟，单果重250~300克，果实长圆形，完熟时果面着全面浓红色，洁净无锈，果形高桩、端正，外形美观。幼树丰产性强，栽后2~3年挂果，综合性状优于藤牧1号、嘎啦等，是北方优质早熟苹果良种。

4. 珊夏

又称桑莎、三萨或三夏，由日本农林水产省果树试验场盛冈支场用嘎拉×茜育成。1992年引入我国。果实圆或圆锥形，果个中大，平均单果重140~180克。果面鲜红色，美观；果肉黄白色，肉质致密、脆，汁多，味甜，适合国人的口味。果实去皮硬度8.5千克/厘米^2，可溶性固形物15.0%。8月中旬下旬成熟，常温下可贮藏2~3周。果实着色、风味、贮藏性皆好于津轻。该品种树势较弱，树姿直立，枝条细长，易发短果枝，早果、丰产性强，留果过多容易形成隔年结果，需通过疏花疏果进行控制，可与富士互为授粉树。斑点落叶病较重，果实肩部易生果锈，叶片易发黄。

5. 美国8号

美国纽约州农业试验站从嘎拉的杂交后代中选出来的优系，代号NY543。中国农业科学院郑州果树研究所于1984年从美国引入，已通过河南、陕西两省品种审定。果实近圆形，平均单果重180～200克，最大果重可达650克。果面光洁无锈，底色乳黄，着鲜红色霞。果点较大，灰白色；果肉黄白，肉质细脆，多汁，硬度稍大，风味酸甜适口，有香味浓。可溶性固形物12.0%，总糖11.3%，可滴定酸0.29%。品质上等。成熟期8月初，果实采收后室温下可贮藏半月左右。

该品种树势强健，幼树生长快，结果早，有腋花芽结果习性，丰产性强。果实成熟期在8月上旬，果实应及时采收，否则，有采前落果和果实不耐贮运现象。贮藏期过长时，果实出库后很快发绵。由于果个大、颜色鲜艳，外观非常诱人，加上其成熟期正处于苹果供应空档期，目前果实在果园就被果贩争先抢购，其市场前景可观，为一优良的早中熟品种。

6. 烟嘎3号

烟台市果树站选出的嘎拉着色优系品种。1997年选自蓬莱市龙山店镇龙阳村初某的庭院内，1998年春，在该树上采取了少量接穗嫁接在蓬莱湾子口园艺场复选圃13年生的新红星苹果树上，2008年通过了山东农作物品种审定委员会的审定。果实近圆至卵圆形，果形指数0.85～0.87，平均单果重219.2克。果面洁净，色相片红，色调鲜红至浓红，全红果比例51%，着色指数82.1%，均比对照品种皇家嘎拉高30个百分点左右；果肉乳白色，肉质细脆爽口，硬度6.70千克/厘米^2，可溶性固形物12.0%～14.0%，风味浓郁；果实发育期110～120天，在山东省烟台地区8月底至9月初成熟，8月中旬开始着色，不套袋果实8月20日即上满色，套袋果解袋6天内上满色，树冠上下和内外均能着色良好，内在品质与皇家嘎拉相当，外观品质明显优于皇家嘎拉。与富士、新红星等可互为授粉树。

7. 金都红嘎啦

招远市果业总站2004年从皇家嘎啦中选出的芽变品种，2012年通过了山东农作物品种审定委员会的审定。果实近圆形或卵圆形，果形指数0.86；平均单果重199.0克，果个整齐；果面着鲜红至浓红色，着色指数80%以上，全红果率68.2%；果肉淡黄色，肉质细脆，甜酸适口，香味较浓，可溶性固形物含量12.3%，较对照品种皇家嘎啦高近1个百分点，硬度7.3千克/厘米^2。果实发育期120天左右，在烟台地区8月下旬成熟。

8. 新红将军

早生富士着色系芽变，山东果树所1995年从日本引进。果实近圆形，果形端正，果个大，平均单果重254克，最大单果重416克，果形指数0.86，果面光洁，色泽艳丽。果肉黄白色，肉质细，松爽可口，汁多，甜酸适度，可溶性固形物含量13.5%，着色早（8月中下旬即可着色），8月底9月初自然着色全红果可达80%以上，成熟期9月上旬。树势中庸，比富士稍弱；树姿较开张，萌芽率45.38%，高接树拉枝后萌芽率

70%左右；成枝力较强，可达30%以上。1年生枝条红褐色，皮孔圆形，不规则，茸毛中多，节间平均长度2.5厘米左右，以中短果枝结果为主（高接树初期以中长果枝结果为主，有较多腋花芽），易抽生1~2个果胎副梢。

9. 阿斯

阿斯苹果是元帅系短枝型品种俄勒冈矮红的枝变，属元帅系第五代芽变品种。果实个头中大，单果重150~200克，最大500克以上，果面浓红，色泽艳丽，果形高桩，五棱突出，外观美；果肉乳白色，肉质细脆，汁多、味甜，香甜可口；树体强壮、直立，枝粗壮，萌芽率高，成枝力低，易形成短果枝，树冠紧凑，结果早，适宜密植栽培。9月中旬成熟，可贮藏至11月。

10. 赤金

新西兰品种。果实圆形或近圆形，果形端正，果形指数0.87，果个整齐，单果重140~180克；果实底色淡黄，果面披有片状鲜红色；果肉黄色，稍松，汁多，脆甜可口，微带酸味，可溶性固形物为13.8%，硬度7.8千克/厘米^2，耐贮运。果实发育期145~150天，在蒙阴9月下旬果实成熟。早果、丰产、优质、高产、抗旱、耐瘠薄、抗晚霜冻，对土壤条件要求不严格，综合性状上等。

11. 2001红富士

日本育成，是富士系枝变的优良品种，1993年青岛市果茶工作站从日本引进。果实圆形或近圆形，单果重300~400克，果形指数0.88；底色黄绿，着密集鲜红色条纹，果面光滑，蜡质多，果梗细长，果皮较薄；果肉黄白色，肉质较脆，汁液多，可溶性固形物含量14%~17%，果实硬度12~13千克/厘米^2。果实发育期180天左右，10月下旬成熟。连续结果力强，大小年现象不明显，抗旱性强，较耐寒。

12. 烟富3

烟台市果树站于1991年由长富2号中选出，1997年通过了山东省农作物品种评审委员会的审定。果实大，平均单果重245~314克。果形圆形至长圆形，果形端正，果形指数0.86~0.89，着色好，片红属I系，浓红艳丽，套袋果摘袋后5天左右即可达到全红；不套袋果实的全红比例78%~80%，着色指数95.6%。果肉淡黄色，致密脆甜，硬度8.7~9.4千克/厘米^2，可溶性固形物含量14.8%~15.4%，风味佳，10月中旬成熟。

13. 烟富6号

烟台市果树工作站，从惠民短枝富士中选出的优系，属芽变选种。1995年育成，2007年通过了山东省农作物品种审定委员会的审定。果实大型，果实圆至近长圆形，果形指数0.86~0.90，单果重253~271克；易着色，色浓红，全红果比例80%~86%，着色指数95.6%~97.2%；果面光洁；果皮较厚；果肉淡黄色，致密硬脆，汁多，味甜，可溶性固形物15.2%，硬度9.8千克/厘米^2，品质上等。短枝性状稳定，树冠较紧凑，极丰产。10月下旬成熟。

14. 烟富8

烟台现代果业科学研究所2002年从烟富3中选出芽变品种，2013年通过了山东省农作物品种审定委员会的审定。果实长圆形，高桩，果形指数0.91，平均单果重315.0克；果点稀小，果面光滑，全面着色，浓红艳丽；着色快，摘袋后开始上色和上满色时间比对照品种烟富3早5天，摘袋第8天着色95.5%以上，比烟富3高11.3个百分点，全红果率81%以上，不易褪色；果肉淡黄色，肉质致密，细脆多汁，甜酸适口，可溶性固形物15.4%，硬度9.2千克/厘米^2，比烟富3高7.0%。果实发育期185天左右，在烟台地区10月下旬成熟。选用嘎啦、元帅系、千秋等为授粉品种；花果及肥水管理、病虫害防治等技术与一般富士品种相同。

15. 烟富10

烟台市果树工作站2000年从烟富3果园中选出芽变品种，2012年通过了山东省农作物品种审定委员会的审定。果实长圆形，果形指数0.9；平均单果重326克，比对照品种烟富3高7.9%；果面着浓红色，片红，全红果比例81%以上；果肉淡黄色，肉质细脆，可溶性固形物含量15.3%，硬度9.2千克/厘米^2。果实发育期180天左右，在烟台地区10月下旬成熟。

16. 粉丽

鲜食、加工兼用，又名粉红佳人、粉红女士、粉红丽人，是澳大利亚以威廉女士与金冠杂交培育的苹果品种，烟台市果树工作站1995年从澳大利亚引入我国，2011年通过了山东省农作物品种审定委员会的审定。果实近圆柱形，果形端正，高桩，平均单果重184.5克左右，果形指数0.89。果实底色绿黄，全面着粉红色或鲜红色，色泽艳丽，着色指数94.8%，果面洁净，不平整，有光泽，蜡质多，果粉少，无果锈，外观极美。果肉乳黄色，脆硬，风味酸甜，可溶性固形物14.9%，硬度8.2千克/厘米^2；果实生育期195天左右，在烟台地区11月中旬成熟。树势强健，树姿较直立，萌芽率高，成枝力中等。幼树以长果枝和腋花芽结果为主，成龄树中、短枝和腋花芽均可结果。易成花，丰产性好。适应性强。

二、砧木的选择

根据山东生态、资源、技术等条件，建园选择平邑甜茶或八棱海棠做基砧，重点推广T337M9等优系矮化砧，M26、M7、MM106、SH系等半矮化砧。无水浇条件及冬季极端低温在~18℃以下的地方不适宜应用矮化砧木。

1. M9T－337

是由荷兰选育的苹果矮化砧木，是当前世界上苹果矮砧栽培中应用最为广泛的砧木之一，欧洲90%的矮化苹果园应用的砧木为M9T－337，具有生根容易，根系须根多，幼树树势生长旺，成花早，早果性好，具有管理技术简单、操作方便、劳动强度低、果园更新容易、通风透光好、生态环保等优点；缺点是根系分布较浅，固定性差。所以建园需要有立柱和灌溉条件。M9T－337自根砧木与M26自根砧相比，树体生长不一样，M9T－337存在“大脚”现象更明显，树体生长矮小，成花比较容易，结果早，丰产性好，生产期需要及时进行疏花蔬果。世界各地苗木繁育场对M9T－337自根砧木的评价主要有两点，一是生根和成花效果好，容易繁育和利用早期丰产；二是根系分布较浅，栽植后一定要加立柱，这一点非常重要。

2. M26

是我们国家目前应用最多的矮化砧木之一，M26作为自根砧苗木栽培后表现树体高大，枝条生长量较大，成花能力明显低于 M9T－337，成花结果较晚，因此，不宜作矮化自根砧繁育苗木。目前，我国的 M26 主要用于繁育“矮化中间砧”苗木为主。

3. SH 系列砧木

是山西果树所选育的矮化砧木。目前山西推广的主要是 3 号、6 号、19 号，河北农业大学选用的主要是 38 号和 40 号。从应用情况看，SH 系自根砧木繁育不容易生根，树势旺成花效果差，但抗寒性能较好，也不宜作为自根砧繁育苗木，适合做矮化中间砧。SH 中间砧苗木幼树树体生长较大，成花效果与 M26 中间砧木苗木相近。

4. B9

是由前苏联选育的苹果矮化砧木，自根砧苗木栽培后树体的矮化情度比 M9T－337 自根苗木大，但其抗寒性要要好于 M9T－337，成花效果跟 M9T－337 相近，也是适合苹果矮砧集约化栽培的优良砧木之一。

第三节　栽植技术

1. 栽植时期

苹果栽植时间提倡以春天栽植为主，最好现起苗木现栽。有条件的地方或生产需要也可以采用秋栽，但秋栽的苗木要特别注意栽植时间和冬季的防护，主要是防止枝干的冬季“抽条”，要注意灌足底水和培土保护。

2. 栽植密度

矮化自根砧苗株行距（1.5～2）米×（3～4）米；矮化中间砧，株行距（1.5～2.5）米×（4～4.5）米；短枝型品种株行距为（2～3）米×（4～4.5）米。

矮砧密植苹果园的株行距设计有单行密植、双行密植和 V 字形建园设计等。各国大量的比较试验结果表明，从产量与品质提高、果园操作、投资效益等多方面综合因素考虑，以单行密植栽培效果最好，建议株行距（3.5～4.0）米×（1.0～1.2）米（富士等）或（3.2～3.5）米×（0.6～1.2）米（嘎啦等），树高 3～3.5 米（行距的 0.8～0.9 倍），支架栽培 3～4 道铁丝，每 8～10 米立一根水泥干或防腐处理过的木料立柱，立柱高 3.5 米。

3. 授粉树配置

以行为单位配置授粉树，较稀植时主栽品种与授粉品种配置比例为（1～3）：1；密植时可按 4：1 配置；以株为单位，配置授粉树最低比例为 8：1。提倡选用海棠类专用授粉树，按 1：15 的比例均匀配置。

4. 大苗建园、支架栽培

应用 2～3 年生的矮砧或自根砧大苗优质建园，要求苗木高度 1.5 米以上，品种嫁接口以上 10 厘米处直径达到 1.2 厘米，芽眼饱满，根系完整，无机械损伤及检疫对象。苗木定植后设立支架，顺行向每 10～15 米设立一根高 4 米左右的钢筋混凝土立柱，上面拉 3～5 道铁丝，间距 60～80 厘米。每株树设立 1 根高 4 米左右的竹竿或木杆，并固定在铁丝上，再将幼树主干绑缚其上。

5. 起垄栽植

撒施优质土杂肥4 000千克/亩以上，并进行全园耕翻耙平，沿行向起垄，建园时将行间的土挖到垄上，垄宽1.0～1.2米，垄高30～50厘米，在垄畦中间挖穴栽树，栽植深度与苗木圃内深度一致或略深3厘米左右。定植后及时灌水，待水渗下后划锄松土，并在树盘内覆盖1.0～1.2米^{2}地膜保墒。栽植前对苗木的砧木、品种进行审核、登记和标识后，放入清水浸泡根系24～48小时，并对根系进行消毒处理。

6. 栽后管理

苗木栽植后要确保浇灌3次水，即栽后立即灌水，之后每隔7～10天灌水1次，连灌2次，以后视天气情况浇水促长。6～8月进行2～4次追肥，前期每次每株施尿素或磷酸二铵50克，后期适当增加磷钾肥。9月以后要适当控肥控水，促进枝条充实。及时进行整形修剪和病虫害防治。

第四节　土肥水管理

一、果园土壤管理

推行行间种草、树盘覆盖方式，在果园的行间进行人工种草，也可自然生草。人工种草可选用紫花苜蓿、黑麦草、鼠茅草、长毛野豌豆等。在草生长到40厘米左右时，进行机械或人工留茬15厘米左右刈割，覆盖树盘。一般9月下旬至10月上旬撒播或条播，播种量1.5～3.0千克/亩，播后喷水2～3次。人工生草果园第一年需要给草补施1～2次速效化肥，每次每亩施入尿素10～15千克，施肥后浇水。也可趁雨撒施。

二、高效施肥

采用有机肥为基础，有机肥和无机肥相结合的配方施肥。有机肥不低于当年产量的1.5倍。果树生长期根部追肥按氮、磷、钾为2：1：2的比例施入化肥。施肥量按正常的成龄丰产园，每亩施纯氮20～30千克，磷（P_2O_5）10～20千克，钾（K_2O）25～35千克。

提倡采用叶片、土壤营养分析的先进方法进行测土配方施肥，有条件的果园应每隔3～5年做一次土、叶分析，并根据分析结果调整果园的施肥方案，不同树势的施肥方案见表3－1。

表3－1　不同树势分期施肥方案

类型	旺树			中庸树			弱树		
	采后（%）	6月中（%）	8月中（%）	采后（%）	6月中（%）	7月下（%）	采后（%）	3月中（%）	6月中（%）
氮肥	60	20	20	40	40	20	30	40	30
磷肥	60	20	20	60	20	20	60	20	20
钾肥	20	40	40	20	40	40	20	40	40

1. 基肥

(1) 肥料种类。以有机肥为主，混入适量化肥。有机肥包括充分腐熟的人粪尿、厩肥、堆肥和沤肥等农家肥，以及商品有机肥；化肥为氮、磷、钾单质或复合肥以及硅钙镁肥等。

(2) 施肥时期。基肥最佳施用时期是9月中旬至10月下旬，晚熟品种可在采收后尽早施入。

(3) 施肥数量。

①成龄果园。若施农家肥，按“斤果斤肥”确定施肥量，若施入商品有机肥，一般每亩500~800千克。化肥用量按每100千克产量，补充纯氮0.4~0.6千克（折合尿素1.0~1.5千克）、纯磷0.15~0.25千克（折合15%含量过磷酸钙1~1.5千克）、纯钾0.1~0.2千克（折合硫酸钾0.2~0.4千克）确定，可根据土壤肥力和树势适当增减。土壤pH值低于5.5的果园，每亩施入硅钙镁肥100~200千克。

②幼龄果园。每亩施入优质农家肥1 000千克左右，或商品有机肥100~200千克。化肥用量，1年生树按每亩纯氮5千克（折合尿素约12千克）、纯磷5千克（折合15%含量过磷酸钙33千克）、纯钾5千克（折合硫酸钾10千克）确定，2年生加倍，3年生后根据产量确定。

(4) 施肥方法。沿行向在树冠投影内缘挖施肥沟，将有机肥、化肥与土壤混匀后施入，施肥后及时浇水。

2. 追肥

以速效化肥为主。在树冠下挖5~10厘米深的条沟，将化肥均匀施入并覆土和浇水；也可在降雨前或灌溉前地表撒施。

(1) 成龄果园。追肥主要时期为果实套袋前和果实膨大期。一般按每100千克产量，追施纯氮0.25~0.4千克（折合尿素0.6~1千克）、纯磷0.04~0.06千克（折合15%含量过磷酸钙0.25~0.4千克）、纯钾0.5~0.9千克（折合硫酸钾1.0~1.8千克）。套袋前和果实膨大期的追肥量各占一半。果实膨大期采用少量多次的追肥原则。

(2) 幼龄果园。追肥时期为萌芽前后和花芽分化期（6月中旬）。1年生树每亩施入纯氮5千克（折合尿素12千克）、纯磷5千克（折合15%含量过磷酸钙33千克）、纯钾5千克（折合硫酸钾10千克）。2年生树施肥量加倍，3年生后根据产量确定。萌芽前后和花芽分化期的追肥量各占一半。

3. 根外追肥

根外追肥可参照表3-2进行。与农药混用时要注意认真查看说明。

表3-2　苹果的根外追肥参考

时期	种类、浓度	作用	备注
萌芽前	2%~3%尿素	促进萌芽，提高坐果率	上年秋季早期落叶树更加重要
	1%~2%硫酸锌	矫正小叶病	主要用于易缺锌的果园

（续表）

时期	种类、浓度	作用	备注
萌芽后	0.3%的尿素	促进叶片转色，提高坐果率	可连续2~3次
	0.3%~0.5%的硫酸锌	矫正小叶病	出现小叶病时应用
花期	0.3%~0.4%硼砂	提高坐果率	可连续喷2次
新梢旺长期	0.1%~0.2%柠檬酸铁	矫正缺铁黄叶病	可连续2~3次
5~6月	0.3%~0.4%硼砂	防治缩果病	
5~7月	0.2%~0.5%硝酸钙	防治苦痘病，改善品质	在果实套袋前连续喷3次左右
果实发育后期	0.4%~0.5%磷酸二氢钾	增加果实含糖量，促进着色	可连续喷3~4次
采收后至落叶前	0.5~2%尿素	延缓叶片衰老，提高贮藏营养	可连续喷3~4次，浓度前低后高，下同
	0.3%~0.5%的硫酸锌	矫正小叶病	主要用于易缺锌的果园
	0.5%~2%硼砂	矫正缺硼症	主要用于易缺硼的果园

三、水分管理

提倡采用微灌、渗灌、穴贮肥水等节水灌溉方式，也可采用地面小沟灌溉，限用大水漫灌。在发芽前后至新梢生长期、幼果膨大期和果实采收后至土壤封冻前3个时期分别灌水一次。

1. 灌水时期

一般气候条件下，分别在苹果萌芽期、幼果期（花后20天左右）、果实膨大期（7月中旬至8月下旬）、采收前及土壤封冻前进行灌水。采收前灌水要适量，封冻前灌水要透彻。

2. 灌溉方法

（1）小沟交替灌溉：在树冠投影处内两侧，沿行向各开一条深、宽各20厘米左右的小沟，进行灌水。

（2）滴灌：顺行向铺设一条或两条滴管，为防止滴头堵塞，也可将滴管固定在支柱或主干上，距地面20~30厘米。一般选用直径10~15毫米、滴头间距40~100厘米的炭黑高压聚乙烯或聚氯乙烯的灌管和流量稳定、不易堵塞的滴头。流量通常控制在2升/小时左右。

3. 排水

保持果园内排水沟渠通畅，确保汛期及时排除园内积水。

四、水肥一体化技术

有条件果园可推行水肥一体化技术，在果园滴灌系统上添加施肥装置即可实现水肥一体化。按照“数量减半、少量多次、养分平衡”为原则，注入肥料，一般为土壤施肥量的50%左右；肥料配比要考虑可溶性肥料之间的相溶性（表3－3）；固体肥料要求纯度高，无杂质，在灌溉水中能充分溶解。

表3－3　部分可溶性肥料之间的相溶性

	尿素	硝酸铵	硫酸铵	硝酸钙	硝酸钾	氯化钾	硫酸钾	磷酸铵	硫铁锌铜锰	氯化铁锌铜锰	硫酸镁
尿素											
硝酸铵											
硫酸铵											
硝酸钙											
硝酸钾											
氯化钾											
硫酸钾											
磷酸铵											
硫酸铁锌铜锰											
氯化铁锌铜锰											
硫酸镁											

■表示不相溶；■表示降低溶解度；■表示相溶

特别是提倡使用带追肥枪的简易水肥一体化系统（图），追肥枪式简易追肥系统施肥就是利用果园喷药的机械装置，包括配药罐、药泵、三轮车、管子等，稍加改造，将原喷枪换成追肥枪即可。追肥时将要施入的肥料溶解于水中，用药泵加压后用追肥枪追入果树根系集中分布层的一种施肥方法。适宜于用水特别困难的区域，或者果园面积小而地势不平落差较大的区域。

第五节　树体管理

标准果园应根据果园砧木和栽培密度选择合适树形，可采用小冠疏层形、纺锤形等。同一小区应力求树形一致。

一、合理树形

生产中常用的树形有纺锤形（包括自由纺锤形、细长纺锤形、改良纺锤形）和小冠疏层形等。无论何种树形，凡能丰产的树体结构，必须做到树体骨架牢固，主枝角度

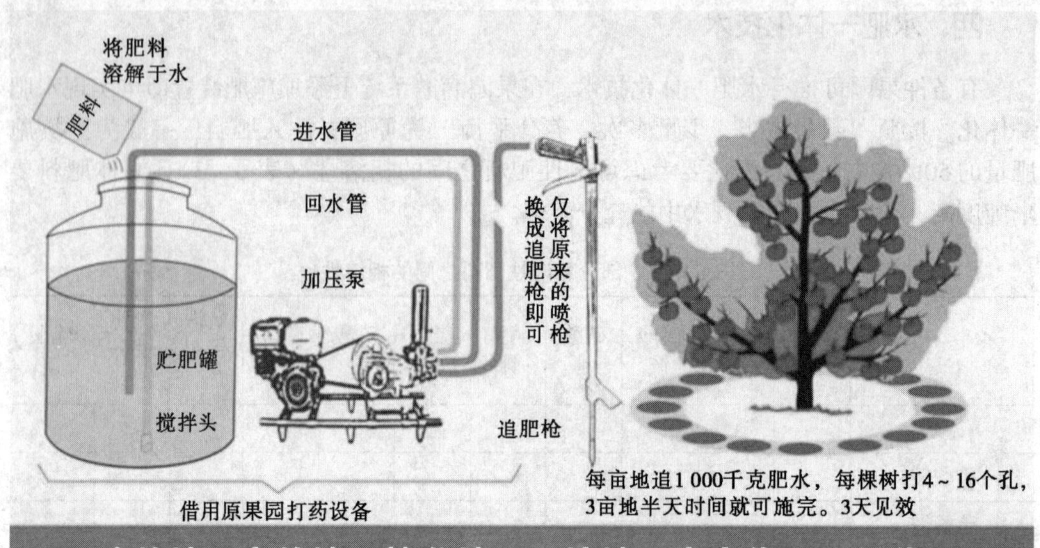

图　简易肥水一体化施肥示意

开张，枝系安排主次分明，上下内外风光通透，结果枝组健壮丰满，分布均匀，有效结果体积在80%以上。

1. 高纺锤形

适用于株距1.2米以内的果园。干高0.8～1.0米，树高3.2～3.5米，中干上直接着生25～40个侧枝。侧枝基部粗度不超过着生部位中干粗度的1/3，长度60～90厘米，角度大于110度。

2. 自由纺锤形

适用于株距2.0～2.5米的果园。干高0.6～0.8米，树高3.5～4.0米，中干上着生20～35个侧枝，其中下部4～5个为永久性侧枝。侧枝基部粗度小于着生部位中干的1/3，长度100～120厘米，角度90～110度。侧枝上着生结果枝组，结果枝组的角度大于侧枝的角度。

3. 小冠疏层形

干高40～50厘米，树高2.5～3.0米，冠径3.0米左右。全树主枝5～6个，第一层3个，主枝可以相互邻接或邻近，开角70～80度；第二层1～2个主枝，方位插在一层主枝空间，开角60～70度；第三层留一个主枝。第一、第二层间距70～80厘米，第二、第三层间距50～60厘米。主枝上不留侧枝，直接着生大、中、小型结果枝组。

二、整形

1. 高纺锤形（矮化自根砧果园宜选用高纺锤形）

（1）定植当年：带侧枝苗中干延长枝不短截，对粗度超过着生部位中干1/3的侧枝，全部采用马耳斜极重短截，其余侧枝角度开张至110度以上。6月中旬至7月上中旬，控制竞争新梢生长，保持中干优势。7 月下旬至 8 月中旬，对当年新梢角度开张至 110 度以上。

（2）定植第二年：春季修剪时，主干距地面 80 厘米以下的侧枝全部疏除；80 厘米以上的侧枝，枝轴基部粗度超过着生部位 1/3 的，根据着生部位的枝条密度进行马耳斜极重短截或疏除，其余侧枝角度开张至 110 度以上。对于当年形成的新梢处理方式与第一年相同。

（3）定植第三年后：基部直径超过 2 厘米的侧枝，根据其着生部位的枝条密度进行马耳斜极重短截或疏除，但单株疏除量一般每年不超过 2 个。对于当年形成的新梢处理方式与第一年相同。侧枝长度控制在 60～90 厘米。

2. 自由纺锤形（矮化中间砧果园宜选用自由纺锤形）

（1）定植当年：栽植后，疏除全部侧枝，保留所有饱满芽定干。萌芽前进行刻芽，即从苗木定干处下部第五芽开始，每隔 3 芽刻 1 个，刻至距地面 80 厘米处。生长期间，及时控制竞争新梢生长，其他新梢开张角度。

（2）定植第二年：发芽前一个月，对中干延长枝短截至饱满芽处，并进行相应的刻芽。对中干上的侧枝，长度在 20 厘米以下的，根据其密度疏除或甩放，20 厘米以上的全部马耳斜极重短截。5 月中下旬至 6 月中旬，对基部粗度超过中干 1/3 的新梢再次进行短截；7 月下旬至 8 月中旬，对侧生新梢拉枝开角至 90～110 度；对侧生新梢背上发生的二次梢及时摘心或拿梢，控制生长。

（3）定植第三年：发芽前一个月，围绕促花进行修剪，疏除基部粗度超过着生处中干 1/3 的侧枝，其余侧枝角度开张至 90～110 度，同时对枝条进行刻芽，并应用必要的化学、农艺措施促花。

（4）定植第四年后：春季修剪时，不再对主干延长枝进行短截，冬季修剪的主要任务是疏除密挤枝。同样情况下，疏下留上、疏大留小；树龄在 10 年以上的疏老留新。修剪的重点放在夏季，主要采用摘心、拉枝、疏剪的方法，调整树体结构和长势，促进花芽分化。

3. 小冠疏散分层形

（1）第一年整形修剪：第一年定干高度 80～90 厘米；萌芽后刻芽，促进剪口下 20～25 厘米范围内发枝。夏秋季节将新梢捋枝软化，达到 70～90 度，同时用疏除、重摘心、扭梢等办法处理竞争枝。冬剪时，对中心干延长枝，剪留 60～80 厘米，第三、四芽留在出第四骨干枝方位。选 3～4 个长势均衡、互不重叠、互不靠近的长枝剪留 40 厘米左右，当一年生枝超过 1 米时，拉枝长放。

（2）第二年整形修剪：第二年春、秋季，拉开主枝和辅养角度达 70～90 度。夏季对背上直立新梢，采用扭梢、摘心、疏枝、捋枝等方法处理。冬剪时中心干延长枝剪留 50～60 厘米，剪口留在第五骨干枝方位。对主枝延长枝轻打头，对直立枝和裙枝，落地枝要疏除，对辅养枝可进行甩放。

（3）第三年整形修剪：第三年，夏剪主要通过扭梢、摘心等措施，缓和枝势，促进花芽形成，并通过结果开冠。冬剪时除中心干延长枝剪留 50～60 厘米外，其余长枝尽量少截。

（4）第四五年整形修剪：第四五年修剪，主要是缓和树势，解决光照，延长头、延长梢甩放不剪截，并注意内膛徒长枝、过密枝，解决树体光照；5～6年后可对中心干缓放，当头弱时，适当落头降低高度。有发展空间的，小枝尽量多留，无发展空间的，可以酌情疏、缩小枝，改善光照。

三、修剪

1. 冬剪方法

（1）尽量开张主枝角度，削弱顶端优势，促生分枝，增加枝叶量。主枝角度的开张，应从栽后第一二年开始，在3年内基本完成基角的开张，4年内完成腰脚开张。同时还要注意辅养枝、临时枝及背上枝角度开张，防止旺长，一般要求拉成平斜为好。

（2）轻剪留放。采取减势修剪法，轻剪留弱芽当头，削弱了剪口枝的长势，促进下部枝芽萌发，减缓树冠扩展，提高中、短枝比例。

（3）疏枝。去粗留细、去强留弱、去直留斜，疏枝即可改善通风透光条件，又有利于养分的积累和花芽的形成。

2. 夏剪方法

（1）摘心。于5月下旬至6月上旬，当新梢半木质化时，在10～15厘米处摘心，发出副梢又长到15厘米时，在摘心5厘米处。

（2）扭梢。一般在5月下旬至6月上旬，当枝条下部4～5片叶处半木质化时，拧转180度，别住并使枝头朝下，10～15天后，伤口处还没完全愈合好时再轻轻向上掀动一下。

（3）环剥、环割。主要用于幼旺树，在主干、主枝或强旺辅养枝上进行。环剥口大小一般不超过干径1/10或为韧皮部厚度。

（4）秋拿枝。从新梢基部5～10厘米部位开始，用中指和无名指夹住枝条，拇指从上部用力把枝条压弯并稍下垂，逐步向梢端移动，以松手后枝条平斜或下垂不恢复原姿为度，拿枝时可听到枝内维管束的断裂声。损伤木质但不折断。

第六节　花果管理

实行合理限产，重点是提高果品质量。管理水平较高的果园亩产量控制在3 000～4 000千克，管理水平高的果园亩产量控制在5 000～6 000千克。果品质量达到品种特征要求，符合无公害水果质量标准。商品果率95%以上，优质果率80%以上。平均单果重大果型200克以上，中果型180克以上，小果型160克以上。大果型80毫米以上果实不低于60%，75毫米以上果实不低于90%，中果型75毫米以上果实不低于60%，70毫米以上果实不低于90%。小型果75毫米以上不低于50%，70毫米以上不低于80%。果面平均着色面积，嘎啦大于50%，红星系大于85%，富士系大于70%。可溶性固形物含量在12%以上；病虫果率5%以下。

一、促进坐果

1. 花期喷硼

盛花初期喷0.2%～0.3%的硼砂溶液。

2. 壁蜂授粉

初花前3～5天开始放蜂，每800米^{2}设一个壁蜂巢箱，蜂箱距不超过300～500米，每亩释放壁蜂200～300头。放蜂期间严禁使用任何化学药剂。

3. 人工授粉

人工授粉作为辅助授粉手段，在苹果盛花初期用鸡毛翎蘸花粉点花进行授粉，每个花序点授1～2朵花。授粉时间在上午9～11时，下午2～4时。

4. “倒春寒”的预防

在花期的时候注意观察天气预报，在冷空气到来之前，采取果园生烟、喷水、喷施天达2116、碧护等防冻措施。

二、调控产量

1. 花前复剪

在花芽萌动后至盛花前进行，剪除残次花和多余花，串花枝留2～4个花芽回缩，腋花芽一年生枝留一两个花芽短截。花芽萌动后（能够认准花芽时为准），及时疏除树体上多余的弱果枝，缩剪细长串花枝，破除部分中长果枝花芽，保持花芽与叶芽比一般壮树花枝和叶枝比为1∶3，弱树花枝和叶枝比为1∶4。

2. 疏花

铃铛花至盛花期进行，疏花在4月上中旬苹果花露红时开始，每15～20厘米选留1个健壮花序，每花序只保留中心花坐果，边花全部疏除。疏掉晚开的花留早开的花；疏掉各级枝延长头上花，并保持多留出需要量的30%。

3. 疏（定）果

为减少养分消耗，疏果的关键是抓“早”，花后两周开始疏（定）果，30天内完成。疏边果留中心果，疏小果留大果，疏扁圆果留长圆果，疏畸形果、病虫果留好果；多留冠内果，少留或不留梢头果；留果台副梢壮的果，不留果台副梢；健壮枝上多留果，弱枝少留果。按间距法留果，留果间距为大型果品种20～25厘米，中型果品种15～20厘米，小型果品种15厘米左右；按叶果比法留果，大型果叶果比为（25～30）∶1，小型果叶果比为（15～20）∶1。

三、果实套袋提升质量

1. 果袋选择

黄色和绿色品种选用单层纸袋，红色品种选用内袋为红色的双层纸袋，实行全园全树套袋。

果袋质量的好坏直接影响套袋果的商品质量。现在果袋市场很乱，不能盲目购买，一定要看其有无国家注册商标。在临沂应用效果较好的果袋有日本小林袋、龙口凯祥袋、清田袋、山松袋、养马岛袋、双宝袋等，双黑袋和黄条纹袋效果较差。

2. 套袋前的管理和套袋时间

苹果套袋以谢花后40天左右最好，临沂最佳时间为5月20日至6月5日，而一天中以上午8~10点、下午3~5点为适宜套袋时间。

进行严格疏果。要求每个果台留单果，要把那些果型不正、果柄短、背上果全部疏掉。每亩留果量宜1.2万~1.4万个。

进行2~3次病虫害防治。杀菌剂首选70%安泰生800倍液、68.75%易保1 000倍液、8%强尔宁南霉素2 500倍液、50%多菌灵1 000倍液等，禁止喷国产代森锰锌、退菌特、波尔多液等杀菌剂和乳油类杀虫剂，以免造成隐性药害，导致果点放大，果皮粗糙，皴皮裂口，果锈严重，皮孔黑点等。套袋前最后一遍药应在套袋3天前结束。套袋后的病虫害防治主要以保护叶片为主。

3. 正确应用套袋技术

套袋时必须撑开纸袋，使纸袋充分膨胀，角底通风口张开，让果实悬于纸袋中央，然后扎紧袋口。

4. 去袋与着色管理

去袋时间。去袋一般在10月上旬，去袋后1~3天应喷一遍70%安泰生800倍液、8%强尔宁南霉素2500倍液，防止斑点落叶病菌侵染套袋果。采收应在去袋后20天左右，采收过早套袋果容易脱色，过晚则果皮显得粗糙，色泽发暗。

摘叶与转果。套袋苹果的摘叶要在去袋后3~5天进行，要把那些果实附近影响光照的叶片摘去，摘叶量以20%~30%为宜。果实的转果要在去袋后7天左右进行，把那些有依托的果实进行转果。转果时，用手轻轻地把果实阳面转向背阴面。

5. 加强地面管理

去袋后，如果地面湿度大，积水会对果实着色有影响，要多划锄，保持地表土干燥；再把那些离地面近的无效枝、主枝背上影响光照枝部分疏除；有条件的果园可在树下铺反光膜，以提高果实着色度。

四、适期采收

根据果实成熟度、用途和市场需求等因素确定采收适期。成熟期不一致的品种，应分期采收。

1. 采收成熟度的确定

（1）果实生长期：果实生育期即从落花到果实成熟所需要的天数，主要苹果品种生育期见表3-4。

（2）果实硬度：红富士7.3~8.2千克/厘米^2，嘎啦6.5~7.0千克/厘米^2，澳洲青苹8.0~9.0千克/厘米^2，新红星6.5~7.6千克/厘米^2，国光9.5千克/厘米^2，秦冠8.7千克/厘米^2，乔纳金6.3~6.8千克/厘米^2，王林6.3~6.8千克/厘米^2。

（3）可溶性固形物和可滴定酸：常见品种适合采收时的可溶性固形物和可滴定酸的含量指标见表3-5。

表 3-4　主要苹果品种生育期

品种	果实发育期（天）	品种	果实发育期（天）
藤木一号	90~95	金冠	135~150
珊夏	90~110	乔纳金	135~150
美国8号	95~110	王林	150~160
嘎啦	110~120	国光	160~175
津轻	120~125	澳洲青苹	165~180
新红星	135~155	富士	170~185
王林	145~165	粉红女士	180~195

表 3-5　常见品种适合采收时的可溶性固形物和可滴定酸的含量指标

品种	可溶性固形物（%）	总酸量（%）	品种	可溶性固形物（%）	总酸量（%）
富士	≥14.0	≤0.40	红玉	≥12.0	≤0.90
嘎啦	≥12.5	≤0.35	澳洲青苹	≥12.5	≤0.80
粉红女士	≥13.0	≤0.90	金冠	≥13.5	≤0.60
国光	≥13.5	≤0.80	津轻	≥13.5	≤0.40
寒富	≥14.0	≤0.40	乔纳金	≥13.5	≤0.50
红将军	≥14.0	≤0.40	秦冠	≥13.0	≤0.30
新红星	≥11.0	≤0.40	王林	≥13.5	≤0.35
华冠	≥12.5	≤0.35	元帅	≥11.0	≤0.40

2. 采收方法

（1）采收方法：工人要修平指尖，戴上手套，用手掌将果实向上一拖，果实即自然脱落，然后轻放入采收篮。

（2）采收时间：采收尽量安排在早晨和下午4点以后进行。

（3）采收过程：一是按照由外向内，由下向上的顺序采收，采收树冠顶部的果实用梯子，少上树；二是采摘时一定保留果柄，采摘后将果柄剪至稍低于梗洼；三是对成熟度不一致的品种，要分期采收，可提高果实品质和便于管理；四是整个采收过程要轻摘轻放。

3. 采后管理关键技术

采后田间管理不超过12小时，田间地头临时存放，设防雨遮阴棚；用于贮存或外运的苹果采后及时预冷，入库时间不超过48小时，将果温尽快降到0~2℃。

第七节　苹果病虫害综合防治技术

以农业和物理防治为基础，生物防治为核心，按照病虫害的发生规律和经济阈值，科学使用化学防治技术，有效控制病虫为害。

一、农业防治

农业防治是利用农业栽培管理技术措施，有目的改变某些环境因素，避免或减少病虫的发生，达到保产保质的要求。

（1）在苹果常规管理，通过农作防治病虫害的机会很多。新建园应避免自然灾害，应有规范的防风林和排水设施。

（2）施肥时，不施未经腐熟的人畜粪便；果园内要控制杂草和生草高度；无生草果园冬初深翻，破坏土中越冬病虫害的正常生存环境和被翻出土表冻死或风干死；及时夏剪，清除萌蘖和徒长枝，冬季落叶后，清除园中病虫为害的残枝落叶，带出园外集中烧毁或深埋；不用剪下的枝梢作支撑材料和做篱笆。

（3）消除病株残余，砍除转主寄主，摘除病僵果，刮除翘皮，清扫落叶等可及时消灭和减少初侵染及再侵染的病菌来源。

（4）选育、利用抗病虫的品种，在一定程度上可达到防治某些病虫的目的。

（5）建园时考虑到树种与害虫的食性关系，避免相同食料的树种混栽，如避免苹果和梨、桃、李等树种混栽，可减少某些食心虫的发生。

（6）坚持每年秋末施基肥，每亩施优质有机肥5 000千克以上。应增施磷、钾肥，尤其后期一定要控制氮肥。做到旱浇涝排，防止干旱和积水，并注意避免冻害。

二、物理防治

主要是根据病虫害的生物学习性和生态学原理，如利用害虫对光、色、味等的反应来消灭害虫。

（1）频振式杀虫灯：利用害虫的趋光性原理制成的诱杀害虫的装置。引诱源用黑光灯，杀虫用高压频振式电网，架设于果园树冠顶部，可诱杀苹果各种趋光性较强的害虫。每台可覆盖果园0.8～1.0公顷，可减少杀虫剂用量50%。

（2）瓦楞纸诱虫带：利用害虫沿树干下爬越冬的习性，在树干分枝下5～10厘米处绑扎瓦楞纸诱虫带诱集叶螨、介壳虫、卷叶蛾等，越冬后销毁。树干粘贴双面胶带亦对该类害虫有良好的黏杀作用。

（3）树盘覆盖塑膜：早春土壤中越冬害虫出土前用塑膜覆盖树盘，可有效阻止食心虫、金龟甲和某些鳞翅目害虫出土，致其死亡。

（4）诱蚜黏胶板：利用苹果蚜虫的趋黄色习性，在有翅蚜的迁飞期，用涂有黏胶的黄色纸板置园间黏捕蚜虫。

（5）糖醋液诱杀：用糖醋液加适量白酒置广口瓶内诱杀大体型啃食果肉的金龟甲和吸果夜蛾。

（6）性外激素迷向法：目前已开发并用于生产的有桃小食心虫、苹小卷叶蛾、金纹细蛾、苹果蠹蛾等的性外诱芯已面市。国产诱芯多为胶塞式，含量为60～80毫克，每亩悬挂（距地面1.5米的树冠内）50枚，一年更换1～2次，可有效干扰害虫的求偶交尾。据国外经验，迷向法一要大面积使用，二要连年坚持使用。

（7）果树大枝上绑草或破麻袋片，诱集害虫化蛹越冬，然后集中杀灭。

三、生物防治

生物防治是利用某些生物或生物的代谢产物以防治病虫的方法。生物防治可以改变生物种群组织成分，且能直接消灭病虫。生物防治的优点是对人畜、植物安全，没有污染，不会引起病虫的再猖獗和形成抗性，对一些病虫的发生有长期的抑制作用。可以说生物防治是综合防治的一个重要内容，但是，生物防治还不能代替其他防治措施，也有它的局限性，必须与其他防治措施有机地配合，才能收到应有的效果。利用生物防治害虫，主要有以虫治虫，以菌治虫、激素应用、遗传不育及其他有益动物的利用等5个方面；防治病害中有可能利用的有寄生作用、交叉保护作用及各种抗生素等。

（1）以虫治虫。瓢虫类、草蛉类、小花蝽类、食蚜虻和食蚜蝽等，捕食蚜虫、叶螨、卷叶虫和食心虫类，食蚜蝇、草蛉和七星瓢虫等以蚜虫为食；赤眼蜂，控制卷叶蛾和梨小食心虫，对卵块有较高的寄生率。小黑花蝽、中华草蛉、深点食螨瓢虫和西方盲走螨可控制叶螨为害。

（2）以菌治虫。常利用的有杀螟杆菌、苏云金杆菌、白僵菌、青虫菌等，这些菌对鳞翅目害虫的幼虫有良好的防治效果。

（3）以菌治菌。已广泛应用的春雷霉素防治苹果腐烂病，青霉素和井冈霉素防治苹果早期落叶病，内疗素防治轮纹病和白粉病，灰霉素防治苹果花腐病等，均有良好的防治效果。

四、化学防治

建立主要病虫害的监测监控系统，准确测报，对其进行统控统防，做到有针对性的适时用药，未达到防治指标或益害虫比合理的情况下不用药。必须严格按无公害食品苹果生产技术规程（NY/T5012）的要求推广使用生物源农药、矿物源农药和低毒有机合成农药，有限度地使用中毒农药，禁止使用剧毒、高毒、高残留农药。苹果园允许使用的主要杀虫杀螨剂、苹果园允许使用的主要杀菌剂、苹果园限制使用的主要农药品种分别见表3－6、表3－7、表3－8。

1. 休眠、萌动期

重点防治苹果腐烂病、枝干轮纹病和红蜘蛛，主要措施为清洁果园、刮树皮、树干涂白和树体喷布石硫合剂等药剂。

2. 花期前后

花前重点防治金纹细蛾、叶螨、蚜虫等害虫，花期选用中生菌素、多氧霉素等生物药剂防治苹果霉心病。为了不影响壁蜂、蜜蜂授粉，花期不宜喷施化学农药。

3. 幼果期

谢花后第一、第三周，重点防治叶螨、蚜虫、金纹细蛾、棉褐带卷蛾、桃蛀果蛾以及锈病、白粉病等；套袋前 3 天全园周密喷布一遍杀虫杀菌剂保护幼果；套袋后重点防治斑点落叶病、轮纹病、炭疽病。

4. 果实膨大期

重点防治轮纹病、斑点落叶病、褐斑病、金纹细蛾、二斑叶螨、食心虫等病虫。喷药间隔期一般 10～15 天，遇雨缩短至 7～9 天。

5. 采果期前后

重点防治果实轮纹病和炭疽病、大青叶蝉、金纹细蛾、叶螨等病虫害。采收前 20 天停止用药。

表 3－6　苹果园允许使用的主要杀虫杀螨剂

农药品种	毒性	稀释倍数和使用方法	防治对象
0.3% 苦参碱水剂	低毒	800～1 000 倍液，喷施	蚜虫、叶螨等
10% 吡虫啉可湿粉	低毒	5 000 倍液，喷施	蚜虫、金纹细蛾等
25% 灭幼脲 3 号悬浮剂	低毒	1 000～2 000 倍液，喷施	金纹细蛾、桃小食心虫等
50% 辛脲乳油	低毒	1 500～2 000 倍液，喷施	金纹细蛾、桃小食心虫等
50% 蛾螨灵乳油	低毒	1 500～2 000 倍液，喷施	金纹细蛾、桃小食心虫等
20% 杀铃脲悬浮剂	低毒	8 000～10 000 倍液，喷施	桃小食心虫、金纹细蛾等
50% 辛硫磷乳油	低毒	1 000～1 500 倍液，喷施	蚜虫、桃小食心虫等
5% 尼索朗乳油	低毒	2 000 倍液，喷施	叶螨类
10% 浏阳霉素乳油	低毒	1 000 倍液，喷施	叶螨类
20% 螨死净胶悬剂	低毒	2 000～3 000 倍液，喷施	叶螨类
15% 哒螨灵乳油	低毒	3 000 倍液，喷施	叶螨类
40% 灭多乳油	中毒	1 000～1 500 倍液，喷施	苹果棉蚜及它蚜虫等
99.1% 加德士敌死虫乳油	低毒	200～300 倍，液喷施	叶螨类、蚧类
苏云金杆菌可湿粉	低毒	500～1 000 倍液，喷施	卷叶虫、尺蠖、天幕毛虫等
10% 烟碱乳油	中毒	800～1 000 倍液，喷施	蚜虫、叶螨、卷叶虫等
5% 卡死克乳油	低毒	1 000～1 500 倍液，喷施	卷叶虫、叶螨等
25% 扑虱灵可湿粉	低毒	1 500～2 000 溶液，喷施	介壳虫、叶蝉
5% 抑太保乳油	中毒	1 000～2 000 倍液，喷施	卷叶虫、桃小食心虫

表 3－7　苹果园允许使用的主要杀菌剂

农药品种	毒性	稀释倍数和使用方法	防治对象
5% 菌毒清水剂	低毒	萌芽前 50 倍液涂，100 倍液喷	苹果树腐烂病、苹果枝干轮纹病
腐必清乳剂（涂剂）	低毒	萌芽前 2～3 倍液，涂抹	苹果树腐烂病、苹果枝干轮纹病
2% 农抗 120 水剂	低毒	萌芽前 20 倍涂，100 倍液喷	苹果树腐烂病、苹果枝干轮纹病
80% 喷克可湿粉	低毒	800 倍液，喷施	苹果斑点落叶病、轮纹病、炭疽病
80% 大生 M－45 可湿粉	低毒	800 倍液，喷施	苹果斑点落叶病、轮纹病、炭疽病
70% 甲基托布津可湿粉	低毒	800～1 000 倍液，喷施	苹果斑点落叶病、轮纹病、炭疽病
50% 多菌灵可湿粉	低毒	600～800 倍液，喷施	苹果轮纹病、炭疽病
40% 福星乳油	低毒	6 000～8 000 倍液，喷施	苹果斑点落叶病、轮纹病、炭疽病
1% 中生菌素水剂	低毒	200 倍液，喷施	苹果斑点落叶病、轮纹病、炭疽病
27% 铜高尚悬浮剂	低毒	500～800 倍液，喷施	苹果斑点落叶病、轮纹病、炭疽病
波尔多液	低毒	200 倍液，喷施	苹果斑点落叶病、轮纹病、炭疽病
50% 扑海因可湿粉	低毒	1 000～1 500 倍液，喷施	苹果斑点落叶病、轮纹病、炭疽病
70% 代森锰锌可湿粉	低毒	600～800 倍液，喷施	苹果斑点落叶病、轮纹病、炭疽病
70% 乙膦铝锰锌可湿粉	低毒	500～600 倍液，喷施	苹果斑点落叶病、轮纹病、炭疽病
硫酸铜	低毒	100～150 倍液，喷施	苹果根腐病
15% 粉锈宁乳油	低毒	1 500～2 000 倍液，喷施	苹果白粉病
50% 硫胶悬剂	低毒	200～300 倍液，喷施	苹果白粉病
石硫合剂	低毒	发芽前 3～5 波美度，开花前后 0.3～0.5 波美度，喷施	苹果白粉病、霉心病等
843 康复剂	低毒	5～10 倍液，涂抹	苹果腐烂病
68.5% 多氧霉素可湿粉	低毒	1 000 倍液，喷施	苹果斑点落叶病等
68.75% 易保水分散粒剂	低毒	1 000～1 500 倍液，喷施	苹果斑点落叶病、轮纹病、炭疽病等

表 3－8　苹果园限制使用的主要农药品种

农药品种	毒性	稀释倍数和使用方法	防治对象
48% 乐斯本乳油	中毒	1 000～2 000 倍液，喷施	苹果棉蚜、桃小食心虫
50% 抗蚜威可湿粉	中毒	800～1 000 倍液，喷施	苹果黄蚜、瘤蚜等
25% 辟蚜雾水分散粒剂	中毒	800～1 000 倍液，喷施	苹果黄蚜、瘤蚜等
2.5% 功夫乳油	中毒	3 000 倍液，喷施	桃小食心虫、叶螨类

（续表）

农药品种	毒性	稀释倍数和使用方法	防治对象
20%灭扫利乳油	中毒	3 000 倍液，喷施	桃小食心虫、叶螨类
30%桃小灵乳油	中毒	2 000 倍液，喷施	桃小食心虫、叶螨类
80%敌敌畏乳油	中毒	1 000～2 000 倍液，喷施	桃小食心虫
50%杀螟硫磷乳油	中毒	1 000～1 500 倍液，喷施	卷叶蛾、桃小食心虫、介壳虫
10%歼灭乳油	中毒	2 000～3 000 倍液，喷施	桃小食心虫
20%氰戊菊酯乳油	中毒	2 000～3 000 倍液，喷施	桃小食心虫、蚜虫、卷叶蛾等
10%氰戊菊酯乳油	中毒	3 000 倍液，喷施	桃小食心虫、蚜虫、卷叶蛾等
2.5%溴氰菊酯乳油	中毒	2 000～3 000 倍液，喷施	桃小食心虫、蚜虫、卷叶蛾等
3%啶虫脒乳油	中毒	2 000～2 500 倍液，喷施	蚜虫、叶螨类

第八节　苹果矮砧集约高效栽培技术

1. 矮化砧木选择

根据土壤肥力和灌溉条件可以选择 M26 或 M9 作为矮化中间砧。肥水条件好的区域，建议采用 M9 与生长势较强的品种组合，如富士/M9；也可以采用生长势强旺品种的短枝型或生长势中庸的品种与 M26 的砧穗组合，如富士优良短/M26、嘎拉/M26。选择 M9 时一定要设立简单支架，防止树冠偏斜。

2. 栽培密度及方式

栽植密度由品种长势、砧木长势及土壤肥力来决定。长势强的品种（富士、乔纳金等）或土质条件较好及平地，采用较大的株行距栽植；长势弱的品种（嘎拉、美国 8 号、蜜脆等）或土质条件差及坡地，采用较小的株行距栽植。同时，在不同的地区，有不同的栽植密度。一般建议株行距为（1.3～2）米×（3.5～4.5）米，每亩 74～170 株。株、行距的比例为 1∶(2～3) 为宜，达到宽行密植栽培。

3. 大苗建园

矮砧果园适宜培养高纺锤形，建园选用 3 年生大苗，苗木基部干径 10～13 毫米，有 6～9 个侧枝，第一侧枝距地面不少于 70 厘米。如果选用 2 年生苗木建园，要求苗高 1.5 米以上，干粗不低于 10 毫米，栽后在饱满芽处定干。

4. 栽植深度

一般要求在旱地建园，栽植时中间砧露出地面 1/3 左右，适度深栽；在水肥条件较好地区，中间砧露出地面 1/2 左右。另外，生长势旺品种栽植深度可适当浅些，相反可适度深栽。对于米系和毫米系部分砧木类型，中间砧的保护是必需的。

5. 立架栽培

矮砧苹果园采用立架栽培，即顺行设立水泥柱，拉四道铁丝，用于固定下部的结果枝下垂，控制其旺长。铁丝架一般高达 3.0～3.5 米。在我国沙土地和风大的地区，矮化中间砧易出现偏斜和吹劈现象，最好的办法是进行立架栽培，一般 10 米左右立一个 2.5 米长的水泥桩，分别在 1 米和 2 米处各拉一道 12 号钢丝，扶植中干。幼树期也可以在每株树旁栽一个廉价的竹干做立柱，扶植中干。中央领导干延长头固定在竹干或架上。

6. 高纺锤形整形与下垂枝修剪

矮砧集约高效栽培模式一般均采用高纺锤形整形方式，意大利和法国 95% 的苹果园现采用此种树形。

树高 3.0～3.5 米，冠幅 0.8～1.2 米，中心干强壮，在中心干上直接着生角度下垂的结果枝，以疏除、长放两种手法为主修剪，少短截。主要利用主干自然萌发的枝结果，还可通过刻芽促使中心干上侧芽萌发，培养结果枝。竞争枝和徒长枝主要通过及时抹芽、拉枝下垂和疏枝控制。中心干延长头生长过强时，拉弯刺激侧枝萌发，以花缓势，以果压冠。着生在中心干上的结果枝过大过粗时，及时留台或刻芽疏除更新。

7. 加强肥水管理

矮砧密植果园建园时应尽量施足底肥，进入结果期后，要多施有机肥，有条件地区应推行果园生草制度。建立果、草、畜、沼生态系统，生产优质果品，实现苹果生产经济效益和生态效益双赢。

第四章　大樱桃栽培技术

山东省是全国甜樱桃栽培面积最大、产量最多的省份，面积和产量均占全国一半以上。随着我省农业产业结构的调整优化，甜樱桃作为种植业中的高效作物，得到了快速发展，进入丰产期中等管理水平的樱桃园亩纯收入达到1万元以上。甜樱桃作为山东果品特色产业，在增加主产区农民收入和推进社会主义新农村建设等方面发挥着举足轻重的作用。特别是沂蒙山区春季回暖早，生态环境优良，尤其适合大樱桃的生长发育，大樱桃采收期比胶东半岛提早10天，比辽东半岛提早15天，比南京、郑州等地果实含糖量高1~2个百分点，属于全国范围内樱桃的最佳适宜区之一。

第一节　品种和矮化砧木选择

一、优良砧木的选择

当前应用的砧木主要有中国樱桃、考特砧、吉塞拉砧木。中国樱桃分布广，根系深，固地性好，嫁接大樱桃后不易倒伏，但不抗根癌病；考特砧根系好、易扦插，对根癌病有一定的抗性，患病后植株表现不明显；吉赛拉砧木有矮化作用，较抗根癌病。

1. 考特（Colt）

英国东茂林试验站1958年用欧洲甜樱桃和中国樱桃做亲本杂交育成，1971年推出三倍体“考特”。与甜樱桃品种亲和性好，嫁接树乔化，分枝角度大，易整形，初期树势较强，随树龄增长逐渐缓和，进入结果期树势中庸。根系发达，水平根多，须根多而密集，固地性强，抗风力强。对土壤适应性广，在土壤排灌良好的砂壤土上生长最佳，对干旱和石灰性土壤适应性有限。“考特”最大的优点是硬枝和嫩枝扦插都容易繁殖，嫩枝扦插5~9月，选择半木质化插条，以粗砂为扦插基质，插条生根快，扦插后20~25天开始生根，45天后就可移栽。栽植成活率高，建园园相整齐。根癌病发生相对较重，树势旺，进入结果期晚，生产中宜嫁接生长势中庸的品种，如“黑珍珠”、“砂蜜豆”、“拉宾斯”、“晚丰”等；嫁接“红灯”、“美早”、“明珠”等强旺品种时，需要通过修剪、肥水及化控等综合措施控制树体旺长。目前潍坊临朐一带应用较多，山东其他地市级及其他省份也有应用。

2. 吉塞拉6号

属半矮化砧，酸樱桃与灰叶毛樱桃杂交育成。具有矮化、丰产、早实性强、抗病、耐涝、土壤适应范围广、抗寒等优良特性。其树冠体积是“马扎德”的70%，长势强于“吉塞拉5”。嫁接树树体开张，开花早、结果量大，第2年开始结果、4年丰产。

适应各种类型土壤，固地性稍差，在黏土地上生长良好，萌蘖少，易患“小脚病”。生产中采用正确的修剪、肥水和病虫害防治管理，保持健壮的树体，可以平衡负载量并保证果实的正常大小。主要采用组培、扦插繁殖，嫁接生长势强旺的大果型品种表现优良。

3. 大青叶

从烟台当地中国樱桃（小樱桃）实生苗中选育出的叶片较大、叶色深绿、苗干青绿的甜樱桃乔化或半矮化砧木，是目前全国各地应用最多、最广泛的砧木。其适应性类似中国樱桃。特点是分生根蘖能力极强，分株或压条繁殖易成活，通过压条方法每亩可繁育砧木苗1万~1.5万株；与甜樱桃品种嫁接成活率高，一般可达95%以上，每亩可嫁接繁育甜樱桃成品苗5 000~7 000株；固地性较强、耐旱、较耐涝、较抗根癌病、适应性广，适宜在环渤海湾产区以及四川、青海、甘肃等甜樱桃适栽区应用。耐寒力相对较弱，在辽宁、河北等地的局部地区有“抽条”现象。以“大青叶”作砧木的甜樱桃树体生长中庸偏旺，进入结果期较早，苗木栽植后3~4年开始结果，6~7年丰产，高产、稳产。在生产中以“大青叶”嫁接“萨米脱”、“黑珍珠”、“艳阳”、“晚丰”、“拉宾斯”等大多数品种表现优良；但嫁接“红灯”、“美早”、“明珠”等生长势强旺的品种表现开始结果偏晚。

二、优良品种的选择

选用大果型、硬肉、丰产优质新品种，如福晨、瓦列里、早大果、红灯、明珠、布鲁克斯、桑提娜、福星、美早、萨密脱、胜利、友谊、甜心等，实现早、中、晚熟合理搭配，鲁南地区宜优先发展早熟品种；选择与主栽品种授粉亲和、花期一致的授粉品种。

1. 福晨

烟台市农业科学研究院2003年萨米脱×红灯杂交，2007年选出，2013年通过审定。

极早熟品种。果实心脏形，果顶较平，缝合线不明显，平均单果重9.7克，比对照品种红灯高10.2%；果面鲜红色；果肉淡红色，硬脆，甜酸，可溶性固形物18.1%，比红灯高2.8个百分点，硬度1.5千克/厘米^2，可滴定酸0.70%；可食率93.2%。花期比红灯早3~4天，果实发育期30天左右，在烟台地区5月25日左右成熟，比红灯早8天左右。

适宜栽植密度，平地一般为3米×（4~5）米，丘陵地一般为（2~3）米×（3.5~4.5）米；采用自由纺锤形树形；选用早生凡、桑提娜等为授粉品种；花果及肥水管理、病虫害防治等与一般早熟品种相同。

2. 瓦列里

又名极佳，前苏联中央米丘林遗传学研究室和乌克兰农业科学研究院灌溉园艺科学研究所从高加索玫瑰的自然授粉实生苗种选出的早熟品种。果个中等偏大，比红灯略小，单果重6~8克。果更较粗，易与果枝分离。果皮深红色，果肉深红色并带白色条纹，半软，多汁。汁液浓，深红色，不透明，带宜人酒味。鲜食品质极上，果实发育期

32～35 天，比红灯早熟 5～7 天。树势中庸，早果、丰产，适宜授粉品种为乌梅极早。

3. 早大果

原名 Крупноплодная，1997 年山东省果树研究所从乌克兰引进的甜樱桃品种，2007 年通过审定。

树势中庸，树姿开张，枝条不太密集，中心干上的侧生分枝基角角度较大；一年生枝条黄绿色，较细软；结果枝以花束状果枝和长果枝为主。果实个大，近圆形，单果重 7～9 克，略高于对照红灯，最大果 13～15 克；果实深红色，充分成熟紫黑色，鲜亮有光泽；果肉较硬，可溶性固形物 16.1%～17.6%，略高于对照红灯。成熟期比红灯早 3～5 天，在泰安甜樱桃产区 5 月 10～17 日成熟，在烟台甜樱桃产区 5 月 27 日至 6 月 4 日成熟，果实发育期 35 天左右，属早熟品种。

平原地栽植株行距 3 米 ×（4～5）米，山地、丘陵地以（2～3）米 ×4 米为宜。选择红灯、先锋、早红宝石、抉择、拉宾斯等作为授粉品种。采用纺锤形整枝，干高 60～80 厘米，树高 3.0 米左右，中心干上着生 15～25 个单轴延伸的主枝；疏除过密枝，控制外围枝留果量，保持树势健壮。施肥以有机肥为主，化肥为辅，叶面喷肥为补充；秋施有机肥，春夏追施复合肥。萌芽前喷 1 遍 5 度石硫合剂；采收后喷 1～3 遍杀菌剂。

4. 红灯

大连市农业科学院育成。亲本“那翁” ×“黄玉”，是目前我国甜樱桃的主栽品种之一。

果实肾脏形，果柄粗短，平均单果重 9.6 克；果皮红至紫红色，果肉质软、多汁，可溶性固形物 15.0%，可食率为 92.9%。早熟，在烟台果实发育期 45 天左右，6 月上旬成熟，鲁中南地区 5 月中下旬成熟。采收前遇雨易裂果，特殊年份畸形果现象较重。

树势强旺，幼树期直立性强；萌芽率高，成枝力强，粗壮枝条当年甩放不易成花，生产中注意控制树势、培育更多较细的枝条；进入结果期较晚，采用乔化砧木嫁接，一般 4～5 年开始结果，7～8 年丰产。适应性广，全国各产区均有栽培。目前栽培规模较大，在鲁中南地区及保护地栽培中可适当发展。

5. 明珠

大连市农业科学院用“那翁” ×“早丰”杂交育成。

平均单果重 12.3 克，可溶性固形物含量 20.5%，黄红色、口味甜、果肉稍软；成熟期与红灯相近。该品种早熟、品质优，果肉偏软，树势旺，结果晚。在山东各产区，尤其在旅游采摘园区可适当发展。

6. 福星

2003 年山东省烟台市农业科学研究院实施萨米脱 × 斯帕克里杂交，2007 年选出，2013 年通过审定。中晚熟品种。果实肾形，果顶凹，缝合线不明显，平均单果重 11.8 克；果柄短粗；果皮浓红色至紫红色；果肉紫红色，硬脆，甜酸，可溶性固性物 16.9%，比对照品种萨米脱高 1.6 个百分点，硬度 1.4 千克/厘米^2，可滴定酸 0.80%；可食率 94.7%。果实发育期 50 天左右，在烟台地区 6 月 10 日左右成熟。

7. 美早

原代号 7144－6。美国品种。我国辽宁省大连市农业科学研究所于 1996 年从美国引进。

果实短心脏形，果柄粗短，平均单果重 11.6 克，最大 18.0 克；果皮紫红色，有光泽、鲜艳；果肉淡黄色，肉质硬脆，可溶性固形物 17.6%，果实可食率 92.3%；成熟期较红灯晚 5～7 天。

树势强旺，生长势类似红灯；幼树萌芽力、成枝力均强，幼树期注意缓和树势，培养较细枝条，尽快成花结果；成熟前遇雨易裂果，注意采取预防措施。丰产性中等，中庸偏弱的树体易结果，适应性强，果品价格高，可在山东各樱桃产区及保护地生产中做为主栽品种之一加快发展。

8. 萨米脱

来源：加拿大。亲本："先锋" × "萨姆"。

果实长心脏形，果柄中长，平均单果重 11～12 克，最大 18 克；果皮红色至粉红色，肉质较硬，风味上，可溶性固形物含量 18.5%，果实可食率 93.7%。在烟台 6 月中下旬成熟，成熟期一致，较抗裂果。

树势强旺，树姿半开张，成花易，以花束状果枝和短果枝结果为主，花期耐霜冻；早实、丰产，自花不实。萨米脱果个大、品质优，可作为胶东地区的主栽品种之一进行推广。

9. 早大果

山东省果树研究所 1997 年从乌克兰引进的甜樱桃品种，2007 年通过山东省审定。果实个大，近圆形，单果重 7～9 克，略高于对照红灯，最大果 13～15 克；果实深红色，充分成熟紫黑色，鲜亮有光泽；果肉较硬，可溶性固形物 16.1%～17.6%，略高于对照红灯。成熟期比红灯早 3～5 天，在泰安甜樱桃产区 5 月 10～17 日成熟，在烟台甜樱桃产区 5 月 27 日至 6 月 4 日成熟，果实发育期 35 天左右，属早熟品种。

树势中庸，树姿开张，枝条不太密集，中心干上的侧生分枝基角角度较大；一年生枝条黄绿色，较细软；结果枝以花束状果枝和长果枝为主。

10. 黑珍珠

烟台市农业科学院从萨姆中选出的芽变品种，2010 年通过山东省审定。

大型果，单果重 11 克，比对照红灯重 2.8 克；果实肾形，果皮有光泽，紫红色；果肉深红色，脆硬，味甜；可溶性固形物含量 17.5%，比对照红灯高 2.1 个百分点。果实发育期 60 天左右。树势中庸，树姿半开张，萌芽力、成枝力均强；早果性好，连年丰产、稳产；丰产树注意控制产量，保持较大果个选用美早、先锋、斯太拉等为授粉品种，烟台地区 6 月中下旬成熟，比红灯晚约 10 天。

11. 早生凡

加拿大品种，"先锋" 的早熟紧凑型芽变。

果实肾形，类似红灯，果实中大，单果重 8.2～9.3 克，果柄短，长 2.7 厘米；果皮鲜红色至深红色，果肉、果汁粉红色，果肉硬，可溶性固形物含量 17.1%。在烟台，5 月底 6 月初成熟，较红灯早熟 2～3 天，成熟期一致。

树姿半开张，属紧凑型，树势比红灯弱，当年生枝条基部易形成腋花芽，一年生枝条甩放后易形成花束状果枝；早果、丰产性好；是一个适宜在鲁中南地区发展的早熟优良品种。

12. 布鲁克斯

来源：美国。亲本："雷尼" × "早布莱特"。

属早熟品种，果实近圆形，单果重 8～10 克，果柄粗短，长 2.68 厘米；果皮红色，果肉硬脆、甘甜，可溶性固形物 21.5%，品质极佳；成熟期介于红灯和美早之间。

树势中庸，丰产性好；需冷量低，适宜保护地或南方地区栽培；成熟期遇雨易裂果，需要采取避雨措施。

13. 雷尼

来源：美国。亲本："宾库" × "先锋"在烟台及鲁中南地区栽培为主。

果实心脏形，平均单果重 9.1 克，大果 12.0 克；果皮底色黄色，富鲜红色红晕，果肉质地稍软，可溶性固形物含量 19.5%，品质佳，耐贮性中等。胶东半岛 6 月中旬成熟，鲁中南山区 6 月初成熟。

树势强健，枝条粗壮，树冠紧凑。花粉量大，是优良的授粉品种；适应性广，品质优，可作为鲜食和加工兼用品种，尤其适宜在旅游采摘园区栽培。

14. 巨晚红

美国晚熟樱桃品种，果实形状似苹果，未成熟前果皮为红色，完全成熟后为紫红色。果肉红色，肉质厚、质地硬脆、果汁多、酸甜适口，品质极上。具有果实个大、果肉较脆硬、果柄中长、较耐运输等特点，是一综合经济性状较优良的樱桃品种。果实可溶性固形物含量为 17.5%，果柄平均长 3.53 厘米，果实横径 2.76 厘米，纵径 2.41 厘米，平均单果重 10 克，抗裂果；核中大，卵圆形，黏核，可食率为 93.1%。树体生长健壮，树姿开张，幼树萌芽率、成枝力均强，坐果率较高。

第二节　栽植技术

一、园址的选择

要求土壤肥力较高，有机质含量丰富，土壤耕性良好，疏松、透气、保肥、保水能力强，水利条件较好的地方，尤其土层深厚的坡岭地，要求地下水为 1.5 米以上，中性或酸性土壤，土壤相对含水量 60%～80%，土壤有机质含量 1.5% 以上。同时应选择晚霜不易发生的山坡中部，避免在冷空气易沉积的低洼地建园，同时应选择不易遭风害的背风地段，并加强防风林的建设。

二、合理栽植

（一）栽前准备

1. 土壤深翻与改良

栽前深翻土壤，增施有机肥，活土层达不到深度要求的，要进行全园深翻改造，提倡挖条带栽植，改造前每亩撒施发酵的牛粪4 000千克或生物鸡粪2 000千克以上；对于酸性土壤，每亩加施硅钙镁肥或硅钙钾镁肥400～500千克，全园深翻耙细。对于黏重土壤，要增施大量的有机肥（或牛粪）、有机物（稻草、作物秸粉碎）进行改良，以增加土壤透气性。

2. 苗木处理

栽植前，修整苗木根系，并在2倍K84液中蘸一下，预防根癌病。

（二）合理密度，起垄栽培

1. 合理密植

栽植时要根据地理状况、苗木砧穗组合情况、管理技术等方面合理密度，适当密植，以2×3米、2×4米、3×4米，56 ～ 111株/亩。

2. 授粉树的配置

授粉树配置比例一般为主栽品种与授粉品种的比例（4～5）：1，最好实行三三制。授粉树的配置方式以梅花或间隔式，按照（4～5）：1的原则，在周围4～5棵主栽品种间配置1株授粉树。

3. 起垄栽植

栽植要求起垄栽植，垄高20～30厘米，垄宽80～100厘米。春季可在发芽前栽植，秋季可在11月上中旬苗木落叶后栽植。要注意对大树树干培土，促进生根，防止倒伏。土堆的大小随树龄的大小逐渐增大加高，一般大树土堆高30～40厘米，雨季前土堆要培实，春培秋扒。垄带覆草或覆膜。

4. 栽后管理

针对北方产区的气候特点及大樱桃的生长特点、特性，苗木栽植后第一年的主要工作是浇水，而不是施肥；把节省的肥钱用于浇水。全年浇水11～12次，其中，6月底以前浇水7～8次，确保苗木成活及苗壮、苗旺。7～8月雨季排水；9～10月秋旱浇水；土壤封冻前浇一次透水，确保樱桃安全越冬。对于采用细长纺锤形整枝的果园，5～6月通过捋、扭等农艺措施，控制基层发育枝，确保中心领导枝又高又壮。

三、土肥水管理

（一）土壤管理

1. 树盘覆草或地膜覆盖

覆草可在夏季和春季进行，以夏季为好，在果树行间、树盘或全园覆草，厚度15～20厘米，覆草量2 000～3 000千克/亩。滴灌果园和行间沟渗灌果园，提倡栽植树两边覆盖黑色地膜。不仅有利于保持土壤水分的相对稳定，预防裂果，而且在涝雨季节，排水流畅，防止涝害。

2. 土壤酸碱度调节

大樱桃最适宜的土壤pH值为6.2～6.8。我省大多数土壤由于过去偏施化学性肥料，造成土壤酸化。对于酸性土壤，可结合秋施基肥施入硅钙镁或硅钙钾镁肥，逐年调节土壤pH值在6.0～7.5范围。

3. 土壤翻刨

秋季为宜，深度15厘米左右。可与秋施基肥相结合。

(二) 营养管理

1. 合理施肥

以有机肥为主，化肥为辅，实行配方施肥，保持或增加土壤肥力及土壤微生物活性。土肥水管理前期主要目的是促进枝叶生长，迅速扩大树冠，增加枝叶量并促使早日成花；夏秋季追施磷钾肥为主，以促进枝条充实。针对山东果园土壤有机质含量低(大多数1%左右)的现状及大樱桃根系需氧量大的特点，提出基肥以牛粪为主，不仅成本低，而且对改善土壤透气性和提高有机质含量效果好。也可用发酵的商品鸡粪。生物有机肥对土壤根癌杆菌有一定的抑制作用，但使用成本高。氮、磷、钾复混肥、土壤调理剂和中微量元素也应在基肥中使用。注意土壤调理剂不要与化肥直接混合，可分别与有机肥混合后分沟施用。土壤调理剂也可于来年春天撒施在树盘下划锄一下。

2. 配方施肥

按每生产100千克果实施氮磷钾复和肥（15－15－15）8～10千克，硅钙镁或硅钙钾镁肥100～200千克/亩，幼树，放射状沟施；大树，沿行向在树冠投影内挖沟施入。

3. 秋施基肥

一般在采果后落叶前施用，复合肥施用量占全年施肥量的70%，秋施基肥要早，以有机肥为主，施肥量应根据树龄、树势及有机肥料种类和质量而定，一般是一斤果二斤肥。适当增加无机肥的用量。如幼树可增加氮肥，而幼果期、盛果期的树要拒绝使用单纯氮肥，以生物有机肥、果树专用肥为主，对盛果期大树可追施复合肥1.5～2.5千克/株，或人粪尿30千克/株。

4. 花果期追肥

肥料种类以磷酸二氢钾、硫酸钾复合肥为主，施用量一般为0.5～1千克/株，可提高坐果率和供给果实发育、梢叶生长所需，对增大果个有明显作用，追喂时间应在谢花后、果核和胚发育期以前进行，过晚往往使果实延迟成熟，品质降低。

5. 叶面追肥

一般选在阴天或晴天的早晨和傍晚进行，常用的叶面肥有0.05%～0.1%的硫酸锌液、0.2%～0.3%的硼砂、500倍光合微肥或300倍氨基酸复合肥、0.2%～0.5%磷酸二氢钾等。特别是从硬核期开始间隔7～10天喷施300倍的氨基酸钙或600～800倍的大樱桃专用肥或氨钙宝2～3次，能有效防止采前裂果问题。

(三) 水分调控

大樱桃对水分要求敏感，既不抗旱，也不耐涝，特别是谢花后到果实成熟前是需水临界期，更应保证水分的供应。一般大樱桃一年中要浇5次水，9～10月干旱期要加一次水。

1. 灌水的时期

花前水：3月中、下旬进行，主要是满足展叶、开花的需求。

硬核水：5月初，这一时期灌水要足。

采前水：5月中下旬，是果实迅速膨大期，水分对果实产量和品质影响极大，同时保持土壤水分相对湿润，也是防止采前遇雨果实裂开的一项措施。采前10天要控制浇水，雨后10天采收以保证果实品质。

采后水：果实采收后，正值树体恢复和花芽分化的重要时期，此时应结合施肥进行灌水，为来年丰产打下基础。

封冻水：大雪前后全园浇灌封冻水，以利保墒，树体安全越冬。

2. 灌水方法

行间沟渗灌：行间漫灌，让水慢慢渗到根系周围。不要让水接触根茎部，以防根茎腐烂病发生，引起树死。

滴灌：在每行树的两边铺设两条滴灌管，根据水压和土壤干湿程度，分次分批开关阀门数量。

带状喷灌：每行树铺设一条带状喷管，选用直径4厘米的喷管，管上每排有5个出水孔，以保证喷落水均匀。根据水压和喷水高度，分次分批开关阀门数量。

3. 排水

在涝雨季节前修挖果园排水沟，确保汛期雨水畅通，能及时排出园外。

四、整形修剪

自由纺锤形、细长纺锤形，目前在国内樱桃园中应用较多，细长纺锤形较自由纺锤形更容易早实现丰产。

（一）树形结构

1. 自由纺锤形

中干直立粗壮，树高3米左右，干高50～60厘米，中干上着生25～30个骨干枝（下部8个左右，中部13个左右，上部6个左右），骨干枝长度1.5米左右，骨干枝粗度在4厘米以下，骨干枝角度70～90度（下部90度，中部80度，上部70度），骨干枝间距9～10厘米（下部6厘米，中部7厘米，上部24厘米），亩枝量27 500条左右，长、中、短、叶丛枝比例4∶1∶1∶12。（注：第一骨干枝至地上80厘米为下部，80厘米至180厘米为中部，180厘米至顶端为上部）。

2. 细长纺锤形

树高2.8米左右；干高0.7米左右；骨干枝数>30个；骨干枝角度>90度；第一骨干枝最低处高度0.6米左右；骨干枝间距5～7厘米；骨干枝长度<1.5米；骨干枝粗度<4厘米；亩枝量28 000条左右；长中短枝比例2∶1∶8。

（二）自由纺锤形整形修剪技术

（1）第一年早春，苗木定植后，留80厘米定干，剪口处距顶芽1厘米左右，剪口涂抹猪大油或白乳胶，防止顶芽抽干。为促进顶芽快速生长，突出中心领导干优势，定干后将剪口下第2～4芽抹除，留第5芽，抹除第6、第7芽，留第8芽。芽萌动时（芽体露绿），对第8芽以下的芽进行隔三差五刻芽，然后涂抹抽枝宝或发枝素，促发长枝；对距地面40厘米以内的芽不再进行刻芽或其他处理。

（2）第二年早春，中心干延长枝留60厘米左右短截，中上部抹芽同第1年，对其中下部芽，在芽萌动时每间隔7～8厘米进行刻芽，以促发着生部位较理想的长枝（骨干枝）；基层发育枝留 2 ~ 4 芽极重短截（细枝少留，旺枝多留），促发分枝，增加枝量，减少枝粗。5 月下旬至 6 月上旬，对中央领导干剪口下萌发的个别强旺新梢，除第 1 新梢外，留 15 厘米左右短截，促发分枝，分散长势。9 月下旬至 10 月上旬，除中心领导新梢外，其余新梢通过扦拉方式拉至水平或微下垂状态。

（3）第三年早春，对中心领导枝继续留 60 厘米左右短截，抹芽、刻芽的时间与方式同第 1 年。对中心领导干上缺枝的地方，看是否有叶丛短枝，在叶丛短枝上方，于芽萌动时进行刻芽（用手锯刻），促发长枝，培育骨干枝。对个别角度较小的骨干枝，拉枝开张其角度。对于美早、红灯等生长势强旺品种的骨干枝背上芽，在芽萌动时进行芽后刻芽（目伤），促其形成叶丛状花枝。萌芽 1 个月后（烟台，5 月上中旬），对骨干枝背上萌发的新梢进行扭梢控制，或留 5 ~ 7 片大叶摘心，促其形成腋花芽；对骨干枝延长头周围的“三叉头”或“五叉头”新梢，选留 1 个新梢，其余摘心控制或者疏除，使骨干枝单轴延伸。

（4）第四年早春，对树高达不到要求的，对中心领导枝继续短截、抹芽、刻芽，其余枝拉平，促其成花。树高达到要求的，将顶部发育枝拉平或微下垂。

树体成形后，骨干枝背上、两侧萌发的新梢，通过摘心、扭梢、捋枝等方式，培养结果枝组，防止骨干枝上早期结果的叶丛短枝在结果多年后枯死，避免骨干枝后部光秃现象出现，从而防止结果部位外移。生长季节及时疏除树体顶部骨干枝背上萌发的直立新梢，防止上强。

（三）细长纺锤形整形修剪技术

1. 第 1 年工作要点

培养健壮强旺的中心领导枝。早春苗木栽植后留 1.1 ~ 1.2 米定干，剪口离第 1 芽距离 1 厘米左右，剪口涂抹猪大油或白乳胶。扣除剪口下第 2、第 3、第 4 芽，保留第 5 芽，扣除第 6、第 7、第 8 芽，保留第 9 芽。其下每隔 7 ~ 10 厘米刻一芽，直至地面上 70 厘米高度为止，70 厘米以下芽不再处理。当侧生新梢长到 40 厘米左右时，扭梢至下垂状态，控制其伸长生长，促使中心领导梢快速生长。

2. 第 2 年工作要点

促使中心领导枝萌发更多下垂状态的侧生枝。树体萌芽前，中心领导枝轻剪头，其他侧生枝留 1 芽极重短截，剪口距芽 1 厘米左右，剪口涂抹猪大油或白乳胶。芽体萌动时，对中心领导枝每隔 5 ~ 7 厘米进行刻芽（用小钢锯），每刻 4 ~ 5 芽清理锯口锯末一次，刻后涂抹普洛马林。萌芽一个月后（烟台，5 月上旬），对中心领导梢附近的竞争梢留 2 ~ 5 芽短截，控制竞争梢。萌芽两个月后（烟台，6 月上旬），当中心领导干上的侧生新梢长至 80 厘米左右时，捋梢或按压新梢，使之呈下垂状态；对中心领导梢自然萌发的二次梢（枝）进行捋枝，使之呈下垂状态。对中心领导干上的侧生新梢捋枝至下垂状态后，新梢前部会自然上翘生长，在萌芽 3 个月后（烟台，7 月上旬），对侧生新梢的上翘生长部分进行拧梢，拧梢过程中听到木质部发出响声时停止；每梢拧 2 ~ 3 次，分段进行，使新梢上翘部分呈下垂状态，控制冠径，保持枝条充实。

3. 第 3 年工作要点

侧生枝促花芽，中心领导枝继续抽生侧生枝。早春芽萌动时，对中心领导枝每隔

5～7厘米进行刻芽并涂抹普洛马林，对“刻芽+涂药”后萌发的侧生新梢整形管理同上一年。对中心领导干上缺枝的地方，看是否有叶丛短枝，在叶丛短枝上方进行刻芽（用手锯刻）促发侧生枝。对上一年中心领导干上萌发的侧生枝甩放，促其形成大量的叶丛花枝；对个别角度较小的侧生枝，拉枝开张其角度，使其呈下垂状态。对于美早、红灯等生长势强旺品种的侧生枝背上芽，在芽萌动时进行芽后刻芽（目伤），促其形成叶丛花枝。萌芽一个月后（烟台，5月上中旬），对侧生枝背上萌发的新梢进行扭梢控制，或留5～7片大叶摘心，促其形成腋花芽。对侧生枝延长头周围的三叉头或五叉头新梢，摘心控制，使侧生枝单轴延伸。侧生枝弓弯处的背上，有的可萌发新梢，留用，培养未来的更新枝。

4. 第4年工作要点

控树高，控背上，控侧生。早春，在树体上部有分枝处落头开心，保持树高2.8米左右；在规定树高位置无分枝的，可任其生长一年，下一年落头开心。对侧生枝（骨干枝）背上萌发的新梢及延长头上的侧生新梢，根据空间大小，或及早疏除，或及早扭梢，或留5～7片大叶摘心控制，保持骨干枝前部单轴延伸。

树体成形后，生长季节及时疏除树体顶部骨干枝背上萌发的直立新梢，防止上杨。

五、花果管理

（一）促进坐果

1. 增加树体贮藏营养

主要是增加树体氮素营养和光合作用产物，为来年的萌芽、开花、坐果、抽新梢提供充足的营养。果实采收后，喷4～5次杀菌剂，预防叶斑病，防止提早落叶。采后叶面喷施生物氨基酸300倍2次，间隔10天；发芽前喷100倍1次。

2. 根外喷施叶面肥

于樱桃花蕾期和谢花末期各喷1次200倍鱼肽素（酶解小分子肽蛋白+海藻提取物等）。提高着果率，增加叶面积、果实横径。

3. 果园放蜂

开花前3天投放1～3箱/亩中华蜜蜂，或在花前1周左右投放100～500头/亩角额壁蜂，坐果率提高30%～50%，果品质量、产量明显提高。

4. 人工授粉

大樱桃花量大，人工点授的方法困难，也不太切合实际。生产上采用制作二种授粉器，一种是球式授粉器，即在一根木棍上的顶端，缠绑一个直径5～6厘米的泡沫塑料球或洁净纱布球，用其在授粉树上及被授粉树的花序之间，轻轻接触花，达到即采粉又授粉的目的。另一种是棍式授粉器，既选用一根长1.2～1.5米，粗约3厘米的木棍，在一端缠上50厘米长的泡沫塑料，泡沫塑料外面包一层洁净的纱布，用其在不同品种的花朵上滚动，也可达到既采粉又授粉的目的。

（二）产量调控技术

1. 以水调果量

优质果品生产应控制产量在750千克/亩左右。花后浇水早晚，影响树体坐果。试验证明，谢花后第1天浇水，可保住谢花时树体原果量的80%左右，浇水每延迟1天，坐果量下降10%~15%。因此，生产中应根据目标产量，选择花后浇水时间来调整树体坐果量。

2. 疏花枝

早春修剪时，疏除弱的叶丛花枝，保留优质叶丛枝，并使花枝分布稀疏，集中营养供给。优质叶丛花枝是指含有5片大叶以上的叶丛枝，除顶芽为叶芽外，每片大叶的叶腋间都是花芽。优质花枝，结果多，且果个大；弱花枝，结果少，果个也小。

3. 疏花

在大樱桃开花前或开花期进行，主要是疏去树冠内膛细弱枝上的花及多年生花束状果枝上的弱质花、畸形花。一般在4月上旬进行，每个花束状短果枝大约留2~3个花序。

4. 疏果

一般在5月初大樱桃生理落果结束后进行。每个花束状短果枝留3至4个果。疏去小果、畸形果以及光线不易照到、着色不良的内膛果和下垂果，保留横向及向上的大果。

5. 强壮树势　弱树坐果多，旺树坐果少，通过增施氮肥等其他农艺措施培养健壮的树体。在硬核后的果实迅速膨大期，结合浇水，每亩撒施碳铵30千克+硝酸钾10千克，连施两次。不仅果个大，而且色艳、光亮。保持树势中庸，树姿开张；通过捋枝、拧枝、拉枝等方式，培养芽眼饱满、枝条充实、缓势生长的发育枝，为来年这些发育枝萌发优质叶丛花枝打好基础。

6. 喷叶面肥

谢花后喷800倍腐殖酸类含钛等多种微量元素的叶面肥，每7天1次，连喷3次。不仅能提高果实可溶性固形物含量，促进果色鲜艳、亮泽，而且提高坐果率。

（三）铺反光膜

在果实上色期，在树的两边各铺设一条反光膜，促进果实上色，尤其对于黄色品种。雷尼铺设反光膜后，果面大部分上红色，果实甜度增加。

六、适期采收

果实成熟前1周是樱桃膨大果个、增加甜度的一个最明显的时期，过早、过晚采收都会影响果个和品质。

第三节　病虫害的综合防治

以农业防治为基础，加大太阳能杀虫灯、粘虫板等物理防治措施的应用力度，选用生物农药防控甜樱桃病虫害的发生，确保甜樱桃果实的安全水平。果实成熟前全园上方架设防鸟网，避免或减轻鸟害。根据品种成熟期或市场需求，适时采摘，保证甜樱桃的口感和质量。

一、综合防治各种病虫害

初秋在樱桃树干、主枝上绑草把，诱集梨小食心虫越冬幼虫、梨网蝽越冬成虫及梨蝽象产卵，秋末解除草把烧毁；11 上旬用涂白剂（石灰 12 份、盐 1 份、石硫合剂 2 份、水 40 份）进行树干涂白，杀死在树干裂皮中越冬虫害，防止树干冻害。初冬及时清扫果园，将枯枝、病枝、落叶、落果集中烧毁，并铲除果园周围的杂草，集中埋入地下，可消灭多种越冬虫源。春季发芽前喷 5 度石硫合剂，铲除越冬病菌孢子并可兼治介壳虫，防治干腐病和腐烂病；3 月上旬结合施肥浅刨树盘 10 ~ 15 厘米，可杀死大灰象甲和舟形毛虫的休眠体；早春地面喷布 50% 辛硫磷乳油 800 倍液、防治出土大灰象甲。根癌病较重的树，可扒开根茎凉根，用 30 倍 K84 灌根，用量可根据树龄大小灌 1 ~ 3 千克。

二、樱桃流胶病

各种伤口、涝害、冻害、干旱、土壤酸化以及其他引起树体衰弱的各种因素都能促进和加重流胶；不同品种、树龄和砧木抗流胶能力存在明显差异，马哈利砧木、黑珍珠、萨米脱品种明显抗流胶。

1. 预防技术

（1）选择抗性品种和抗性砧木。

（2）对于酸化土壤需补充钙镁养分，平衡施肥；对于钙含量充足的土壤，主要措施是提高土壤保水能力，促进新根生长，强壮树势。

（3）萌芽前，喷布 5 度石硫合剂或 40% 氟硅唑 500 倍或 21% 过氧乙酸 100 倍。

（4）采果后，结合防治叶部病害，喷 3 ~ 4 次 40% 氟硅唑 4 000倍或氟环唑、苯醚甲环唑。喷药时把主干和主枝一同喷湿。

（5）在日常管理中，尽量减少各种伤口、虫口、涝害，防止特别干旱，避免枝干冻害及树体早期落叶。

2. 治疗技术

在早春，刮去胶斑，涂抹 40% 氟硅唑 200 倍或 21% 过氧乙酸 5 倍液。在新梢快速生长期，对流胶部位纵向划割，深达木质部，韭菜叶宽，会自动愈合，长出新皮，顶掉老皮。大连农业科学院试验，6 月刮去胶块，涂抹灰铜制剂（100 克硫酸铜，300 克氧化钙，1 000 克水），效果较好。

三、樱桃根癌病

土壤中的根癌农杆菌通过根系伤口侵入，导入 T－DNA，与樱桃根系细胞 DNA 结合，引起基因的分离复制，在侵染部位形成肿瘤。6 ~ 9 月肿瘤增生明显。根癌菌发育最适温度为 25 ~ 28℃，致死温度为 51℃。发育最适 pH 值 7.3，耐酸碱范围为 pH 值 5.7 ~ 9.2。60% 的湿度最适合根瘤的形成。

（1）选用抗根癌的砧木，如优系大青叶、吉塞拉 6 号、马哈利；不在重茬地育苗，不用带根瘤的苗木。

(2) 苗木栽植前，用根癌宁3号2倍液或72%农用链霉素1 000倍液蘸根。生长季节及时防治地下害虫（线虫等）。

(3) 降低地下水位，改良黏质土壤，增加透气性；大量施用含有益活性菌的生物有机肥，改善土壤微生物类群。

(4) 对碱性土壤，施用偏酸性肥料（尿素、磷酸一铵、磷酸二铵、硫酸钾、氨基酸肥、腐殖酸肥等）改良。在pH值大于8.0的土壤上可适量施用硫黄。

四、樱桃根茎腐烂病

病菌通过伤口侵入，引起根茎褐变、腐烂。撕裂腊孔菌生长的pH值范围为4.0～10.0，最适pH值为6.0。在5～35℃都可生长，最适生长温度为33℃。紫外线能抑制菌丝生长。

1. 农艺措施

高畦起垄栽培，避免灌溉水直接流入根茎处。

果园喷药时，把根茎及其周围的树盘喷湿，消灭病菌；树盘撒石灰粉600克/株，杀灭地面病菌（因病菌在pH为12时不能存活）；果园日常管理时，避免根茎处造成伤口，树干涂白或喷浓石灰乳，预防根茎冻害。

2. 化学措施

对未患病树，于5月和7月，在树干周围挡个小湾，然后灌200倍的硫酸铜1.5千克左右，或灌300倍50%多菌灵。刮除腐烂部位，涂抹50%多菌灵100～200倍液或25%戊唑醇1 000倍液，并将病害部位暴露在空气中。

五、红颈天牛

成虫发生前，在树干或大枝上涂抹白涂剂（生石灰10份，硫黄1份，水40份配成），防止成虫产卵。

在成虫羽化期，人工捕杀成虫。5～9月，用铁丝钩出虫粪，塞入1克磷化铝片，或塞入蘸敌敌畏或毒•高氯的棉球，然后用湿泥将虫口封闭，也可用地膜包扎，熏杀幼虫。

六、果蝇

1. 深埋树盘表土

秋末冬初，在行间挖深坑或深沟，将树盘表土与行间沟土置换，消灭越冬蛹。

2. 悬挂糖醋液

用敌百虫、糖、醋、酒、清水按1∶5∶10∶10∶20配成饵液，倒入合适的塑料盆，悬挂树冠荫蔽处，高度约1.5米，每盆装饵液约1千克，每亩挂8～10盆。每周或最多2周更换1次糖醋液，定期除去盆内成虫。

3. 熏杀成虫

樱桃果实膨大着色进入成熟期前，是果蝇产卵期，可将苦蒿、艾叶晾至半干，于微风的晚上在果园内堆积生火，使其产生浓烟，或用1.82%胺氯菊酯熏烟剂按1∶1对水，用喷烟机顺风对地面喷烟，熏杀或驱赶成虫。

4. 化学防治

在果实硬核期喷40%毒死蜱1 000倍液+25%灭幼脲800倍液，在果实转白期期，喷10%氯氰菊酯2 000倍液+25%灭幼脲800倍液。

第四节　甜樱桃良种矮化密植与设施栽培技术

（1）选用紫红色、大果型、硬肉、丰产新品种，主要有“红灯”“布鲁克斯”“美早”“桑提纳”“萨密脱”“胜利”“友谊”“甜心”等，实现早、中、晚熟合理搭配，通过地域和早中晚熟品种配置，延长鲜果供应期；根据S基因型选配授粉品种组合，选择与主栽品种授粉亲和、花期一致授粉品种。

（2）推广生长健壮、矮化半矮化砧木品种“吉塞拉6号”“考特”等。吉塞拉砧木嫁接品种，树体矮化，早实丰产，较大青叶砧木提早2～3年结果；考特砧木嫁接品种，树体生长健壮，园相整体，抗寒抗旱，丰产稳产。

（3）采用德国中心领导干形（Vogel Central Leader）或澳大利亚丛干形（Aussie Bush）等高光效树形，进行低干矮冠密植［株行距（2～3）米×（4.5～5.5）米］栽培。中心领导干形宽行密植，早实丰产；丛干形树冠矮，方便采收，适宜扣棚。

（4）采用平台起垄栽培，垄带覆草或覆膜，减少土壤和养分的流失，干旱时可减少果园土壤水分的蒸发，雨季时防止积水内涝。有条件的果园进行行间生草，改善果园气候状况和土壤温度。

（5）甜樱桃保护地栽培技术。选自然休眠期短、需冷量低、自花结实能力强的品种，以便早期或超早期保护生产，采取前促后控技术，自定植至7月中旬为促长阶段，主要采取摘心扩冠、根外0.3%氮肥、充足地下肥水等措施；7月中旬至落叶为促花阶段，主要采取拉枝开角、叶面喷布0.3%磷酸二氢、控水控氮、化学促花（200～300倍的多效唑）等技术措施。

采用环境调控技术，提早提高地温，于升温前30～40天起垄并地面覆盖黑色地膜；采用缓慢升温法，花期保持适温干燥的环境条件，气温白天控制在18～22℃、夜间温度不低于10℃，其他时期白天气温不高于30℃；空气相对适度为50%～60%；如遇连续阴雨天气，可实行人工补光。

推行简易设施栽培技术，即可防晚霜、防裂果、防鸟害，又可以提早成熟，提质增效。

（6）无公害病虫防治技术：推广脱毒苗木，定植前预防根癌病，果实生长期减少用药或少用无公害农药；提倡生物防治。

第五章　葡萄高产高效栽培技术

葡萄是深受人民喜爱的一种传统果树，它不仅在山东省有悠久的栽培历史，而且适宜的气候和土地条件使其成为山东省果树主栽树种之一。

第一节　果园的选择与建设

1. 环境条件

葡萄园要求生态条件良好，无工业“三废”及农业、城市生活、医疗废弃物污染。土壤条件、水分条件和空气条件应符合 NY 5087 的规定。

2. 选园标准

主要内容包括园地规模及行向、小区的设计、道路与排灌系统、防护林的设置和附属建筑设施等。通常葡萄树栽植面积应占园地总面积的85%以上，其他非生产用地不应超过总面积的15%。

3. 排灌系统设置

排灌系统包括排水和灌水两部分，做到旱能浇，涝能排。蓄水灌溉果园应配套修建蓄水池，沟渠与蓄水池相连。井水灌溉果园，每100亩要有1~2口井。建立配套的管道灌溉系统，最好配备完善的滴灌、喷灌或渗灌等节水栽培设施。

平地果园排水沟深80~100厘米、宽80厘米，山地果园则由坡顶到山脚，沟由浅到深（深30~60厘米、宽30~40厘米），排水沟与果园围沟相接。

4. 防护林营造

果园外围的迎风面应有主林带，一般6~8行，最少4行。林带要乔灌结合，不能栽植果树病虫害寄主的树木。

第二节　品种和砧木选择

一、品种选择

1. 黑色甜菜（Black sugar beet）

原名布拉酷彼特，欧美杂交种，用藤稔与先锋杂交育成，日本最新推出的早熟大粒品种。果粒短椭圆形，紫黑色，一般粒重14~18克，最大31克以上，平均穗重500克，最大1 200克。着色好，果皮厚，果粉多，易去皮，去皮后果肉、果芯留下红色素多，肉质脆甜，肉质较硬，多汁美味，糖度16~17度，品质比藤稔、先锋优。抗病，丰产，7月中旬完熟，是优良的大粒早熟葡萄品种。

注意该品种自根苗生长弱，为增强树势，延长寿命，建议用5BB、SO4等国外抗性砧木的嫁接苗。

2. 红芭拉多（more red bala）

日本新育成，亲本为巴拉得×京秀，欧亚种。

果穗大，平均重800克，最大穗重2 000克，果粒大，长椭圆形，着生中等密，平均粒重9克，最大粒重12克。紫红色，皮薄，可以连皮一起食用，肉质脆甜，含糖量17%，品质极上。7月中下旬成熟。

该品种早果性强、丰产、抗病，是目前非常有前途的早熟、鲜红色、大粒的品种。

3. 黑芭拉多（more black bala）

欧亚种，日本新育成，亲本为米合3号×红芭拉多杂交育成。

果穗重500~800克，果粒椭圆形，粒重8克，最大粒重达11克。果皮薄，果肉硬脆，香甜，含糖19%~21%，品种极优。抗病、丰产、特耐贮运，挂果时间长，完熟紫黑色，可无核处理，7月上中旬成熟，该品种不需人工整穗、疏粒，适合棚栽。

4. 早生新玛斯（Early new hamas）

欧亚种，日本新育成，亲本为巴拉得×新马特。

果粒椭圆形，处理后平均粒重10克，最大达12克。完熟金黄色，果肉脆甜，具有浓玫瑰香味，含糖量20%，最高达25%左右，品质佳。耐贮运，挂果时间长，丰产，7月中下旬成熟，是目前早熟品种中含糖量最高的品种。

5. 夏至红（Summer solstice red）

欧亚种，以绯红×玫瑰香杂交育成。

果穗大，圆锥形，平均穗重750克，最大穗重1300克以上，果粒椭圆形，着生紧密，平均粒重9克，最大粒重15克；果梗拉力强，不脱粒；完熟为紫红色至紫黑色，果肉脆，汁液中多，风味清甜，略有玫瑰香味，可溶性固形物含量16%~17.4%，品质优。7月上旬成熟，适合保护地栽培，多雨地区露地栽培有裂果现象。

6. 夏黑（Summer black）

欧美种，原产日本，3倍体无核品种。

果穗圆锥或圆柱形，重450~500克，果粒椭圆形，自然粒重3~3.5克，经处理后可达到7~8克；果粒着色浓厚，紫黑色，果粉浓，果实容易着色且上色一致，成熟一致；皮厚肉质硬脆，可溶性固形物达20%~22%，浓甜爽口，有浓郁草莓香味，品质优。7月中旬成熟，是目前优良的大粒、早熟、优质、抗病的无核品种。

7. 阳光玫瑰

欧美杂种，原产地日本。1988年日本植原葡萄研究所杂交培育，2006年品种登记。2009年张家港市神园葡萄科技有限公司从日本引进。

果粒平均重12~14克，绿黄色，坐果好。成熟期与巨峰相近，易栽培。肉质硬脆，有玫瑰香味，可溶性固形物20%左右，鲜食品质优良。不裂果，盛花期和盛花后用25微升/升赤霉素处理可以使果粒无核化并使果粒增重1克；耐贮运，无脱粒现象。抗病，可短梢修剪。

8. 玫瑰香

英国，亲本："亚历山大"×"黑罕"，属欧亚种。在全国各地均有栽培，山东平度大泽山的玫瑰香最负盛名。

中晚熟品种，从萌芽到成熟需要150天，果穗中等大，圆锥形。平均穗重350～400克。果粒着生疏松至中等紧密。果粒椭圆形或卵圆形，中等大，平均粒重4～5克。果皮中等厚，紫红色或黑紫色，果肉较软，多汁，有浓郁的玫瑰香味，含糖量一般在15%～20%。

植株生长中等，丰产性好。肥水管理不好的情况下，易产生落花落果和大小粒现象，穗松散，高负荷情况下易患"水罐子"病。抗病中等，适宜棚架、篱架栽培，采用中、短梢修剪。玫瑰香因其浓郁细腻的香味受到人们的广泛喜爱，以其为亲本育成的一系列品种也得到了一定的推广，包括"泽香"、"早玫瑰"、"巨玫瑰"、"红双味"、"贵妃玫瑰"等。

9. 贵园

中国农业科学院郑州果树研究所从巨峰杂种苗中选育，2013年通过审定。

果穗圆锥形，带副穗，中等大或大。果穗大小整齐，果粒着生中等紧密。果粒椭圆形，紫黑色，大，纵径2.3厘米，横径2.2厘米。平均粒重9.2克。果粉厚。果皮较厚，韧，有涩味。果肉软，有肉囊，汁多，绿黄色，味酸甜，有草莓香味。种子与果肉易分离，可溶性固形物含量为16%以上。果实7月中下旬成熟。

10. 巨玫瑰（Giant rose）

欧美杂交种。

果穗圆锥形，平均重514克，最大可达800克。果粒椭圆形，平均粒重9克，最大粒重15克。果粒整齐，果粉中等，果皮中厚，软肉多汁，酸甜适口，具有纯正浓郁的玫瑰香味，含糖21%，品质极上，完熟为深紫色，8月中旬成熟。其果实品质明显优于巨峰、玫瑰香等品种，栽培时应控制产量，以生产高档果为主，可无核化栽培，增加效益。

11. 金手指（Gold finger）

欧美种。

果穗大，长圆锥形，松紧适度，平均穗重450克；果粒长椭圆形，略弯曲，亮黄透明，极美观，平均粒重8克，经疏花疏果后平均粒重可达10克，最大粒重15克；果皮中等厚，可剥离，韧性强，不裂果，果肉较硬，甘甜爽口，有浓郁的冰糖味和牛奶味，最高含糖26.1%，甜味浓，品质上等，8月中旬成熟。

该品种抗病性强，耐贮运；生长势旺，适应性强，全国各葡萄产区均可栽培，应合理控产，适合在农业综合观光园与高档果品园中栽培，具有较高的经济效益和观赏价值。

12. 高妻（High wife）

欧美杂交种。

果穗圆锥形，平均重600克，最大重1 000克以上，果粒近圆形，平均粒重12克，最大粒重20克。肉质较脆，含糖16.7%，品质上等，完熟为紫黑色，耐贮运。经无核栽培经济效益更高；8 月下旬至 9 月上旬成熟。因自根苗生长弱，应栽 5BB、SO4 嫁接苗。

13. 红乳（Red milk）

欧亚种。果穗圆锥形，平均穗重 750 克，最大 1 000 克以上，果粒短圆柱形略带弯曲；平均粒重 10 克，着生紧密，耐拉力强，肉质较脆，含可溶性固形物 17%，完熟红至紫红色。9 月中下旬成熟，结果两年后着色变差。

14. 金田美指（Jintian beauty finger）

欧亚种，牛奶×美人指杂交育成。

该品种果穗呈圆锥形，无歧肩、无副穗。平均穗重 500 克左右，果穗紧密。果粒长椭圆形，果皮鲜红色，果粒着色整齐，单粒重 8.9 克，最大粒重 15 克，果粉、果皮中等厚，无涩味，果肉脆，多汁，口感酸甜，可溶性固形物含量 19%，果梗极短，抗拉力强，耐贮运，9 月上旬成熟。

15. 摩尔多瓦（moldova）

欧美种。

果穗圆锥形，平均粒重 650 克，最大粒重 1 000 克以上，果粒近圆形，果顶尖，平均粒重 10 克，最大粒重 18 克。完熟为蓝黑色，味酸甜，含可溶性固形物 16% 以上，品质佳，10 月上中旬成熟。该品种属极晚熟品种，完熟后采收品质更好。树势旺，果实抗病性极强，极丰产。适宜高温地区、观光园走廊发展。

二、砧木选择

传统的葡萄繁殖方法是采用栽培品种扦插和压条来生产苗木，育苗方法简单，但是栽培品种自根苗存在抗性差的问题，如不抗盐碱，不抗旱和寒，不抗根结线虫等。因此，国外多采用抗性强、适应性强的无性系砧木，在砧木上嫁接接穗品种。生产中应根据生产目的、土壤类型和病虫害发生特点，综合考虑选择砧木。

1. SO4

由德国 Oppenhei 米国立葡萄酒和果树栽培教育研究院从 TELEKI 4A 中选育出来的，为冬葡萄（*V. Berlandieri Planch*）和河岸葡萄（*Riparia Michx*）的杂交种。

抗根瘤蚜，抗根结线虫，抗 17% ~18% 的活性钙，能忍耐含盐量 4 克/千克的土壤。我国近年的应用试验表明，SO4 抗南方根结线虫，抗旱、抗湿性明显强于欧美杂交品种自根树，生长势较旺，枝条较细，嫁接品种结果早，坐果率好，产量高，但成熟稍晚，有小脚现象。SO_4 砧木母本园的产枝量高，每公顷可产 4 万 ~5 万米条及等量的扦插条。扦插生根性好，田间嫁接和室内嫁接成活率较高，是我国应用最广泛的营养系砧木之一。

2. 5BB

是冬葡萄与河岸葡萄的杂交后代，由奥地利克洛斯特新堡的 F. Kober 于 1904 年选出。

抗根瘤蚜，抗线虫，抗石灰质较强，可耐 20% 活性钙。产枝量高，每公顷可产 6 万 ~10 万米条，5 万 ~8 万扦插条，枝条长而直，单枝长度可达 12 ~15 米，较少副梢分枝。扦插生根率较好，室内嫁接成活率高。生长势旺，使接穗生长延长，适于北方黏湿钙质土壤，不适于太干旱的丘陵地。

5BB是意大利第一位的繁殖品种，占其总量的45%，也是德国、瑞士、南斯拉夫、奥地利、匈牙利等国的主要砧木品种。近年在我国试栽表现抗旱、抗湿、抗寒、抗南方根结线虫，生长量大，建园快，尚未有不良的观察报道。

3. 1103P

是由意大利西西里的Paulsen于1895年选育，是Berlandiari Ressiguier No. 2 × Rupestris Du. Lot的杂交后代，属冬葡萄和沙地葡萄（*V. Rupestris Scheele*）种间杂交种。

抗根瘤蚜，抗根结线虫，可耐18%活性钙，抗旱性好，根系直立性强，嫁接后的接穗生长势强，适于钙质黏土应用。产枝量中等。

4. 110R

Richter于1889年选育，为Berlandiari Ressiguier No. 2 × Rupestris Martin的杂交后代，属冬葡萄和沙地葡萄的种间杂交种。

抗根瘤蚜，抗根结线虫，可耐17%活性钙，使接穗品种树势旺，生长期延长，成熟延迟，不宜嫁接易落花落果的品种。产枝量较低，分枝较多，每公顷产米条2万~2.5万，扦插条3万~3.5万。生根率较低，室内嫁接成活率较低，田间就地嫁接成活率较高。成活后萌蘖根少，发苗慢，前期主要先长根，因其抗旱性很强，适于干旱瘠薄地栽培。

5. Beta

通常译作贝达，原产美国，是河岸葡萄Carver和美洲葡萄康克的杂交后代，在我国东北及华北北部地区广泛被用作抗寒砧木栽培。

对根瘤蚜和根结线虫的抗性都较差，其最大的特点是抗寒性突出，其根系属水平分布类型，其根系能耐－11℃以下的低温，而一般葡萄的根系仅能忍耐－5℃以上的低温，因此，贝达对寒冷的抗性属耐冻而不是避冻。南方在应用贝达的过程中发现其还具有良好的抗病、抗湿、抗旱性能。贝达生长势强，生长快，除用作砧木以外，还可用作专门的制汁品种。贝达最致命的缺陷是极不抗盐碱，轻微的盐碱就容易造成严重的缺铁症状，进而影响葡萄的品质和产量，因此，给我国西北部盐碱地区的葡萄生产带来了很大的损失。

6. 抗砧3号

抗砧3号是中国农业科学院郑州果树研究所用河岸580 × SO_4杂交培育而成，也属冬葡萄与河岸葡萄的种间杂交种。

抗病性极强。极耐盐碱，极抗根瘤蚜和根结线虫，高抗浮沉子。植株生长势强，枝条成熟度好。

第三节　栽培管理技术

一、合理栽植

1. 果园密度

单位面积上的定植株数依据品种、砧木、土壤和架式等而定，常见的栽培密度见下

表。适当稀植是无公害鲜食葡萄的发展方向。

表　栽培方式及定植株数

方式	株行距/米	定植株数
小棚架	（0.5～1.0）×（3.0～4.0）	166～444
双十字“V”形架	（1.0～1.5）×（3.0～3.5）	222～127
单臂篱架	（1.0～2.0）×（2.0～2.5）	333～134
高宽垂“T”形架	（1.0～2.5）×（2.5～3.5）	76～267

2. 主要架式

可采用的架式有：小棚架、双十字形架、单臂篱架等，架材坚固、搭建科学，架式实用美观。

二、土肥水管理

（一）土壤管理

一般在新梢停止生长、果实采收后，结合秋季施肥进行深耕，深耕20～30厘米。秋季深耕施肥后及时灌水，春季深耕较秋季深耕深度浅，春耕在土壤化冻后及早进行。在葡萄行和株间进行多次中耕除草，经常保持土壤疏松和无杂草状态，园内清洁，病虫害少。设施栽培行间及株间提倡地膜覆盖。

（二）施肥

1. 施肥的时期和方法

葡萄一年需要多次供肥。一般于果实采收后秋施基肥，以有机肥为主，并与磷钾肥混合施用，采用深40～60厘米的沟施方法。萌芽前追肥以氮、磷为主，果实膨大期和转色期追肥以磷、钾为主。微量元素缺乏地区，依据缺素的症状增加追肥的种类或根外追肥。最后一次叶面施肥应距采收期20天以上。

2. 施肥量

依据地力、树势和产量的不同，参考每产100千克浆果一年需施纯氮（N）0.25～0.75千克、磷（P_2O_5）0.25～0.75千克、钾（K_2O）0.35～1.1千克的标准测定，进行平衡施肥。

（三）水分管理

萌芽期、浆果膨大期和入冬前需要良好的水分供应。成熟期应控制灌水。多雨地区地下水位较高，在雨季容易积水，需要有排水条件。

三、花果管理

1. 调节产量

通过花序整形、疏花序、疏果粒等办法调节产量。建议成龄园每亩的产量控制在1 500～2 000千克。

2. 果实套袋

疏果后及早进行套袋，但需要避开雨后的高温天气，套袋时间不宜过晚。套袋前全园喷布一遍杀菌剂和杀虫剂。红色葡萄品种采收前10～20天需要摘袋。对容易着色和无色品种，带袋采收。为了避免高温伤害，摘袋时不要将纸袋一次性摘除，先把袋底打开，逐渐将袋去除。

第四节　葡萄病虫害的综合防治技术

葡萄病虫害是一种自然灾害，直接影响葡萄的产量、品质和市场供应。近年来，由于葡萄生产迅速发展，病虫害种类也随之增多，发生规律也较复杂，所以要注意病虫害防治工作。在实际防治过程中，常采取广谱化学农药，使病原、害虫产生抗药性，杀伤天敌和污染环境。特别是葡萄供人们鲜食，使用化学农药后残留的问题比较突出，迫切需要贯彻“预防为主，综合治理”的植保工作方针，结合葡萄病虫害的作用。在综合防治中，要以农业防治为基础，因时因地制宜，合理运用化学农药防治、生物防治、物理防治等措施，经济、安全、有效的控制病虫害，以达到提高产量、质量，保护环境和人民健康的目的。

一、农业措施

（一）保持果园清洁

搞好果园清洁是消灭葡萄病虫害的根本措施。要求在每年春秋季节集中进行，并将冬剪剪下的枯枝叶，剥掉蔓上的老皮，清扫干净，集中烧毁或深埋，减轻翌年的为害。在和长季节发现病虫为害时，也要及时仔细地剪除病枝、果穗、果粒和叶片，并立即销毁，防止再传播蔓延。

（二）改善架面通风透光条件

葡萄架面枝叶过密，果穗留量太多，通风透光较差，容易发生病虫害。因此，要及时绑蔓摘心和疏除副梢，创造良好的通风透光条件。接近地面的果穗，可用绳子适当高吊，以防止病虫为害。

（三）加强水肥管理

施肥、灌水必须根据葡萄生长发育需要和土壤的肥力决定。葡萄磷、钾肥不足、土壤积水或干旱，能促使病虫害发生；地势低洼的果园，要注意排水防涝，促进植株根系正常生长，有利于增强葡萄抗逆性。

（四）深翻和除草

结合施基肥深翻，可以将土壤表层的害虫和病菌埋入施肥沟中，以减少病虫来源。并要将葡萄植株根部附近土中的虫蛹、虫茧和幼虫挖出来，集中杀死。果园中的残枝落叶和杂草，是病、害虫越冬和繁衍的场所，故及时清理残枝落叶和杂草以减少病虫为害。

二、选育抗病虫害品种

生产上应用抗性品种是防治病虫害最经济有效的方法，早已引起人们充分重视。抗病虫害品种间或种间杂交培育抗性较强的品种效果明显。近年来生产上栽培的葡萄品种“康太”，就是从康拜尔自然芽变中选育出来的，它不仅能抗寒，而且对霜霉病和白粉病抗性也较强。还有从日本引进的欧美杂交种的巨峰群品种，抗黑痘病、炭疽病性能也较强，很受栽培者欢迎。

三、生物防治

生物防治是综合防治的重要环节。主要包括以虫治虫，以菌治菌等方面。其特点是对葡萄和人畜安全，不污染环境，不伤害天敌和有益生物，具有长期控制的效果。另外，自然界里天敌昆虫很多，保护利用自然天敌，防治果园中害虫是当前不可忽视的生物防治工作。

四、物理防治

利用果树病原、害虫对温度、光谱声响等的特异性的反应和耐受能力，杀死或驱避有害生物的方法。据报道，苗木在30℃条件下处理1个月以上则可以脱除茎痘病。根据一些害虫有趋光性的特点，在果园中安装黑光灯诱杀害虫，应用较为普遍，防治效果也较好，但要尽可能减少误诱天敌的数量。

五、化学防治

应用化学农药控制病虫害发生，是目前果树病虫防治的必要手段，也是综合防治不可缺少的重要组成部分。尽管化学农药存在污染环境、杀伤天敌和残毒等问题，但是它有其他防治方法不能代替的优点。如见效快、效果好、广谱、使用方便、适于大面积机械作业等。

第五节　葡萄绿色生产技术规程

一、园址选择与规划

葡萄绿色产地应选择生态条件良好，远离直接污染源，并具有可持续生产能力的农业生产区域。产地必须避开公路主干线100米以上，土壤、水源、大气质量经检验符合国家标准。

系统合理地设计栽培小区、道路系统、排灌系统、防风林系统及其他水土保持措施等。中间要设横向作业道。

二、架式和栽植密度

最主要的架式是篱架和棚架，可细分为单篱架、双篱架、和大棚架、小棚架。

密度根据架势和立地条件而定。一般大棚架株行距6米×2.5米，小棚架4米×2.5米，单篱架2.2米×1.5米，双篱架2.2米×2米。

三、定植

定植方法，开深30厘米的栽植坑，坑内加20~30千克土杂肥、0.3千克过磷酸钙，与土拌匀。将苗木放入中心位置，深度按原苗深度栽植。让根系自然伸展，均匀分布，用熟土填平栽植坑，灌足水，整平地面，覆盖地膜。

四、土肥水管理

通过扩穴改土、全园深翻、山地培土、黏地压土、中耕松土（深度5~10厘米）、全园覆草（覆麦秸、玉米秸、稻草、干草等，厚度10厘米以上）等措施，加深葡萄园活土层厚度，使土壤有机质达1%左右。可以在行间种植绿肥，以紫花苜蓿、三叶草、绿豆、苕子等豆科植物为好。

施基肥最适期在葡萄采收后至土壤封冻之前。基肥以经高温发酵或沤制过的堆肥、厩肥、鸡粪、人粪尿、饼肥等有机肥为主，化肥为辅。施肥量以亩产2 000千克的指标，每亩施3 000~4 000千克有机肥，加过磷酸钙30千克，硫酸钾20千克，此次施肥量占全年总是肥量的80%。

施追肥一年进行3次，第1次萌芽前7~10天追氮，氮肥用量占全年氮肥量的一半以上；第2次幼果膨大期（6月中旬）追施氮、磷；第3次追钾肥。追肥量一般掌握为每亩尿素不少于10千克，磷酸二铵15~20千克，硫酸钾25~30千克。肥料种类禁止使用硝态氮肥。

叶面喷肥，喷洒部位为叶背，宜在早晨或傍晚天气凉爽时进行，展叶后至果实膨大期喷2~3次氮肥为主；浆果成熟期植株生长后期，叶面喷3~4次磷、钾肥为主。

灌水时间一般分为芽前、花前10天、浆果膨大期，灌水量浸透根系分布层（30~60厘米）为准，尽量采用滴灌、穴灌、沟灌等节水灌溉措施。

地势低洼或地下水位高的葡萄园，夏季雨量大时一定要及时排水防涝。

五、整形修剪

葡萄架式一般采用篱架或棚架多主蔓自然扇形。

篱架多主蔓自然扇形在定植当年冬季修剪时，剪留3~4个中、长梢做主蔓，第2年春各主蔓每隔25~30厘米留1个新梢，使其在主蔓上交错排列。第2年冬剪时各主蔓延长蔓和适当部位后主蔓长梢修剪，其中为结果母蔓，中短梢修剪。第3年适当选留侧蔓或培养枝组，使每个主蔓有2~3个结果枝组，每个结果枝组有1个结果母枝和1个预备枝。

棚架多主蔓自然扇形，整形时剪留的主蔓长度多（4~5个），其余和篱架法基本相同。

棚架多采用中、长梢和及长梢为主，结合短梢的修剪法；篱架采用长、中、短混合修剪法，控制结果部位外移。

生长季修剪，主要做好以下管理：抹芽。抹除副芽、隐芽、弱芽、畸形芽、萌蘖枝；定梢。一般每平方米架面留 10～14 个新梢；摘心。坐果率高的品种，花前 3～5 天开始摘心；副梢处理，只留顶端 2 个副梢，留 3～4 叶摘心，以下副梢全去掉。每个结果枝保持 14～20 片正常大小叶片。

六、花果管理

花期喷硼。0.1% 硼砂或速乐硼 800 倍液及 10% 蔗糖混合液，花期喷花序。

修整花序、果穗。花前 3～5 天掐穗尖，去掉全穗的 1/5～1/4，同时除去副穗和岐肩。果粒黄豆大小时疏果粒，大穗品种每穗只留 30～50 个果粒。

果实套袋。选择葡萄专用袋，谢花后 20 天必须套完。

七、病虫害防治

休眠期：剪除病枯梢及病僵穗，清扫落叶落果，刮除枝蔓老皮，集中烧毁或深埋。

萌芽期：春季芽萌动时喷布 40% 福星（氟硅唑）5 000倍液或 3～5 度石硫合剂，铲除越冬病菌。

展叶期：喷 1：0.5：(200～400) 倍波尔多液或 68.75% 易保可湿性粉剂 1 500倍液，防治黑痘病、蔓枯病。

花期前后：花前花后是防治黑痘病关键时期，花期前后连喷两次 1：0.7：220 波尔多液、65% 代森锰锌或 78% 科博，兼治穗轴褐枯病、灰霉病、房枯病。

幼果期：防治黑痘、白腐、褐斑病、二星叶蝉，可选用 20% 噻唑锌 500 倍液或 80% 代森锰锌混喷 4.5% 高效氯氰菊酯 1 500倍液。及时剪除透翅蛾为害新梢。

果实生长期和灌浆期：主要防治白腐病、霜霉病，可喷石灰半量式 200 倍波尔多液，与噻唑锌、科博交替使用，每 10～15 天喷一次。

八、适时采收

鲜食葡萄浆果生理成熟标志是，有色品种充分表现出固有色泽，白色品种呈金黄或浅绿，果粒略呈透明，同时果肉变软而富于弹性，达到固有的含糖量和风味。

九、分级包装和贮运

严格分级和妥善包装。果穗形状、大小、果粒的大小和色泽，均具备本品种固有特点，果粒整齐度高，充分成熟，全穗无破损或脱落果粒。包装用的纸箱、箱板、果垫、包装纸、胶带纸均应清洁、无毒、无异味。箱体应注明商标、品种、产地、重量、生产日期，经认定印上绿色食品标志。

贮藏期不允许使用化学药品保险，应贮在果品专用的气调库、恒温库内贮藏，库内要通风，保持清洁卫生。

第六章　梨树栽培技术

我国是梨的重要起源地之一，是世界第一产梨大国。梨是我国仅次于苹果、柑橘的第三大水果。我国梨产量约占世界总产量的2/3，出口量约占世界总出口量的1/6，在世界梨产业发展中有举足轻重的位置。山东省具有发展梨产业的雄厚基础和得天独厚的优势。除了具有良好的适于发展梨产业的土壤、地形、气候条件外，山东省还具备优越的科技条件和社会经济条件，如优越的地理位置、便利的交通运输条件、良好的种植基础及科研环境、丰富的劳动力资源和大量的消费人口。另外山东省梨产业具有巨大的潜在消费市场，随着生活水平的不断提高，人们的需求量将不断增大，因此，以市场需求为导向，以科技为支撑，进一步优化产业结构和品种布局，稳定面积、提高单产、提高品质，提升我国梨产业水平和国际竞争能力。

第一节　果园的选择

1. 环境条件

标准梨园产地要选在生态条件良好、远离污染源，产地空气环境质量、产地灌溉水质量、产地土壤环境质量都符合 NY 5013—2006 规定的标准要求。果园土层厚度1米以上，土壤肥沃，有机质含量 $>1.0\%$，土壤酸碱度 pH 值 $6\sim7.8$；夏季地下水位 <100 厘米。土壤通透性好。

2. 排灌系统设置

梨园的排灌系统包括排水和灌水两部分。蓄水灌溉果园应配套修建蓄水池，沟渠与蓄水池相连。井水灌溉果园，每100亩要有1～2口井。要求果园有配套的管道灌溉系统，最好配备完善的滴灌、喷灌或渗灌等节水灌溉设施。

平地果园排水沟深80～100厘米、宽80厘米，山地果园则由坡顶到山脚，沟由浅到深（深30～60厘米、宽30～40厘米），排水沟与果园围沟相接。

3. 防护林营造

果园外围的迎风面应有主林带，一般6～8行，最少4行。林带要乔灌结合，不能与梨有相互传染的病虫害。

第二节　优良品种的选择

1. 丰水梨

原产于日本农林省园艺试验场，是日本三水梨之一，其品质优于幸水和新水。

该品种果实近圆形，平均单果重350克，最大果重750克；果皮浅黄褐色，成熟时果皮锈褐色，阳面略带红褐色，果面粗糙，有棱沟，果点大而多，梗洼中深，萼片脱落，萼洼深广；果肉白色，柔软多汁，可溶性固形物13%左右，品质极上；果核小，可食率达90%以上；果实极耐贮存，常温下可存放10～15天，在1～4℃下可贮藏4个月。

该品种适应性强，抗旱、抗涝及轻度盐碱，耐寒，对黑星病、轮纹病抵抗力强，不抗黑斑病和梨锈病，不抗梨蚜、红蜘蛛等。套袋果金黄色，半透明状，成熟期为8月。

2. 黄金梨

韩国园艺试验场罗州支场用新高与20世纪杂交育成，90年代由韩国引入我国。

果实平均单果重302克，呈圆形，高桩；果皮黄绿色，果点大而稀，果形正，果实套袋后果皮金黄色，果面基本无果点痕迹；果肉白色，非常细腻，多汁，有香气，糖度可达14.7度，可溶性固形物含量15.9%，味清甜而具有香气，风味独特，品质极佳；果心特小，石细胞极少，可食率98%以上；较耐贮藏，冷藏二个月风味不变。果实生育期150天左右，9月中旬成熟。

该品种树体紧凑，幼树生长势强，结果后枝条易开张，成花易，适应性强，较抗寒；抗黑斑病能力较强。

3. 喜水

日本品种，由明月×丰水育成。

扁圆形，平均果重330克，最大果重524克以上，是目前国内极早熟梨中果形最大的品种。果皮赤褐色，不套袋亦无果锈，套袋后褐黄色，极美观。果肉黄白色，质地极细，几乎无石细胞，酥脆化渣，果汁极多，果心极小，香气极浓，可溶性固形物13.1%，品质极上。

该品种树势强健，生长势比幸水、翠冠、西子绿强。对黑星病、黑斑病、轮纹病和黄叶病表现高抗，耐粗放管理，比筑水、筑波、幸水等日本砂梨更耐粗放，管理更加简单，早果性好。

4. 中梨4号

郑州果树研究所“早美酥”×“七月酥”杂交育成，2013年通过审定。

果实圆形；果皮底色绿色，果皮无盖色，果面光滑无果锈，果点小而疏；果梗长度、粗度中等，梗洼浅，梗洼广度中等；萼片残存、闭合，萼洼浅、广；果实去皮硬度中等，果心圆形、中等，果实心室数目多，种子数目少，种子小，种子形状圆锥形，果肉色泽白色，果肉质地脆，果肉细，果肉石细胞数量少，果肉汁液数量中等，果实风味甘甜，果肉稍有香气。果实7月上旬成熟。

该品种生长势强，容易形成较大的树冠，应合理密植。幼树修剪以轻为主，为确保果大质优，应严格控制坐果量。

5. 山农脆梨

山东农业大学2002年用黄金×圆黄杂交育成，2005年选出，2012年通过审定。

果实圆形或扁圆形，平均单果重445.6克，比对照品种黄金梨高38.1%；果形指数0.78；果皮淡黄褐色；果肉白色，肉质细脆，味甜香浓，可溶性固形物含量15.0%，比黄金梨高1个百分点以上，酯类香气物质含量0.58微克/克，比黄金梨高55.9%，硬度7.7千克/厘米^2。果实发育期150天左右，在聊城地区9月上旬成熟。

适宜栽植密度一般为（2～2.5）米×4米；采用主干疏层形树形；以鸭梨、雪花梨、晚秀等白梨和砂梨系品种为授粉品种；严格疏花疏果。

6. 大果水晶梨

韩国从新高梨枝条芽变中选育而成的黄色梨新品种。

果实圆形或扁圆形，果形端正，平均单果重300克，最大果重850克，大小较整齐。果实生长前期为深绿色，近成熟时逐渐转乳黄色，果皮薄，外观晶莹光亮。套袋果果皮淡黄色，果点不小而稀，洁净美观，有透明感，外观更美。果肉白色，肉质细嫩，石细胞极少，汁液多，含可溶性固形物14%左右，含酸量低，味甘甜，品质优。果实在山东烟台9月上中旬成熟，果实生育期170天左右。耐贮运，常温下可贮藏1个月左右。

抗寒、抗旱、抗病、耐瘠薄，适应极强，树势强健，树姿略直立，无采前落果现象。

7. 红星

优质极早熟红色西洋梨。

果实个大整齐，平均单果重250克，大者达450克，纵径7.8厘米，横径7.5厘米，果实短葫芦型，果面暗红色，套袋后全面鲜红色，十分亮丽；果点少，果梗中粗，长3.3厘米，粗4.4毫米，梗洼浅平，萼片残存。果心小，果肉乳白色，质细柔软，石细胞无，汁液特多，味甘甜微酸具香气，口感好，品质上，可溶性固形物12.2%～13.0%。果实不耐贮，最佳食用期为采后10～15天。冷藏或气调条件下可贮3个多月。7月上旬成熟。

该品种成熟早，果实个大，色泽全面鲜红，外观漂亮艳丽，风味甘甜可口，品质优良，抗性强，易管理，丰产稳产，抗梨黑星病、锈病能力强，耐干旱，抗寒性差，树势衰弱时枝干易感染干腐病。

8. 早酥红梨

早酥梨芽变品种。

果实大，平均单果重250克，果实卵圆形。幼果至成熟，果实全红，果面光滑，色泽鲜红，并具棱状凸起。果梗较长，萼片宿存或残存。皮薄而脆，果心较小，果肉白色，肉质细，石细胞少，酥脆，汁液多，味淡甜。含可溶性固形物10.5%～12%，可滴定酸0.25%，品质上等。果实贮藏性和早酥相当。

该品种树势强，树姿直立，一年生枝直立，红褐色，幼叶褐红，花蕾粉红色，抗逆性、抗病性强。自花授粉挂果能力强，以短果枝结果为主，连续结果能力强，丰产稳产。8月上旬果实成熟。

9. 奥红一号

山东省红梨研究所2012年最新选育成功的红梨新品种，属早酥红梨的全红型芽变。

果形较正，平均单果重355克，与早酥红相比果实横径增大、纵径减小，梗洼变深、变广，果形变美；可溶性固性物一般12.5%～13.5%，最高达14%，比早酥红高

0.6～0.8个百分点。果实从幼果到成熟整个生长期全紫红色，果点比早酥红梨小，果实没有纵向绿色条纹，克服了早酥红经套袋或树体下部果实成熟后红色变淡、着色面积减少的缺陷。

该品种嫩枝、嫩叶和花蕾鲜红色，花开放后粉红色，果实从幼果到成熟一直是全红型紫红色，8月20日左右。

10. 美人酥

郑州果树所选用幸水梨与火把梨人工杂交育成的优良红色梨新品种，2008年通过河南省林木品种审定委员会审定。

果实卵圆形，单果重260克，最大果重可达800克以上。果柄长3.5厘米，粗3.0毫米，部分果柄基部肉质化。果面光亮洁净，底色黄绿，几全面着鲜红色彩，外观像红色苹果，甚美丽。果肉乳白色细嫩，酥脆多汁，风味酸甜适口，微有涩味，可溶性固形物含量14%～15%，总糖含量9.96%，总酸含量0.51%，维生素C含量7.22毫克/100克，品质上等。经贮藏后涩味逐渐褪去，口味更佳。果实成熟期为9月中下旬，落叶期为11月底，全年生育期为235天。

该品种树势健壮，枝条直立性强，结果后开张，对梨黑星病、干腐病、早期落叶病和梨木虱、蚜虫有较强的抗性，花期抗晚霜，耐低温能力强。

11. 满天红

中国农业科学院郑州果树研究所王宇霖研究员1989年选用幸水梨与火把梨人工杂交育成的优良红色梨新品种。2008年通过河南省林木品种审定委员会审定。

果实近圆形或扁圆形，平均单果重280克，最重可达1 000克以上。果实底色淡黄绿色，阳面着鲜红色晕，占2/3以上。光照充足时果实全面浓红色，外观漂亮。梗洼浅狭，萼洼深狭，萼片脱落，果柄长2.9厘米，粗2.8毫米，果点大且多。果心极小，果肉淡黄白色，肉质酥脆化渣，汁液多，无石细胞或很少，风味酸甜可口，香气浓郁，刚采下来时微有涩味，可溶性固形物含量13.5%～15.5%，总糖含量9.45%，总酸含量0.40%，维生素C含量3.27毫克/100克，品质上等，较耐贮运，稍贮后风味、口感更好。果实成熟期9月上中旬，果实发育约165天，落叶期为11月中下旬，全年生育期约245天。

该品种幼树生长势强健，枝条粗壮，直立性强；进入结果期树姿开张，生长势减缓。该品种系原产中国西南高原地区的沙梨与日本梨杂交后代，杂种优势明显，后代表现抗旱、耐涝、抗寒性较好；生长旺盛，病虫害少，对梨黑星病、锈病、干腐病抗性强；蚜虫、梨木虱较少为害。

12. 红酥脆

中国农业科学院郑州果树研究所王宇霖研究员1989年选用日本优良品种幸水梨作母本与中国云、贵、川一带所产的红色梨品种火把梨作父本，在国内人工杂交后，杂种苗在新西兰培育。2008年通过河南省林木品种审定委员会审定。

实近圆形或卵圆形，平均单果重250克，最大果可达850克以上。果面浅绿色，果点大而密，阳面着鲜红色晕，占果面1/2～2/3。部分果柄基部肉质化，长3.3厘米，粗2.8毫米。梗洼浅狭，萼洼深狭，萼片脱落。果肉乳白色，肉质细酥脆，汁多味甜，果心小，无石细胞，可溶性固形物含量13% ~14.5%，总糖含量8.48%，总酸含量0.39%，维生素C含量7.03毫克/100克，品质上等。较耐贮藏。果实成熟期9月中下旬。果实发育约165天，落叶期为11月中下旬，全年生育期约235天。

干性较强，树姿较直立，结果后开张，枝条较细软，前端易弯曲，顶花芽较易形成，成花容易，花量较大，坐果率高。该品种为中国梨与日本梨杂交后代，杂种优势强，抗旱、耐涝、抗寒性较好，病虫害少，对梨黑星病、锈病、干腐病抗性强，蚜虫、梨木虱较少为害。

13. 阿巴特（原名Abate Fetel）

烟台市农业科学研究院1998年从法国引进的西洋梨品种，2007年通过审定。

果实外形独特，呈长颈葫芦形，平均纵径12.96厘米，横径7.22厘米，果形指数1.78，平均单果重257克，比对照品种巴梨高56克；果皮绿色，经后熟转为黄色，果面平滑，光洁度好于巴梨。果肉乳白色，质细，石细胞少，采后即可食用，经10~12天后熟，芳香味更浓；可溶性固形物含量12.9% ~14.1%，采收期果肉硬度13.2千克/厘米^2。果心小，可食率97%以上。在烟台西洋梨产区9月上旬成熟，比巴梨晚15天左右。

幼树生长势较旺，干性强，枝条直立生长，树冠呈圆锥形，进入结果期后，骨干枝自然开张，树势中庸，以叶丛枝、短果枝结果为主。

14. 红安久梨

在美国华盛顿州发现的安久梨的浓红型芽变新品种，于1997年从美国农业部国家梨种质圃引入。

该品种果实葫芦形，平均单果重230克，大大者可达500克。果皮全面紫红色，果面平滑，具蜡质光泽，果点中多，小而明显，外观漂亮。梗洼浅狭，萼片宿存或残存，萼洼浅而狭，有皱褶。果肉乳白色，质地细，石细胞少，经1周后熟后变软，易溶于口，汁液多。风味酸甜适口，具有宜人的浓郁芳香，可溶性固形物含量14%以上，品质极上。果实耐贮性好，在室温条件下可贮存40天，在-1℃冷藏条件下可贮存6~7个月，在气调条件下可贮存9个月。果实在山东地区成熟期为9月下旬至10月上旬。

该品种适应性强，栽培容易，果实硬度高，耐贮运，是一个综合性状较好的晚熟红色品种。

15. 红考密斯

美国品种，山东省于1997年从美国引入。

果实短葫芦形，平均单果重324克，最大果重610克；果面光滑，果点极小，表面暗红色；果皮厚，完全成熟时果面旺鲜红色；果肉淡黄色、极细腻，柔滑适口，香气浓郁，品质佳，含可溶性固形物16.8%；果实8月中下旬成熟。该品种后熟呼吸跃变极快，在25℃条件下，6天完成后熟过程，表现出最佳食用品质。

红考密斯树体强健，树姿直立，中短果枝结果为主，中果枝上腋花芽多，属洋梨中早实性强的品种，定植后第3年开始见果，平均单株结果4.8个。高接枝第3年平均坐果6.2个。红考密斯梨适应性广，抗寒性强；喜肥沃壤土，较沙梨抗盐碱；高抗梨木虱、梨黑星病、梨火疫病、梨黄粉虫等；较易受金龟子、蜡象和象鼻虫为害。

16. 早红考密斯

为原产于英国的早熟优质品种。2001 年河北省农林科学院昌黎果树研究所引进。

果实细颈葫芦形，平均单果重 190 克，最大果重 280 克。落花后幼果即为全面紫红色直到果实成熟，成熟后果面变为鲜红色，外观漂亮。果面光滑，果点细小。果实 7 月下旬成熟。果肉绿白色，刚成熟时肉质硬而稍韧，经 8 ~ 12 天肉质变细软，石细胞少，汁液多，风味酸甜、微香，含可溶性固形物13%，品质上等。

该品种树势健壮，适应性强，抗黑星病，早果丰产。

17. 黄冠

河北省农林科学院石家庄果树研究所。亲本："雪花梨" × "新世纪"。

果实特大，平均单果重 246 克，大者 596 克。果实椭圆形，萼洼浅，萼片脱落，果柄长，外观似金冠苹果。成熟果实金黄色，果点小而稀，果皮薄，果面光洁，无锈斑，外观极美。果肉白色，石细胞少，松脆多汁，可溶性固形物含量 11.4%，风味酸甜适口，香气浓郁，果心小。果实 8 月上中旬成熟，果实生育期 120 天。耐贮藏运输，常温下可贮放 1 个月左右。

幼树生长旺盛，树姿直立，结果后树势中庸健壮，树姿半开张。萌芽力和成枝力均强。幼树期各类果枝均能结果，成龄树以短果枝结果为主。早果性极强，坐果率高，极丰产稳产，定植后两年见果，三年生树最高株产 40 千克，高接后成形快，第 2 年可腋花芽结果。需配置授粉树。适应性广，南北方均可栽植。抗病性极强，尤其对黑星病抗性强。

18. 圆黄

韩国品种。亲本："早生赤" × "晚三吉"。

果实大，平均果重 250 克左右，最大果重可达 800 克。果形扁圆，果面光滑平整，果点小而稀，无水锈、黑斑。成熟后金黄色，不套袋果呈暗红色，果肉为透明的纯白色，可溶性固形物含量为 12.5% ~14.8%，肉质细腻多汁，几无石细胞，酥甜可口，并有奇特的香味，品质极上，8 月中下旬成熟，常温下可贮 15 天左右，冷藏可贮 5 ~6 个月。

树势强，枝条开张，粗壮，易形成短果枝和腋花芽，每花序 7 ~9 朵花。叶片宽椭圆形，浅绿色且有明亮的光泽，叶面向叶背反卷。一年生枝条黄褐色，皮孔大而密集。抗黑星病能力强，抗黑斑病能力中等，抗旱、抗寒、较耐盐碱，栽培管理容易，花芽易形成，花粉量大，既是优良的主栽品种又是很好的授粉品种。自然授粉坐果率较高，结果早、丰产性好。

19. 华山

韩国品种。亲本："丰水" × "晚三吉"。

果实圆形，平均果重 300 ~400 克，为特大果形，最大单果重 800 克，果皮薄，黄褐色，套袋后变为金黄色。果肉乳白色，石细胞极少，果心小，可食率 94%，果汁多，含可溶性固形物 13% ~15.5%，是韩国梨中含糖量最高的品种之一。肉质细脆化渣，味甘甜，品质极佳。9 月上中旬成熟，常温下可贮 20 天左右，冷藏可贮 6 个月。该品种抗逆性强，高抗黑星病和黑斑病。

20. 新高

日本品种。亲本："天之川"×"今村秋"。

果实近圆形，平均单果重450~500克，最大单果重1 000克。果皮黄褐色，较薄，果点大而稀，果面光滑；果肉白色，汁多味甜，含可溶性固形物13%~15%，品质上等。胶东地区果实10月中下旬成熟。耐贮运性好（一般室温可贮至翌年4~5月）。

树势强健，枝条粗壮，较直立，树姿半开张，树冠较大，萌芽力高，成枝力稍弱，易形成短果枝。幼树长、中、短果枝结果能力均强，成龄树以短果枝结果为主。花粉少，需配置授粉树。坐果率中等，较丰产。新高梨根系发达，对土壤的适应性较强，但宜选深厚土壤栽植，定植前需深翻改土，施足有机肥。抗病虫能力较强。

21. 玉露香

山西省农业科学院果树研究所。亲本："库尔勒香梨"×"雪花梨"。

果实个大，平均单果重236.8克，果实近球形，果形指数0.95。果面光洁细腻，具蜡质，保水性强，阳面着红晕或暗红色纵向条纹。果皮采收时黄绿色，贮后呈黄色，色泽更鲜艳；果皮薄，果点细小不明显，果心小，可食率约90%；果肉白色，酥脆，无渣，石细胞极少，汁液特多，味甜具清香，口感极佳；可溶性固形物含量12.50%~16.10%，总酸含量0.08%~0.17%。品质极上，成熟期8月底9月初，8月上中旬即可食用，果实发育期130天左右，耐贮藏。

幼树生长势强，结果后树势转中庸。萌芽率高（65.4%），成枝力中等，嫁接苗一般3~4年结果，高接种2~3年结果，易成花，坐果率高，丰产稳定。可与黄冠品种作授粉树。

第三节　栽培管理技术

一、合理栽植

1. 砧木选择

杜梨、中矮1号、中矮2号、中矮3号和中矮4号或其他适宜砧木。

2. 果园密度

根据当地土壤肥水、砧木和品种特性确定栽植的株行距，一般可采用（2~3）米×(4~5)米，提倡计划密植。

3. 授粉树配置

可采用等量成行配置，或主栽品种与授粉品种的栽植比例为（4~5）:1。同一果园内栽植2~4个品种。

二、土肥水管理

（一）果园土壤管理

1. 果园秸秆覆盖

覆盖物为麦草、稻草、秸秆及野草、树叶、麦糠、稻壳等有机物。时间为夏初至秋末。方式是幼树覆盖树盘，成龄树覆盖行内；常年保持20厘米厚度。

2. 果园生草

可在梨园行间种植白三叶、毛叶苕子、紫花苜蓿、早木樨、早熟禾、黑麦草，也可用黑麦草和白三叶混种，也可实行自然生草，草长高至40厘米时进行刈割覆盖于树盘内，每年收割3～5次，提高园内土壤有机质含量，并可保湿调温，改善梨园生态环境。

（二）施肥

1. 施肥存在的问题

一是有机肥施用少，土壤有机质含量较低。二是氮肥投入量大利用率低，钾肥及中微量元素投入较少。三是施肥时期、施肥方式、肥料配比不合理。四是梨园土壤钙、铁、锌、硼等中微量元素的缺乏普遍，尤其是南方地区梨园土壤磷、钾、钙、镁缺乏，土壤酸化严重。

2. 施肥原则

（1）增施有机肥料，实施梨园生草、覆草，培肥土壤；土壤酸化严重的果园施用石灰和有机肥进行改良。

（2）依据梨园土壤肥力条件和梨树生长状况，适当减少氮、磷肥用量，增加钾肥施用，通过叶面喷施补充钙、镁、铁、锌、硼等中微量元素。

（3）结合高产优质栽培技术、产量水平和土壤肥力条件，确定肥料施用时期、用量和元素配比。

（4）优化施肥方式，改撒施为条施或穴施，结合灌溉施肥，以水调肥。

3. 肥料种类和时期

秋季以有机肥料为主，包括堆肥、沤肥、厩肥、沼气肥、绿肥、作物秸秆肥、泥炭肥、饼肥等。生长季节以速效肥料为主，主要有氮肥、磷肥、钾肥、硫肥、钙肥、镁肥及复合（混）肥等。施肥时期，一般分为萌芽前后，幼果生长期、果实迅速膨大期，秋季（一般在采收后）4个时期。

4. 施肥量及方法

（1）基肥应在秋季采收后，结合深翻改土进行。幼树施有机肥25～50千克/株，结果期树按每生产1千克梨施有机肥1千克以上的比例施用，并施入少量速效氮肥和全年所需磷肥。施用方法采用沟施，挖放射状沟或在树冠外围挖环状沟，沟深30～40厘米。土壤追肥时，第1次在萌芽前10天，以氮肥为主；第2次在花芽分化及果实膨大期，以磷钾肥为主，氮磷钾混合使用；第3次在果实生长后期，以钾肥为主。

（2）亩产4 000千克以上的果园：有机肥3～4米^3/亩，或商品有机肥15千克/株；氮肥（N）25～30千克/亩，磷肥（P_2O_5）8～12千克/亩，钾肥（K_2O）20～30千克/亩。

（3）亩产2 000～4 000千克的果园：有机肥2～3米^3/亩，或商品有机肥10千克/株；氮肥（N）20～25千克/亩，磷肥（P_2O_5）8～12千克/亩，钾肥（K_2O）20～25千克/亩。

（4）亩产2 000千克以下的果园：有机肥2～3米^3/亩，或商品有机肥，7～8千克/株；氮肥（N）15～20千克/亩，磷肥（P_2O_5）8～12千克/亩，钾肥（K_2O）15～20

千克/亩。

（5）土壤钙、镁较缺乏的果园，磷肥宜选用钙镁磷肥；缺铁、锌和硼的果园，可通过叶面喷施浓度为0.3%～0.5%的硫酸亚铁、0.3%的硫酸锌、0.2%～0.5%的硼砂来矫正。根据有机肥的施用量，酌情增减化肥氮钾的用量。

（6）全部有机肥、全部的磷肥、50%～60%氮肥、40%的钾肥作基肥于梨果采收后的秋季施用，在树冠投影下距主干1米处挖100厘米×40厘米×40厘米的环状沟，将有机肥均匀后施入沟中后覆土。其余的40%～50%氮肥和60%钾肥分别在3月萌芽期和6～7月膨大期施用，根据梨树树势的强弱可适当增减追肥的次数和用量。

（三）水分管理

应根据土壤墒情及降水情况确定灌水，一般全年共3～4次。同时还应注意雨季要搞好梨园的排水，以防积涝成灾。

三、树形管理

1. 整形

梨树的树形很多，常用有纺锤形、分层形、圆柱形、开心形、小冠速生延迟开心形等，非棚架栽培的梨树形多采用细长纺锤形。低干矮冠树形可达到优质、高产、优质、省力。

纺锤形。新建套袋栽培矮化密植梨园可选用此种树形。树高2.5～3米，中干强壮直立，干高50～60厘米，无侧枝，不分层，直接在中干上均匀着生10～15个小主枝，下大上小，主枝腰角70～90度。每年在中央干上选留2～4个小主枝，于新梢停长时拉平。小主枝选够时落头开心。对于日本梨等生长势偏弱的品种，为有效控制树高和维持树体生长势力，定干高度可在20～40厘米，树高控制在1.5～2米，同时有效增强了抗风灾能力。整形修剪应重在生长季调节，强调撑枝、拉枝，缓和势力、打开光路，同时利用环剥、环割等技术促进早成花、早结果。

幼树整形。定植当年，在主干60～80厘米的饱满芽处短截，当年可萌发5～6条长枝，选择位置适合、生长健壮的3根枝条于7月、8月拉枝成60～70度角培养主枝，其余的拉成水平，作为辅养枝。冬剪时，对要培养为主枝的于饱满芽处留50～60厘米短截，刺激生长，过密的疏除，其余的于顶部秋芽处轻短截，以促使成花。第2～3年4月、5月，选好主枝延长枝，然后对延长枝以下10厘米以内的生长枝进行摘心处理，减少对延长枝养分的竞争，保持延长枝的生长优势。新梢停止生长以后开始拉枝，除主枝延长枝保持60～70度的角度以外其余全部拉成水平。

2. 修剪

（1）修剪方法。主要有：短截、疏剪（枝）、长放、（回）缩剪、刻伤、里芽外蹬、缓放、单头延伸、摘心、除萌、弯枝、拿枝软化、环剥、环割、拉枝和扭梢等。在实际应用时，要综合考虑，多种方法互相配合。

（2）修剪原则。以轻为主、简化修剪；整体缓放、四季调整；因树制宜、综合调控；认准花芽，精细修剪；留开行间，株间不交；斜锯留桩、削平锯面；涂愈合剂、以防腐烂。

（3）修剪时期。春季修剪：进一步调节花量，补充冬剪的不足。但到春季树体内贮藏养分已经上运，芽子已萌动，剪掉枝条后损失养分较多，如修剪过重会削弱树势。因此，梨树的春季修剪不宜多动剪子。夏季修剪：在开花后到营养枝停止加长生长这段时间修剪。主要为摘心、抹芽、拿枝、开角。秋季修剪：指新梢停长后到采果前后这一时期的修剪。但这期间对中庸树和弱树不应该进行疏枝，以免生长势更加衰弱。对旺树也不能修剪过重，以免削弱过度。冬季修剪：冬季梨树落叶后处于休眠状态到次年春季萌芽以前这个时期的修剪。一般在萌芽前20天左右，即树液开始流动前修剪完毕为好。冬季修剪主要用修枝剪剪去枝条或用据疏除大枝，适合于树形培养，树冠扩大，结果枝培养，或者老树更新及辅养枝改造等大手术。根据修剪程度不同分为短截，疏枝、回缩、长放等方法。

（4）不同树龄修剪。幼龄期。幼龄树修剪从整形开始，树苗定植后在80～100厘米处剪顶定干，萌发新梢后在顶端50～70厘米整形带内留7～8个芽，选5～6个方向不同、分布均匀的健壮枝，培养成为主枝，其余的全部抹除。主枝生长50～70厘米后摘心或停止生长后短截，促发二次枝，形成副主枝。在副主枝上选留生长健壮、方向、角度适当的枝作为延长枝，长度适当时摘心短截，促发侧枝。主枝与副主枝上的过密枝、细弱枝、病虫枝以及扰乱树形的全部剪除。长枝短截培养成为结果枝组；中短枝则强者剪顶，弱者缓放；角度小的枝条采用撑、拉、吊等方法，扩大分枝角度，缓和顶端生长优势，促进早形成花芽。

初果期。3～4年生树，辅养枝已开始成花结果，对其不再进行短截，各级骨干枝可行轻短截，以利扩冠和其上配置结果枝组，同时注意对未拉开的主枝要拉开角度。

盛果期。5年生以后一般已经完成主枝的配备，辅养枝因多年缓放不动，增粗极快，要疏除影响树体结构平衡的辅养枝和多余大枝。对于有改造价值的辅养枝应去强留弱、去大留小，改造成结果枝组。同时在树冠内有空间处利用枝条缓放、短截等方法配备结果枝组。此时树高和冠幅基本达到整形要求，达不到要求的可以进行各级延长枝短截发枝，以充分利用空间。重点是注重枝组的培养，修剪量适中，树势弱的，重短截骨干枝、延长枝；延伸过长的枝组，在强分枝处回缩短截；角度过大的骨干枝，在2～3年生部位回缩；花量过多的重剪花枝，更新结果枝组，减少部分花芽，促发新梢；骨干枝上的延长枝，从春梢中段短截，防止树冠扩展过快，并在骨干枝背上选用角度较小的枝，培养成为新的延长枝；对交叉紊乱的大型枝组进行回缩，促其改变延长枝的方位，维持良好的树冠结构。树冠上部外围枝生长过多，骨干枝过密、主枝角度过小，树冠相互交叉的树，应轻度剪截树冠外围枝，疏剪或回缩多年生主、侧枝，防止密闭，改善光照条件。对生长过弱、分枝过多、结构能力下降、结果部位外移的树，应疏剪部分细弱枝，或在较强的分枝处短截回缩；失去结果能力，无法更新的枝组，从基部剪除，利用新梢培养成新的结果枝组，恢复正常结果能力，短果枝多的树，适当疏剪衰弱的短果枝，结合疏花疏果，减少花量，维持较旺盛的树势，延长盛果期。

衰老期。衰老树、树势弱的则重剪。梨树一般在40年后开始衰老，树冠内大枝逐渐枯顶，一部分主枝开始死亡，树冠体积缩小，产量也随之下降。梨树潜伏芽寿命长，采取短截容易生长徒长枝，可以对骨干枝进行1次更新，逐年进行调整，以恢复其正常生长。更新修剪原则：更新修剪，恢复树势；大枝回缩，小枝短截；促发新枝，疏截老枝；缩剪花量，适最结果；逐年更新，轻重结合。多头高接换种的树，在高接后第1年冬剪时，应轻剪、少疏，对于选定骨干枝的延长枝进行剪截；第2年冬剪时，主要是调整内膛及外围生长多而乱的枝条；第3年逐步转入正常修剪，注意枝间和枝组内各类枝条的交替轮换更新，其余修剪方法与盛果期树的修剪方法相同。恢复大枝生长势：生长弱的大枝，多疏除花芽，仅保留1/3左右的花量。疏除较大侧枝，也能恢复大枝枝条的长势，强壮大枝基部可适当造伤；弱大枝修剪时尽量避免较大、较多的伤口。结果枝的更新：结果枝超过2~3年就需要更新。应缩剪花量，增加营养积累；保持枝条旺盛的营养生长，促使萌发新枝；可枝条轮换，用新生充实枝条取代老弱结果枝。结果枝较多时，只保留1~2个枝条结果，其余的予以疏截或回缩。对弱小枝、老化肢、多年生的结果枝，酌情疏除；中长结果枝一般多保留，从饱满芽处短截，少长放。新生更新枝的改造：老梨树萌发的更新枝、徒长枝，修剪时不要轻易剪除，要采用拉枝、短截等方法进行改造利用。生长强壮的徒长枝，利用夏季修剪及早拉揉。背上新生枝先扭平，再利用。剪口萌发的密集枝，可保留1~2个，其余疏除。病虫枝的修剪：老梨树病虫多，对干腐病、介壳虫、潜皮蛾为害的枝条适度剪除。对有介壳虫的枝，从基部疏除；潜皮蛾、干腐病为害的枝条，从健康部位回缩。病虫严重的果树应保留适量花芽。结果枝组更新：大年严格疏剪花芽，小年多留饱满的花芽。保留短枝和叶丛枝的顶花芽，用短枝结果。中长结果枝依据花量多少适度短截，生长充实的中庸结果枝可破除花芽，或轻短截。小枝的花芽应短截疏除。长势弱的果树，可疏除1/2的花芽，疏剪瘦小、密集、距枝身较远的花芽。保留的花芽应排布均匀。大型结果枝组的更新：结果枝组的更新要根据其长势细致修剪。长势强壮的枝组，采用枝组内小枝轮换的办法更新；长势中庸的枝组，及早更新，不要等其衰弱后再修剪；长势较弱的结果枝组，剪除生长较弱的枝群，保留长势良好的枝群，收缩生长范围，使其转变成较小的枝组。

四、花果管理

（一）人工辅助授粉

除自然授粉外，采用蜜蜂或壁蜂传粉和人工点授等方法辅助授粉，以确保产量，提高单果重和果实整齐度。梨树为伞房花序，每花序5~8朵小花，边花先开，中心花后开，2~5序位花朵所结果实果形端正、品种优。为节省用工，可采用限制授粉技术，重点点授3~5序位花朵，一个花序受一朵花，点击二次，确保柱头授粉。授粉一般需进行两次，第1次在初花期，第2次在盛花期再补授一次。

（二）疏花疏果

1. 留果量的确定

可参考以下几种方法计算合理留果量。树冠面积：4.5千克/米^2；叶面积：1.5千克/米^2；主干横截面积（TCA）：1千克/厘米^2。

2. 疏花

包括疏花蕾、疏花朵。疏花蕾在花序伸出至开花前进行，疏花朵可在整个花期进行。也可采用强制摘蕾技术：长果枝（1年生枝），摘除中下部花芽，选留中上部花芽。

2 年生以上短果枝（多年生枝），依据结果量确定留果数，一般 3 个短果枝花芽确保一个果实。

3. 疏果

通常在第 1 次生理落果过后即盛花后 15 天开始，30 天内完成。根据果实大小，一般幼果间距 20 ~ 30 厘米。留果时掌握选留第 3 ~ 4 序位果。

（1）初疏：开花后首先摘除不需要部位的果实，其次，摘除主枝和副主枝先端部以及长果枝顶芽等部位果实。花后 7 ~ 10 天坐果后，每花序从 3 ~ 5 序位选留一个发育良好的果实，其余果实疏除。

（2）最终定果：花后 25 ~ 30 天，依据产量要求确定结果数目，果实间隔保持在 20 ~ 25 厘米，1 米长的结果枝留 6 ~ 8 个果为宜。

（3）补充疏果：6 月下旬至 7 月上旬进行补疏，疏除小型果、变形果等。

（三）果实套袋

一般在盛花后 20 ~ 45 天完成，套袋前应仔细喷 2 ~ 3 遍优质杀菌剂。根据不同颜色的品种选择不同质量的纸袋和不同的套袋时间。

五、果实采收

（1）成熟期判断：成熟期一般分为可采成熟期、食用成熟期和生理成熟期。梨果实在成熟过程中果皮颜色、果粉和糖度会发生变化，在成熟期的判断上，可参考果实发育天数，果实外观和内在品质的变化，鲜食和贮藏性能要求等因素，确定适宜的采收期。另外，对农药残留不符合要求的果实，延迟采收期，待农药残留达标后再行采收。

（2）果实采收：为确保收获后果实能够持续进行正常的生理代谢活动，收获期间防止果实表面的任何损伤，从果园到贮藏库搬运过程中防止震动损伤，以及容器造成的果实间互相挤压等。

（3）采果前要对采收、运输、贮存果品的用具、场所进行清理、清洗、消毒，确保对采摘的果实无污染隐患。

第四节　梨病虫害防治技术

（1）以农业和物理防治为基础，生物防治为核心，按照病虫害的发生规律和经济阈值，科学使用化学防治技术，有效控制病虫为害。梨园周年管理历见表 6 – 1。

（2）建立主要病虫害的监测监控系统，准确测报，对其进行统控统防，做到有针对性的适时用药，未达到防治指标或益害虫比合理的情况下不用药。

（3）允许使用的农药，每种每年最多使用 2 次。最后一次施药距采收间隔 20 天以上（梨园允许使用的主要杀虫杀螨剂见表 6 – 2、梨园允许使用的主要杀菌剂见表 6 – 3）。

表 6-1 梨园周年管理历（黄金梨）

月份	节气	物候期	管理要点
11 月上旬至 3 月上旬	立冬至惊蛰	休眠期	1. 灌水。在土壤封冻前灌水，灌水量以浸透根系分布层（40～60 厘米）为准 2. 枝干涂白。涂白剂配方，生石灰 5：食盐 1：豆浆 0.25：水 12.5 混合而成，也可加入石硫合剂及杀虫剂 3. 整形修剪。采用纺锤形树形，主干高度 60 厘米左右，树高控制在 3.0 米左右，冠径 2～2.5 米，有一个优势强壮的中心干，并上下自然着生 10～15 个小主枝，螺旋式排列，间隔 20 厘米，插空错落着生，互不拥挤，均匀地伸向四面八方。小主枝与主干分生角度 70～80 度 4. 清园。清理树上、地面残留病果、病虫枯枝，集中烧毁或深埋，清扫落叶，刮除粗翘皮，带出园外；翻树盘，压低病虫越冬基数
3 月中旬至 4 月中旬	春分至清明	萌芽前	1. 施肥。萌芽前 10 天追施一次氮肥 2. 灌水。施肥后灌水 3. 病虫防治。①春季梨芽膨大期（3 月中旬），全树喷 5 度波美石硫合剂或 45% 晶体石硫合剂 50 倍液，铲除轮纹病、梨木虱、蚜虫、叶螨、梨小食心虫等越冬病虫。②4 月上旬喷 10% 吡虫啉可湿粉 5 000倍液防治蚜虫、梨木虱、茶翅蝽等
4 月中下旬	谷雨	开花期	1. 人工授粉。开花时用毛笔等工具点授花蕊，每蘸一次花粉可授 5～10 朵花。也可用液体授粉法，即用纯花粉 30 克加入 50 千克水中，加入 0.1% 硼砂或 10% 蔗糖，配成混合液喷用，但必须在两小时内喷完 2. 壁蜂授粉。每亩放壁蜂 80～100 头，可取代人工或蜜蜂授粉，具有授粉效果好，不受气候影响的优点
5 月至 6 月上旬	立夏至芒种	幼果期	1. 肥水管理。落花后至花芽分化前（5 月中旬至 6 月上旬），追施一次多元复合肥，施肥后灌水 2. 疏果；疏果在花后 20 天内完成。按间距法留果，每 20～25 厘米留一个果型端正、下垂的边果，每平方米树冠投影面积留果 20～30 个 3. 套袋。谢花后 30 天内套完。套袋宜选用 160 毫米×190 毫米的双面遮光袋 4. 病虫防治。① 4 月底喷 0.3% 苦参碱水剂 800 倍液，防治梨木虱一代初孵若虫。② 5 月初至 6 月上旬全园普喷 2～3 次杀菌剂，可选用 70% 甲基托布津可湿粉 1 000倍液或 50% 多菌灵可湿粉 800 倍液或 40% 福星乳油 6 000～8 000倍液，防治梨黑星病、轮纹病，叶螨每叶活动达到 3 头时，加喷 5% 尼索朗乳油 2 000倍液及时剪除梨茎蜂虫梢

（续表）

月份	节气	物候期	管理要点
6月中旬至8月中旬	夏至至立秋	果实生长期	1. 肥水管理。果实膨大期（7~8月）追肥以钾为主，适当配合磷肥，施肥后灌水 2. 病虫防治。① 6月中旬喷布99.1%敌死虫乳油3 000倍或40%蚜灭多乳油1 500倍液防治转果为害期的黄粉蚜和二代梨木虱初孵若虫。② 6月中旬至7月底，全园喷布1~2次杀菌剂，可选用50%扑海因可湿粉1 000倍或70%乙膦铝锰锌可湿粉600倍或68.5%多氧霉素1 000倍，防治梨黑星病、黑斑病、轮纹病等叶果病害。③ 8月上中旬，全园喷一遍杀菌剂，如70%代森锰锌可湿粉800倍液或75%百菌清600倍液，防治黑星病、轮纹病。梨小食心虫及舟形毛虫较多时，可混喷50%辛硫磷乳油1 000倍液或20%杀铃脲悬浮剂8 000倍液
8月中下旬	处暑	采收期	梨果生理成熟时种子变褐色，应根据品种特性、果实成熟度以及市场需求综合确定采收适期，要做到无伤害适时采收。
9月至10月	白露至霜降	落叶前	①秋施基肥。以经高温发酵或沤制过的堆肥、沤肥、厩肥、绿肥、饼肥等有机肥为主，施肥量按千克果千克肥的标准，每为可施3 000~4 000千克有机肥，加磷酸二氨40千克，草木灰200千克，施肥后灌水。②病虫防治。10月上中旬喷布10%烟碱乳油1 000倍液或10%吡虫啉可湿粉5 000倍液防治大青叶蝉

表6-2　梨园允许使用的主要杀虫杀螨剂

农药品种	毒性	稀释倍数和使用方法	防治对象
1%阿维菌素乳油	低毒	5 000倍液，喷施	梨木虱、叶螨
0.3苦参碱水剂	低毒	800~1 000倍液	蚜虫，叶螨
10%吡虫啉可湿粉	低毒	5 000倍液，喷施	蚜虫，梨木虱、叶螨等
25%灭幼尿3号悬浮剂	低毒	1 000~2 000倍液，喷施	梨大、梨小食心虫、蜡象等
50%蛾螨灵乳油	低毒	1 500~2 000倍液，喷施	桃小、梨小食心虫等
20%杀铃尿悬乳剂	低毒	8 000~10 000倍液，喷施	梨小食心虫，蜡象等
5%尼索郎乳油	低毒	2 000倍液，喷施	叶螨类
10%浏阳霉素乳油	低毒	1 000倍液，喷施	叶螨类
20%螨死净胶悬剂	低毒	2 000~3 000倍液，喷施	叶螨类
15%达螨灵乳油	低毒	3 000倍液，喷施	叶螨类
40%蚜灭多乳油	中毒	1 000~1 500倍液，喷施	梨蚜虫及其他蚜虫等
苏云金杆菌可湿粉	低毒	500~1 000倍液，喷施	卷叶虫，叶螨，天幕毛虫等
10%烟碱乳油	中毒	800~1 000倍液，喷施	蚜虫，叶螨，卷叶虫等
5%卡死克乳油	低毒	1 000~1 500倍液，喷施	卷叶虫，叶螨等
25%扑虱灵可湿粉	低毒	1 500~2 000倍液，喷施	蚧壳虫，梨木虱，叶螨等
5%抑太保乳油	中毒	1 000~2 000倍液，喷施	卷叶虫，梨小食心虫等

表6－3　梨园允许使用的主要杀菌剂

农药品种	毒性	稀释倍数和使用方法	防治对象
5%菌毒清水剂	低毒	萌芽前30～50倍液，涂抹，100倍喷施	梨腐烂病，枝干轮纹病
腐必清乳剂（乳剂）	低毒	萌芽前2～3倍液，涂抹	梨腐烂病，枝干轮纹病
2%农抗120水剂	低毒	萌芽前10～20倍液，涂抹，100倍喷施	梨腐烂病，枝干轮纹病
80%喷克可湿粉	低毒	800倍液，喷施	斑点落叶，轮纹病，炭疽病
80%大生M－45可湿粉	低毒	800倍液，喷施	斑点落叶，轮纹病，炭疽病
70%甲基托布津可湿粉	低毒	800～1 000倍液，喷施	斑点落叶，轮纹病，炭疽病
50%多菌灵可湿粉	低毒	600～800倍液，喷施	轮纹，炭疽病
40%福星乳油	低毒	600～800倍液，喷施	斑点落叶，轮纹病，炭疽病
1%中生菌素水剂	低毒	200倍液，喷施	斑点落叶，轮纹病，炭疽病
波尔多液	低毒	200倍液，喷施	斑点落叶，轮纹病，炭疽病
50%扑海因可湿粉	低毒	1 000～1 500倍液，喷施	斑点落叶，轮纹病，炭疽病
70%代森锰砷可湿粉	低毒	600～800倍液，喷施	斑点落叶，轮纹病，炭疽病
70%乙膦铝锰锌可湿粉	低毒	500～600倍液，喷施	斑点落叶，轮纹病，炭疽病
硫酸铜	低毒	100～500倍液，喷施	根腐病
15%粉锈宁乳油	低毒	1 500～2 000倍液，喷施	梨锈病
石硫合剂	低毒	发芽前3～5度（波美度）	杀灭一切越冬害虫和病菌孢子等
843康复剂	低毒	5～10倍液，涂抹	干枯型腐烂病
68.5%多氧霉素	低毒	1 000倍液，喷施	斑点落叶等
75%百菌清	低毒	600～800倍液，喷施	斑点落叶，轮纹病
50%硫胶乳剂	低毒	200～300倍液，喷施	梨锈病

（4）限制使用的农药每种每年至多使用一次，施药距采收时应为30天。

第五节　优质梨生产的关键技术

1. 土肥水管理

土壤管理。通过扩穴深翻、全园深翻、沙地压土、山地培土、黏地压沙、中耕松土、树盘覆草（麦秸、麦糠、玉米秸、干草等，厚度10～15厘米）、落叶归根等多种措施，使梨园活化、熟化土层厚度达到80～100厘米。土壤有机质含量达到1%左右，以保持土壤良好的供肥供水能力。树冠覆盖低于70%时适当间作紫花苜蓿、三叶草、花生、绿豆等豆科植物。

施肥。9~10月梨果采收前及时施足基肥。基肥要以经高温发酵或沤制过的堆肥、沤肥、厩肥、绿肥、饼肥等有机肥为主，每亩可施3 000~4 000千克有机肥，加磷酸二铵40千克、草木灰200千克。追肥一年进行3次，萌芽前、落花后至花芽分化前、果实膨大期。

叶面喷肥。叶面喷肥全年5~6次，一般生长前期2~3次，以氮肥为主；后期3~4次，以磷、钾为主，还可补施梨树生长发育的所需的微量元素。常用肥料浓度：尿素0.3%~0.5%，磷酸二氢钾0.2%~0.3%，硼砂（盛花期用）0.1%~0.2%以及硫酸锌或硫酸亚铁0.1%~0.3%。

灌水和排水。生产中在萌芽、花后、果实膨大和冬前4个时期灌水。灌水方法除采用地面灌溉外，尽量采用喷灌、滴灌、穴灌等节水灌溉措施。地势低洼或地下水位较高的梨园，夏季要及时排水防涝。

2. 花果管理

人工授粉。人工授粉于开花前采集未开放的“铃铛花”，取花药在温室或温箱内加温到20~25℃烘干取粉，放于棕色瓶内避光贮存备用。开花时用毛笔等工具点授花蕊，每蘸1次花粉可授5~10朵花。也可用液体授粉法，即用纯花粉30克放入50千克的水中，加入0.1%硼砂及10%蔗糖，配成混合液喷用，但必须在2小时内喷完。

壁蜂授粉。在花期每亩放80~100头壁蜂，或蜜蜂授粉，授粉效果良好。

疏花疏果。主要抓好“三疏”，即“疏花芽、疏花朵、疏幼果”。在花序分离和初花期，每隔20~25厘米留1个花序，每个花序留2~3朵边花。疏果在花后20天内完成。每20~25厘米留1个果形端正、下垂的边果。

果实套袋。选择优质果袋并在谢花后30天套完。

3. 整形修剪

纺锤形树体结构。纺锤形主干高度60厘米左右，树高控制在3.0米左右，冠径2~2.5米，有一个优势强壮的中心干，并上下自然着生10~15个小主枝，螺旋式排列，间隔20厘米，插空错落着生，互不拥挤，小主枝与主干分生角度70~80度，在小主枝上直接着生结果枝组。

中心干的修剪。定干高度80厘米左右，中心干直立生长。第1年冬中心干延长枝剪留50~60厘米；第2、第3年冬中心干的延长枝剪留40~50厘米；第4、第5年冬基本成形，中心干的延长枝不再短截；当小主枝已选够时，就可以落头开心。为了保持2.5~3米的树冠高度，每年可用弱枝换头。对中心干上的竞争枝和小主枝上的直立枝、内膛的徒长枝、密生枝、重叠枝，要及时疏除，以保持通风透光良好。

小主枝的培养。幼树期每年在中心干上选留2~4个达到1米长小主枝，于新梢停长时拉成水平，而对生长较短的暂不拉枝。当小主枝已选够10~15个后，延伸过大过长的小主枝，要及时回缩。小主枝的粗度不能超过该中心干粗度的1/2。当小主枝过粗时，可在小主枝上疏掉部分分枝，来削弱其生长势力。要防止树体上强下弱，当出现上强下弱的现象时，可适当疏除小主枝上的过强分枝。

培养结果枝组。在小主枝上配置和培养结果枝组，采用先放后缩法培养枝组。缩放枝结果后，形成大量短果枝群，应适当回缩，使结果部位尽量靠近小主枝，并对其细致修剪，疏除密枝、弱短枝，同时利用潜伏芽萌发的营养枝，以便培养新的结果枝组。

4. 病虫害防治

休眠期，清理树上、地面残留病枝、病果、病虫枯枝，烧毁或深埋；清扫落叶；刮除粗翘皮；翻树盘，压低病虫越冬基数。

萌芽期，春季梨芽膨大期（3 月中旬）全树喷 5 度石硫合剂或 45% 晶体石硫合剂 50 倍液，铲除轮纹病、梨木虱、蚜虫、叶螨、梨小食心虫等越冬害虫。

花期前后，4 月上中旬喷 1. 8% 阿维菌素或 10% 吡虫啉可湿粉 5 000倍液防治蚜虫、梨木虱、茶翅蝽，叶螨较多时混加 50% 蛾螨灵乳油 1 500 ~ 2 000倍液。开始悬挂梨小食心虫等性诱捕器或糖醋罐，测报诱杀梨小食心虫。悬挂频振式杀虫灯，可诱杀多种害虫。金龟甲数量较多时，可以用震树捕杀法消灭成虫。

幼果期，4 月底喷 0. 3% 苦参碱水剂 800 倍液，防治梨木虱一代初卵若虫。5 月初至 6 月上旬全园普喷 2 ~ 3 次杀菌剂，可选用 43% 好力克（戊唑醇）1 000倍液或 70% 安泰生可湿粉 800 倍液或 40% 福星乳油 6 000 ~ 8 000倍液，防治梨黑星病、轮纹病，叶螨每叶活动螨达到 3 头时，加喷 5% 噻螨酮乳油 2 000倍液。及时剪除梨茎蜂虫梢。

果实膨大期，6 月中旬喷布 20% 杀铃脲 8 000倍防治转果为害期的黄粉蚜和二代梨木虱初孵若虫。6 月中旬至 7 月底，全园喷布 1 ~ 2 次杀菌剂，可选用 20% 噻唑锌 500 倍液或 70% 乙膦铝锰锌可湿粉 600 倍液或 68. 5% 多氧霉素 1 000倍液，防治梨黑星病、黑斑病、轮纹病等叶果病害。

果实成熟期，8 月上中旬全园喷 1 遍杀菌剂，如 70% 代森锰锌可湿粉 800 倍液或 75% 猛杀生水分散性粉剂 800 倍液等，防治黑星病、轮纹病。梨小食心虫及舟形毛虫等较多时，可混喷 50% 辛硫磷乳油 1 000倍液或 20% 杀铃脲悬浮剂 8 000倍液。

采收后，10 月上中旬喷 2. 5% 甲维盐 8 000倍液或 10% 吡虫啉可湿粉 5 000倍液防治大青叶蝉。

第七章　茶叶高效优质栽培技术

临沂市属暖温带湿润季风气候，光照充足，雨量充沛，四季分明，且山清水秀，地貌良好，素有“山多高，水多高”的特点，土壤含有丰富的有机质和矿物质元素，特别适宜优质茶的生产。茶树越冬期长，昼夜温差大，光合产物积累多，独特的气候和地理条件使临沂生产的绿茶汤色嫩绿明亮，叶形舒展，栗香浓郁，回味甘醇，含有丰富的维生素、矿物质和对人体有益的微量元素，素有“叶片厚、耐冲泡、内质好、滋味浓、香气高”的美誉，得到了国内外茶叶专家们的一致好评和广大消费者的青睐。截至2014年底，全市茶园面积7.98万亩，干茶产量2 745吨，产值5亿多元，产品主要以绿茶为主，占总产量的95%以上，名优茶产量占60%。种植区域分布在莒南、临港、临沭、兰山、苍山、沂水、蒙阴、平邑、费县、沂南、蒙阴等县区，成为当地农民主要的经济来源。

第一节　优质茶叶生产技术

一、园地选择

1. 空气质量

茶园周围无污染源（如造纸厂、印染厂、水泥厂、化工厂等），空气清新，水源清洁，生态环境好的地方作为无公害优质茶叶生产基地。

2. 土壤质量

土壤深厚，有效土层达60厘米以上；土壤的排水和透气性能良好，生物活性较强，营养丰富；土壤pH值在4.5~6.0范围。

3. 设隔离带

生产基地与常规农业区，要有50米以上宽度的隔离带。以山、河流、湖泊、等作天然屏障，也可以通过植树造林作为隔离带。

二、合理施肥

1. 有机肥

主要是人粪尿、猪、牛、羊圈肥、土杂肥、各种饼肥、绿肥等。幼龄茶园每年平均每亩施有机肥750千克以上，另外要增施50千克饼肥、25千克过磷酸钙和15千克硫酸钾。投产茶园每年亩施有机肥1 500~2 500千克，要增施饼肥100~150千克，过磷酸钙25~50千克，硫酸钾15~25千克。

2. 无机肥

每生产100千克干茶，要施纯氮10～12千克，磷5千克，钾5千克。其比例为2：1：1为好。幼龄茶园磷、钾肥的比例要适当增加，一般采用1：1：1为好。全年3次追肥的比例一般按4：3：3或2：1：1的方式。

3. 施肥时间

有机肥施用时间在“白露”前后。春茶追肥是在开采前15～20天使用。夏茶追肥在春茶结束后进行。秋茶追肥在夏茶结束后进行。

三、茶树虫害防治

1. 农业防治

选育抗病虫品种，及时分批采摘、修剪，进行肥水管理，中耕除草、清理园内枯枝落叶等。

2. 生物防治

是利用动物源农药，如性息素、互利素。寄生性和扑食性的天敌动物，如赤眼蜂、瓢虫、捕食螨、蜘蛛等。植物源有除虫菊脂、鱼藤酮、植物油乳剂、苦楝素等。微生物源农药有农用抗生素有浏阳霉素、强尔宁南霉素、多抗霉素等；活体微生物农药有白僵菌、苏云金杆菌、绿僵菌等。

3. 物理防治

利用频振式杀虫灯、黑光灯诱杀等。

4. 化学防治

黑刺粉虱：用25%扑虱灵750～1 000倍液喷洒，虫害严重地片，间隔7天左右，连喷2～3次。喷药时要将整株茶树喷湿，同时将茶园内间作物及周围作物一同喷湿。小绿叶蝉：在早春或秋末各喷一遍40%乐果2 000倍液。在采摘季节喷施10%吡虫啉3 000倍液，喷后7天可采摘。喷药时要注意喷匀喷透。茶叶瘿螨：在茶树越冬前喷一遍0.3～0.5度石硫合剂，在采茶季节，若有虫害发生可用5%噻螨酮1 500倍液防治。茶蚜：用50%辛硫磷1 000～1 500倍液局部防治。

四、茶叶加工

无公害优质茶加工、贮藏和销售等场所及周围场地禁止使用人工化学物品，防止外来污染，要保持整洁优美的工作环境。工作人员进厂后要更衣消毒才能操作。

第二节　茶园越冬防护技术

一、浇越冬水

越冬水对提高茶树抗寒能力十分重要，“浇好越冬水，能抗七分灾”。浇越冬水应在“立冬”后或“小雪”前一周进行，并结合茶园覆草等措施对茶园进行灌溉。灌水量比常规灌水量略高，确保茶园土壤冬季不出现旱情。土壤封冻后不能再浇越冬水，否则会加重茶树冻害。

二、幼龄茶园培土

1～2 年生的茶园，冬季采取培土越冬应分两次进行。11 月初“小雪”前取土培至苗高的1/2，“小雪”后再将茶苗全部培土，仅露出 1～2 片叶子。所培的土要细、湿润，严禁在茶树根际附近取土，避免因伤根或裸露根系而加重茶树冻害。

春季退土时分两次进行。“春分”前后退土至苗高的1/2，“清明”前，将所培的土退完。将退回的土摊放在茶园行间，使茶树根际处地面略低于行间。

三、覆盖法

茶园行间覆草。茶园行间覆草对减小土壤冻土层厚度效果十分显著，通常在秋季茶园管理结束后立即进行，材料可选用杂草、农作物秸秆等，铺放在茶树行间的地表，厚度在 15～20 厘米。

蓬面撒草。茶树蓬面撒草对防止霜冻和干旱（寒）风的危害能起到一定的作用。一般是在“小雪”后进行，材料可选用杂草、稻草、麦秆、松枝等撒在茶树蓬面，覆盖率达 70% 即可。

四、设施法

小拱棚。适宜 1～2 龄茶树，茶篷高度在 30 厘米左右。一般在封冻前用竹条、棉槐条等做成弓形插入茶行两侧，然后在茶行的两端插入固定桩，用三根细绳分别固定每个弓条并与固定桩相连，等寒潮来临前再上覆薄膜，薄膜与茶篷距离不能少于 5 厘米，以防止灼烧枝叶，同时要用土压紧薄膜两边，以防风刮，并间隔 5 米左右预留通气口，以防温度过高。

中拱棚和大拱棚。适宜 3～4 龄茶园，一般 2～4 行茶搭建一个拱棚，高度 1.3 米左右，人能在棚内弯腰作业。建棚时间及技术基本同小拱棚，只不过弓形条在中央位置用水泥支架或木棒支撑，使其更加牢固。

春暖式大棚。适宜投产茶园，主要用竹竿、立柱、薄膜等材料。建棚方向根据地形而定，跨度在 8～10 米，长度 50 米左右为好。将竹竿折成弧形，间距 1.5 米左右，均匀地固定在两侧的立柱上。根据竹竿承受能力，适当竖立几根立柱，用以支撑整个大棚。总之要以坚固、不被风吹坏为原则。薄膜上要用绳或竹竿等压紧。

冬暖式大棚。一般采取东西走向，长度不低于 30 米，跨度 9 米左右。东、西、北三面建墙，厚度 80 厘米以上，墙内填充碎草或炉渣。北墙高 1.8～2.0 米，东西墙南低北高。离北墙 1.5 米左右设立柱，高度达到 2.8 米左右。棚内立柱南北 4 排，柱间距 1.5～2.0 米，顶部用竹竿或檩条连成纵横交错的支架，上盖无滴膜，薄膜上再用压膜绳或竹竿等物压住，并加盖草苫。

各种设施栽培的棚架结构建造时间应在 10 月下旬，盖膜时间在 11 月下旬，注意通风控温。

五、屏障法

茶园防护林。防护林可按400~500米距离安排一条主要林带，栽乔木型树种2~3行，行距2~3米，株距1.0~1.5米，前后交错，栽成三角形，两旁栽灌木型树种；风寒冻害严重地带，以设紧密结构林带为主，林带宽度为15~20米。常用的树种有侧柏、马尾松、合欢等。

防风障。用玉米秸、稻草、塑料薄膜或其他物料等，在离茶行北面20~30厘米处搭设防风障，风障略向南倾斜，高于茶蓬20厘米左右，做到“前透光、后护身、前行不遮后行阴”。一般在“立冬”至“小雪”（11月上中旬）期间完成。

设围障。可用玉米秸或树枝等在茶园西北面风口处设立围障，高1.5米~2米，对茶树能起到防护作用。

六、熏烟法

在寒潮来临前或霜冻发生期借助烟幕打破冷空气下沉，防止土壤和茶树表面散失大量热量，起着“温室效应”的作用。

参考文献

[1] 申为宝，陈修会．临沂果茶志．方志出版社，2005.

[2] 赵锦彪，管恩桦，张雷．桃标准化生产．北京：中国农业出版社，2007.

[3] 孙志智，王志远，齐敬冰．现代农技推广新技术．北京：中国农业出版社，2013.

[4] 山东省农业技术推广总站．山东省蔬菜行业关键技术培训教材，2014.

[5] 临沂市果茶技术推广服务中心．果树优质高效生产技术汇编，2014.